检测与转换技术

主　编　张佳薇

副主编　王宇嘉　郑　纲　魏东辉

哈尔滨工程大学出版社

内容简介

本书的主要内容包括检测技术的一般概念和测量方法、误差分析，传感器及其基本特性，电阻式、变磁阻式、电容式、电感式、压电式、霍尔式、热电式、光电式等常用传感器，新型传感器，测控系统实用抗干扰技术，微机测控系统的工作过程与应用，传感器在林业生产中的应用。本书的特点是在编写过程中力求内容丰富、全面、新颖，增强了教学的适用性和应用性，压缩了公式推导及繁琐的计算，对传感器原理部分力争讲清楚物理概念，传感器的应用部分则充分结合生产和工程实践，有助于读者对测控系统的建立及传感器知识的理解。

本书可以作为自动化、电气工程及其自动化、电子信息、通信工程、机械设计制造及自动化、机电一体化、测控技术与仪器等相关专业的教材，也可作广大从事检测技术开发与应用的工程技术人员的参考书。

图书在版编目(CIP)数据

检测与转换技术/张佳薇主编.—哈尔滨：哈尔滨工程大学出版社，2011.8(2024.7 重印)
ISBN 978-7-5661-0183-9

Ⅰ.①检… Ⅱ.①张… Ⅲ.①自动检测 ②传感器
Ⅳ.①TP274 ②TP212

中国版本图书馆 CIP 数据核字(2011)第 159357 号

出版发行 哈尔滨工程大学出版社
社　　址 哈尔滨市南岗区南通大街 145 号
邮政编码 150001
发行电话 0451-82519328
传　　真 0451-82519699
经　　销 新华书店
印　　刷 哈尔滨午阳印刷有限公司
开　　本 787 mm×1 092 mm　1/16
印　　张 15
字　　数 363 千字
版　　次 2011 年 8 月第 1 版
印　　次 2024 年 7 月第 8 次印刷
定　　价 30.00 元
http://www.hrbeupress.com
E-mail:heupress@hrbeu.edu.cn

前　言

现代科学技术迅速发展，人们在研究自然现象和规律及生产活动中，必须从外界获得信息，要及时正确地获取这些信息，就必须合理地选择和应用各种检测技术和传感器。21世纪是信息化时代，其特征是人类社会活动和生产活动的信息化，传感器和检测技术的重要性更为突出。本教材是作者在多年来从事检测与转换技术的教学及科研的基础之上，根据高校自动化、电气工程及其自动化、机械设计制造及自动化、机电一体化、电子信息、通信工程及测控技术与仪器等专业传感器与检测技术课程的基本要求，吸收近年来各高校的教学与科研最新成果，力求内容丰富、全面、新颖，叙述由浅入深，对传感器原理力争讲清物理概念，按照少而精和理论联系实际的原则编写而成的，教材具有一定的实用和参考价值。本教材突出应用性和针对性，强化实践能力的培养，将传感器和工程检测方面的知识有机地联系起来，使学生在掌握传感器原理的基础上，更进一步地应用这方面的知识以解决工程检测中的具体问题。同时在编写过程中，注意补充反映新器件、新技术的内容，力求使读者了解前沿学科动态。

本书由东北林业大学、上海工程技术大学、东北农业大学、上海第二工业大学的教师联合编写而成。全书由张佳薇任主编，王宇嘉、郑纲、魏东辉任副主编。其中绪论、第一章、第四章、第五章、第六章、第八章、第十章、第十二章、第十三章及附录Ⅰ，Ⅱ由张佳薇执笔，第三章、第十一章由王宇嘉执笔，附录Ⅲ由薛云峰执笔，第七章、第九章由郑纲执笔，第二章由魏东辉执笔。

本书在编写过程中得到了众多高等学校、科研单位、厂矿企业等的大力支持和帮助，并获得了许多宝贵的意见，同时，还参考或引用了国内外一些专家学者的论著，在此一并表示衷心感谢。

本书内容全面而实用，适用面广，不仅可以作为自动化、电气工程及其自动化、电子信息、通信工程、机械设计制造及自动化、机电一体化、自动化、测控技术与仪器等专业本科相关专业教材，也可作为广大从事检测技术开发与应用的工程技术人员的自学用书。

热忱地期望各位读者和同仁对本书的错误批评指正。

编　者

2011年7月

目　　录

绪　论

1. 检测与转换技术的基本概念

检测与测量含义基本相同，国家标准中对测量一词的定义为：测量是指以确定被测对象属性和量值为目的的全部操作。以电子技术、计算机技术为基础对各种电量和非电量的检测，是人们从事工农业生产、科学实验和科学研究的重要手段。

转换是利用敏感器件或电路将被测参数由一种量变换为另一种量的过程。它可以将被测参数的非电量变换为电量，以便于测量；也可以将被测量的大小进行变换，以提高测量精度；也可以将一种物理量变换为另一种物理量，以满足测量或控制的要求。

检测与转换技术包括自动检测技术和自动转换技术，它是科学地认知客观事物的手段，也是信息技术的重要组成部分。只有通过检测人们才能够定量地表述某个生产过程或运动对象，才能进行比较和判断，进而对生产过程或运动对象进行有效地管理和控制。检测与转换技术是以研究自动检测系统中的信息提取、信息转换以及信息处理的理论和技术为主要内容的一门应用技术学科。信息提取是检测与转换的基础，是指从自然界、社会生产过程中或科学实验中获取人们需要的信息的过程。信息处理是检测与转换中的重要环节，它借助专门的设备、仪器和系统，将获得的物理量进行显示、输出，或者将得到的信息进行加工、运算、分析或综合，以便进行故障诊断、报警、检测、计量、保护、控制、调度和管理等，以达到预防自然灾害、防止事故发生、改善产品质量、提高生产的自动化水平、降低劳动强度、顺利完成科学实验、进行文明生产和科学管理等目的。

2. 检测与转换技术的应用

检测与转换技术已成为一些发达国家最重要的热门技术之一，其主要原因是它可以给人们带来巨大的经济效益和社会效益。可以说，一个国家的现代化水平是用自动化水平来衡量的，而自动化水平是用检测与转换仪表以及传感器的种类和数量多少来衡量的。一个完整的检测与转换过程一般包括信息的提取、信号的分析与转换、数据的存储与传输、显示或打印等。

检测与转换技术应用领域十分广泛，在工农业生产、科学研究、医疗卫生、交通运输和经济贸易等方面起着重要作用。即使在日常生活中，检测与转换技术也在不知不觉中发挥着重要作用。例如，电冰箱的温度调节离不开对温度的检测；家庭用电、用水和用气的多少，则要通过电表、水表和煤气表对电量、水流量和气流量进行检测；医生对病人进行诊断时，常常要测量病人的体温和血压等。这些简单实例中都渗透着检测与转换技术。

在科学技术与社会生产高度发达的今天，要求与之适应的检测与转换仪器或系统虽然错综复杂，被测对象的跨度既广泛又具多样性，但是归纳起来主要是以下几方面：

（1）能够测量多种参量，既有电量，又有非电量；

（2）具有多个输入通道，既可进行定点测量，又可进行多点测量；

（3）能够进行快速动态在线实时测量，因为绝大多数的被测信号是随时间变化的动态信号；

（4）能够实时快速进行信号分析处理，排除噪声干扰、消除偶然误差、修正系统误差，从而实现测量结果的精度以及具有对被测信号的高分辨能力。

据有关资料统计，在现代工程装备中，检测环节的投入已达到装备系统总成本的60%左右。检测技术已成为保证装备实际性能指标和正常工作的重要手段，科学上的重大发现，往往是通过新的检测手段来完成的。在科学技术迅速发展的今天，对检测与转换仪器或系统有着更高层次的要求。可以说，大到天体观测、遥感遥测、气象预报、地质探测、找矿，小到物质成分分析、晶体结构测定、原子核结构研究等都离不开检测技术。从军事用途的电子侦查、雷达等到民用的工业过程参数测控和医用断层扫描（CT），无一不是现代检测与转换技术手段的体现。随着微电子技术和计算机技术的不断发展，检测与转换技术将在各个领域发挥越来越重要的作用。

3. 检测与转换技术的发展

检测与转换技术的发展伴随着仪器仪表（或系统）的发展，而仪器仪表（或系统）的发展可归纳为以下五个阶段。

第一代检测与转换测试仪器：它是以电磁感应基本定律为基础的模拟指针式仪表。其主要特点是结构简单，功能单一，检测精度低，读数不方便。

第二代检测与转换测试仪器：它是以电子管或晶体管为基础的分立元件式仪表或系统。当20世纪50年代出现电子管、60年代出现晶体管时，检测与转换仪器也进入了电子时代。其主要特点是功能较完善，但精度低，响应速度慢。

第三代检测与转换仪器：它是以集成电路芯片为基础的数字式仪表或系统。20世纪70年代集成电路的出现，推动了检测与转换技术的前进与发展，使检测与转换仪表具有A/D转换电路，能将被测的模拟信号转换成数字信号，检测结果以数字形式输出显示。其主要特点是检测精度高，速度快，读数与显示清晰、直观，同时数字信号便于远距离传输。

第四代检测与转换仪器：它是智能式仪表或系统。20世纪80年代，微电子技术的发展、微处理器的普及和智能控制理论的出现，使检测与转换技术又向前迈进了一大步。其主要特点是具有数据存储、运算、逻辑判断、自选量程、自动校正、自动补偿、自寻故障等功能，以及检测精度高、操作使用方便等优点。

第五代检测与转换测试仪器：它是现代检测与转换系统或装置。现代检测与转换系统或装置的标志是自动化和智能化。微电子技术与计算机技术的飞速发展，测试技术与计算机深层次的结合引发了测试仪器领域的一场新的革命。一种全新的仪器结构概念促使新一代仪器或系统——虚拟仪器出现，进而产生集成仪器和系统，由单台仪器子系统向多台仪器组成的大的测试系统方向发展。近几十年以来，现代空间技术、导航、卫星通信、计算机技术、集成电路等科学技术的新领域和新发展对电子测量技术提出了很多新要求：精度高、速度快；能自动进行数据处理、显示、存储、传输；能多点综合测量；能自动控制测量过程等。信息论、控制论、误差理论、电子技术、计算机技术、传感器技术、信号处理技术和集成电路技术的普及、应用和各学科相互渗透也为现代检测技术奠定了基础。计算机技术的发展和广泛应用，适合测量技术的语言和标准接口与通信技术的进步，特别是大规模集成电路，尤其是微机的出现，大大促进了现代检测技术的发展。

目前，现代检测技术正朝着集成仪器、测试系统的体系结构、测试软件、人工智能测试技术等方向发展。

第一章　检测技术的基本概念

检测技术是以研究检测与控制系统中信息的提取、转换及处理的理论和技术为主要内容的一门应用技术学科。在工程实践和科学实验中提出的检测任务是正确及时地掌握各种信息,大多数情况下是要获取被测对象信息的大小,即被测量的大小。这样,信息采集的主要含义就是测量、取得测量数据。

"测量系统"是传感器技术发展到一定阶段的产物。在工程中需要传感器与多台仪表组合在一起,才能完成信号的检测,这样便形成了测量系统。尤其是随着计算机技术及信息处理技术的发展,测量系统所涉及的内容也不断得以充实。

为了更好地掌握检测技术的应用,需要掌握自动检测系统的组成、测量的基本概念、测量系统的特性、测量误差以及数据处理等方面的检测技术基本知识。

第一节　自动检测系统的组成

非电量的检测多采用电测法,即首先将各种非电量转变为电量,然后经过一系列的处理,将非电量参数显示出来。自动检测系统原理框图如图 1－1 所示。

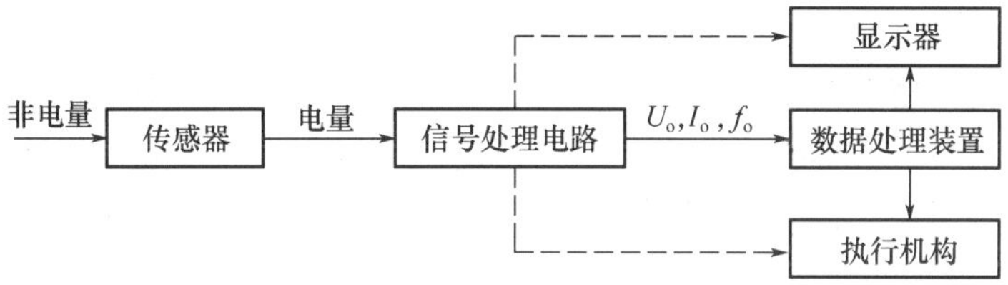

图 1－1　自动检测系统原理框图

(1)传感器(Transducer)。传感器是指一个能将被测的非电量转换成与之有确定对应关系的电量输出的器件或装置。

(2) 信号处理电路。信号处理电路的作用是把传感器输出的电量变成具有一定驱动和传输能力的电压、电流或频率信号等,以推动后级的显示器、数据处理装置及执行机构。

(3)显示器。目前常用的显示器有四类,包括模拟显示、数字显示、图像显示及记录仪等。

①模拟量是指连续变化量。模拟显示是利用指针对标尺的相对位置来表示读数的,常见的有毫伏表、微安表、模拟光柱等。

②数字显示目前多采用发光二极管(LED)和液晶(LCD)等,并以数字的形式来显示读数。前者亮度高、耐震动、可适应较宽的温度范围;后者耗电省、集成度高。目前还研制出了带背光板的 LCD,便于在夜间观看 LCD 的显示内容。

③图像显示是用 CRT 或点阵 LCD 来显示读数或被测参数的变化曲线,有时还可用图

表或彩色图等形式来反映整个生产线上的多组数据。

④记录仪主要用来记录被检测对象的动态变化过程，常用的记录仪有笔式记录仪、高速打印机、绘图仪、数字存储示波器、磁带记录仪、无纸记录仪等。

（4）数据处理装置。数据处理装置用来对测试所得的实验数据进行处理、运算、逻辑判断、线性变换，对动态测试结果作频谱分析（幅值谱分析、功率谱分析）、相关分析等，完成这些工作必须采用计算机技术。

数据处理的结果通常送到显示器和执行机构中去，以显示运算处理的各种数据或控制各种被控对象。在不带数据处理装置的自动检测系统中，显示器和执行机构由信号处理电路直接驱动，如图 1－1 中的虚线部分。

（5）执行机构。所谓执行机构通常是指各种继电器、电磁铁、电磁阀门、电磁调节阀、伺服电动机等，它们在电路中是起通断、控制、调节、保护等作用的电气设备。许多检测系统能输出与被测量有关的电流或电压信号，作为自动控制系统的控制信号，去驱动执行机构。

第二节　检测的基本方法

一个物理量的检测可以通过不同的方法实现。检测方法选择的正确与否，直接关系到检测结果的可信赖程度，也关系到检测与控制系统的经济性和可行性。检测方法的分类形式有多种，从不同的角度出发有不同的分类方法，下面介绍几种常见的分类方法。

1. 按测量手续分类

按测量手续分类有直接测量、间接测量和组合测量。

（1）直接测量。将被测量与标准量直接比较，或用预先经标准量标定好的测量仪器或仪表进行测量，从而直接测得被测量的数值。例如，用弹簧管式压力表测量流体压力就是直接测量。直接测量的优点是测量过程简单、迅速，缺点是测量精度不高。该方法是工程上广泛采用的方法。

（2）间接测量。被测量本身不易直接测量，但可以通过与被测量有一定函数关系的其他量（一个或几个）的测量结果（如用函数解析式计算、查函数曲线或表格）求出被测量数值，这种测量方式称为间接测量。例如，导线的电阻率 ρ 的测量，根据电阻 $R=\rho\frac{4l}{\pi d^2}$得出

$$\rho = \frac{\pi d^2 R}{4l} \tag{1-1}$$

式中，l，d 分别表示导线的有效长度和直径。测量时，只要先经过直接测量得到导线的 R，l，d 的数值，再代入 ρ 的表达式，最后经过计算得到需要的结果 ρ 值。在这种测量过程中，手续较多，花费时间较长，但与直接测量被测量相比，可以得到较高的精度。该方法多用于科学实验中实验室的测量，工程中也有应用。

（3）组合测量。如果被测量有多个，而且被测量又与某些可以通过直接或间接测量得到结果的其他量存在着一定的函数关系，则可先测量这几个量，再求解函数关系组成的联立方程组，从而得到多个被测量的数值。显然，它是一种兼用直接测量和间接测量的方式。例如，在研究导体的电阻 R_t 随温度 t 变化的规律时，在一定的温度范围内有下列关系式：

$$R_t = R_{20} + \alpha(t-20) + \beta(t-20)^2 \tag{1-2}$$

式中,R_{20},α,β 为三个待定的量,R_{20} 为电阻在 20 ℃时的数值,α,β 为电阻的温度系数。依据此关系式,测量出在 t_1,t_2,t_3 三个不同的测试温度时导体的电阻 R_{t1},R_{t2},R_{t3},得联立方程组

$$\begin{cases} R_{11} = R_{20} + \alpha(t_1-20) + \beta(t_1-20)^2 \\ R_{12} = R_{20} + \alpha(t_2-20) + \beta(t_2-20)^2 \\ R_{13} = R_{20} + \alpha(t_3-20) + \beta(t_3-20)^2 \end{cases} \tag{1-3}$$

求解此方程组即可得 R_{20},α,β。

上述三种测量方法中,直接测量快捷简便,间接测量和组合测量相对复杂、费时。间接测量和组合测量仅在缺乏直接测量仪器、不便于直接测量或直接测量时涉及到的其他因素较多等情况下才予以采用,故多用于科学实验和一些特殊的场合。

2. 按测量方式分类

按测量方式分类有偏差式测量、零位式测量和微差式测量。

(1)偏差式测量。能够直接在仪器、仪表上读取读数的测量方法称为直接测量法。应用这种方法进行测量时,标准量具没有装在仪表内,而是事先用标准量具对仪表刻度进行校准;在测量时输入被测量,按照仪表指针在标度尺上的示值决定被测量的数值。它是以间接方式实现被测量与标准量的比较。例如,用磁电式仪表测量电路中某电气元件通过的电流及其两端的电压就属于偏差式测量。该测量方法过程比较简单、迅速,但测量结果的精度低,因此广泛用于工程测量。

(2)零位式测量。在测量过程中,用指零仪表的零位指示测量系统的平衡状态,在测量系统达到平衡状态时,用已知的基准量决定被测未知量的测量方法称为零位式测量法。应用这种方法进行测量时,标准量具装在仪表内,在测量过程中标准量具直接与被测量相比较,调整标准量,一直到被测量与标准量相等,即使指零仪表回零。例如,惠斯登电桥测量电阻(或电感、电容)就是这种方法的一个典型例了,如图 1-2 所示。当电桥平衡时有

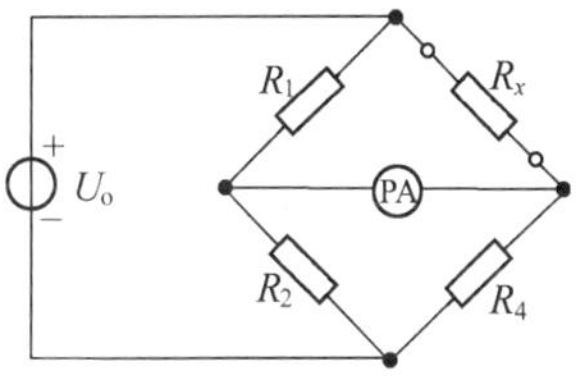

图 1-2　惠斯登电桥测量电阻

$$R_x = \frac{R_1}{R_2}R_4 \tag{1-4}$$

通常是先大致调整比率$\dfrac{R_1}{R_2}$,再调整标准电阻 R_4,直至电桥平衡。充当零指示器的检流计 PA 指示为零,此时即可根据式(1-4)由比率 R_1/R_2 和 R_4 值得到被测电阻 R_x 的值。

只要零指示器的灵敏度足够高,零位式测量法的测量准确度几乎等同于标准量的准确度,因而测量准确度很高,所以常用在实验室作为精密测量的一种方法。但测量过程中为了获得平衡状态,需要进行反复调节,即使采用一些自动平衡技术,检测速度仍然较慢,这是该方法的不足之处。

(3)微差式测量法。偏差式测量法和零位式测量法相结合构成微差式测量法。它通过测量待测量与标准量之差(通常该差值很小)来得到待测量量值,如图 1-3 所示。

图 1-3 中,P 为量程不大但灵敏度很高的偏差式仪表,它指示的是待测量 x 与标准量 s

之间的差值$\delta = x - s$，即$x = s + \delta$。只要δ足够小，这种方法测量的准确度基本上取决于标准量的准确度，同时它又省去了零位式测量中反复调节标准量大小以求平衡的步骤。因此，它兼有偏差式测量法的测量速度快和零位式测量法准确度高的优点。微差式测量法除在实验室中用作精密测量外，还广泛应用于生产线控制参数的测量上。例如，直流稳压电源输出电压稳定度的测量原理如图1－4所示。直流稳压电源的输出电压U_o会随着市电的波动和负载的变化而有微小起伏（常用波纹系数表示起伏大小）。V_2为量程不大但灵敏度很高的电压表，U_B表示由标准电源U_S获得的标准电压，U_o为直流稳压电源的实际输出电压，U_δ是由电压表V_2测得的U_o与U_B的差值，即输出电压随市电波动和负载变化而产生的微小起伏。

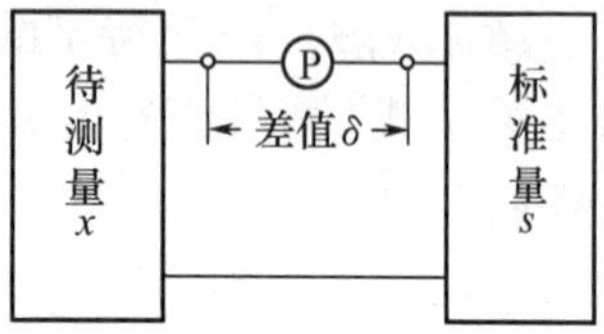

图1－3 微差式测量法

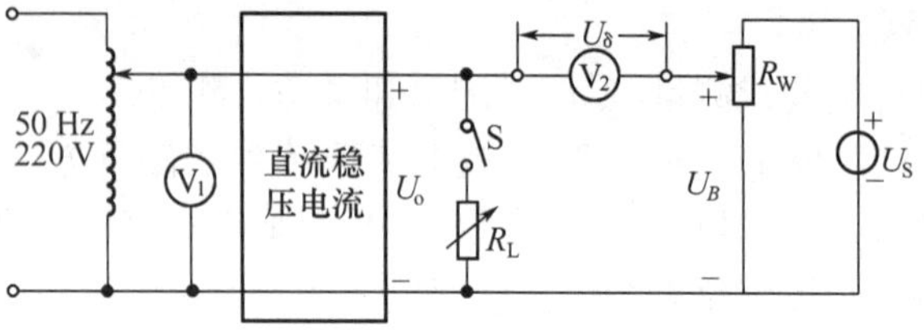

图1－4 直流稳压电源输出电压稳定度的测量原理

3. 按被测量的性质分类

按被测量的性质分类有时域测量、频域测量、数据域测量和随机测量。

（1）时域测量也叫做瞬态测量，主要测量被测量随时间的变化规律。典型的例子是用示波器观察脉冲信号的上升沿、下降沿以及动态电路的暂态过程等。

（2）频域测量也称为稳态测量，主要目的是获取待测量与频率之间的关系。如用频谱分析仪分析信号的频谱，测量放大器的幅频特性、相频特性等。

（3）数据域测量也称为逻辑量测量，主要是用逻辑分析仪等设备对数字量或电路的逻辑状态进行测量。数据域测量可以同时观察多条通道上的逻辑状态，或者显示某条数据线上的时序波形，还可以借助计算机分析大规模集成电路芯片的逻辑功能等。随着微电子技术发展的需要，数据域测量及其测量智能化、自动化显得越来越重要。

（4）随机测量也叫做统计测量，主要是对各类噪声信号进行动态测量和统计分析。

除了上述几种常见的分类方法外，还有其他一些分类方法，如按照对测量精度的要求可以分为精密测量和工程测量；按照测量时测量者对测量过程的干预程度分为自动测量和非自动测量；按照被测量与测量结果获取地点的关系分为本地（原位）测量和远地测量（遥测）；按照被测量的属性分为电量测量和非电量测量等。

4. 检测方法的选择原则

在选择测量方法时，要综合考虑下列主要因素：

（1）从被测量本身的特点来考虑。例如，按照被测量的性质可以分为时域测量、频域测量、数据域测量和随机测量四种。被测量的性质不同，采用的测量仪器和测量方法当然不同。又如，对被测对象的情况要了解清楚，被测参数是否线性、数量级如何、对波形和频率有何要求、对测量过程的稳定性有无要求、有无抗干扰要求，以及其他要求等。

(2)从测量所得的精确度和灵敏度来考虑。工程测量和精密测量对这两者的要求有所不同,要注意选择仪器、仪表的准确度等级,还要选择测量误差满足要求的测量技术。如果属于精密测量,还要按照误差理论的要求进行比较严格的数据处理。

(3)考虑测量环境是否符合测量设备和测量技术状况要求,尽量减少仪器、仪表对被测电路状态的影响。

(4)测量方法简单可靠,测量原理科学,尽量减少原理性误差。

在测量之前,必须先综合考虑以上诸方面的情况,恰当选择测量仪器、仪表及设备,采用合适的测量方法和测量技术,才能较好地完成测量任务。

第三节　测量误差及其分类

一、测量误差的基本概念

1. 误差公理

在实际测量中,测量设备不准确、测量方法(手段)不完善、测量程序不规范及测量环境因素的影响,都会导致测量结果或多或少地偏离被测量的真值。测量结果与被测量真值之差就是测量误差。测量误差的存在是不可避免的,也就是说,"一切测量都具有误差,误差自始至终存在于所有科学实验之中",这就是误差公理。人们研究测量误差的目的就是寻找产生误差的原因,认识误差的规律、性质,进而找出减小误差的途径与方法,以求获得尽可能接近真值的测量结果。

2. 真值

被测量本身所具有的真正值称之为真值。真值是一个理想的概念,一般是很难求取的。

3. 指定真值

由于真值是一个理想值,一般很难知道,所以一般用指定真值来代替真值。指定真值是指由国家设立的各种尽可能维持不变的实物标准(或基准),以法令的形式指定其所体现的量值作为计量单位的指定值,指定真值也叫做约定真值。

4. 实际值

实际测量中,不可能都直接与国家基准相比对,所以国家通过一系列的各级实物计量标准构成量值传递网,将国家基准所体现的计量单位逐级比较传递到日常工作仪器或量具上去。在每一级的比较中,都以上一级标准所体现的值作为准确无误的值,通常称为实际值,也叫做相对真值。

5. 标称值

测量器具上标定的数值称为标称值,如标准砝码上标出的 1 kg,标准电阻上标出的 1 Ω,标准信号发生器刻度盘上标出的输出正弦波的频率 100 kHz 等。由于制造和测量精度不够以及环境等因素的影响,标称值并不一定等于它的真值或实际值。为此,在标出测量器具的标称值时,通常还要标出它的误差范围或准确度等级。如 XD－7 型低频信号发生器频率刻度的工作误差 $\leqslant \pm 3\% \pm 1$ Hz,如果在额定工作条件下该仪器频率刻度是 100 Hz,这就是它的标称值,而实际值是 $100 \times (1 \pm 3\%) \pm 1$ Hz,即实际值在 96 Hz 到 104 Hz 之间。

6. 示值

由测量器具指示的被测量值称为测量器具的示值，也称为测量值，它包括数值和单位。一般地说，示值与测量仪表的读数有区别，读数是仪器刻度盘上直接读到的数据。例如，以 100 分度表示 50 mA 的电流表，当指针指在刻度盘上的 50 处时，读数是 50，而电流值是 25 mA。为便于核查测量结果，在记录测量数据时，一般应记录仪表量程、读数和示值，对于数字显示仪表，通常示值和读数是统一的。

二、测量误差的分析

测量误差是不可避免的，下面分别从误差的表示方法、误差出现的规律、误差的来源、被测量随时间变化的速度、使用条件及误差与被测量的关系等方面来分析测量误差。

1. 按表示方法分析

按表示方法分析有绝对误差、相对误差和容许误差之分。

(1)绝对误差。绝对误差定义为示值与被测量真值之差，即

$$\Delta A = A_x - A_0 \tag{1-5}$$

式中，ΔA 为绝对误差；A_x 为示值，具体应用中可以用测量结果的测量值、标准量具的标称值代替；A_0 为被测量的真值，真值 A_0 一般很难得到，所以用实际值 A 代替被测量的真值 A_0，因而绝对误差更有实际意义的定义是

$$\Delta A = A_x - A \tag{1-6}$$

对于绝对误差，应注意下面几个特点：

①绝对误差是有单位的量，其单位与测量值和实际值相同。

②绝对误差是有符号的量，其符号表示测量值与实际值的大小关系，若测量值较实际值大，则绝对误差为正值；反之为负值。

③测量值与实际值之间的偏离程度和方向通过绝对误差来体现，但仅用绝对误差通常不能说明测量质量的好坏。例如，人体体温在 37 ℃左右，若测量绝对误差为 $\Delta x = \pm 1$ ℃，这样的测量质量不能被接受，而如果测量 1 400 ℃左右的炉温，绝对误差能保持 ±1 ℃，这样的测量质量就令人满意了。因此，为了表明测量结果的准确程度，一种方法是将测得值与绝对误差一起列出，如上面的例子可以写成 37 ℃ ±1 ℃和 1 400 ℃ ±1 ℃；另一种方法就是用相对误差来表示。

在实际测量中，还经常用到修正值这个概念，其绝对值与绝对误差 Δx 相等，但符号相反，通常用符号 C 表示，为

$$C = -\Delta x = A - A_x \tag{1-7}$$

修正值给出的方式不一定是具体的数值，也可以是一条曲线、公式或数表，利用修正值和仪表示值，可得到被测量实际值

$$A = A_x + C \tag{1-8}$$

智能化仪器的优点之一就是可利用内部的微处理器存储修正值，并利用式(1-8)自动对被测量实际值进行修正。

(2)相对误差。相对误差用来说明测量精度的高低，可分为如下几种：

①实际相对误差。实际相对误差定义为绝对误差 Δx 与实际值 A 的百分比值，即

$$\gamma_A = \frac{\Delta x}{A} \times 100\% \tag{1-9}$$

②示值相对误差。示值相对误差定义为绝对误差 Δx 与示值 x 的百分比值,即

$$\gamma_x = \frac{\Delta x}{x} \times 100\% \tag{1-10}$$

③满度相对误差。满度相对误差定义为仪器量程内最大绝对误差 Δx_m 与测量仪器满度值 x_m 的百分比值,即

$$\gamma_m = \frac{\Delta x_m}{x_m} \times 100\% \tag{1-11}$$

满度相对误差也叫做满度误差或引用误差,通过满度误差实际上给出了仪表各量程内绝对误差的最大值,即

$$\Delta x_m = \gamma_m \times x_m \tag{1-12}$$

我国电工仪表的准确度等级 S 就是按满度相对误差 γ_m 分级的。按 γ_m 大小依次划分为 0.1,0.2,0.5,1.0,1.5,2.5 及 5.0 七级,它们分别表示对应仪表的引用误差所不应超过的百分比。从仪表面板上的标志可以判断出仪表的等级,仪表的准确度等级和基本误差如表 1-1所示。准确度等级的数值越小,仪表就越昂贵。

表 1-1 仪表的准确度等级和基本误差

准确度等级	0.1	0.2	0.5	1.0	1.5	2.5	5.0
基本误差	±0.1%	±0.2%	±0.5%	±1.0%	±1.5%	±2.5%	±5.0%

仪表的准确度在工程中也称为“精度”,准确度等级习惯上称为精度等级。根据仪表的等级可以确定测量的最大引用误差和最大绝对误差。例如,在正常情况下,用 0.5 级、量程为 100 ℃温度表来测量温度时,可能产生的最大绝对误差为

$$\Delta x_m = (\pm 0.5\%) \times x_m = \pm (0.5\% \times 100)\ ℃ = \pm 0.5\ ℃$$

在正常工作条件下,仪表的最大绝对误差多数是不变的,而示值相对误差 γ_x 随示值的减小而增大。例如用上述温度表来测量 80 ℃温度时,相对误差 $\gamma_x = (\pm 0.5/80) \times 100\% = \pm 0.525\%$,而用它来测量 10 ℃温度时,相对误差 $\gamma_x = (\pm 0.5/10) \times 100\% = \pm 5\%$。

例 1-1 某压力表准确度为 2.5 级,量程为 0 ~ 1.5 MPa,求:

(1)可能出现的最大满度相对误差 γ_m。

(2)可能出现的最大绝对误差 Δx_m 为多少 kPa?

(3)测量结果显示为 0.70 MPa 时,可能出现的最大示值相对误差 γ_x。

解 (1)可能出现的最大满度相对误差可以从准确度等级直接得到,即 $\gamma_m = \pm 2.5\%$。

(2)$\Delta x_m = \gamma_m \times x_m = \pm 2.5\% \times 1.5\ \text{MPa} = \pm 0.0375\ \text{MPa} = \pm 37.5\ \text{kPa}$。

(3)$\gamma_x = \frac{\Delta x_m}{x} \times 100\% = \frac{\pm 0.0375}{0.70} \times 100\% = \pm 5.36\%$

由上例可知,γ_x 的绝对值总是大于(在满度时等于)γ_m。

例 1-2 某电压表 $S = 1.5$,试标出它在 0 V ~ 100 V 量程中的最大绝对误差。

解 在 0 V ~ 100 V 量程内上限值 $x_m = 100$ V,而 $S = 1.5$,所以

$$\Delta x_m = \gamma_m \times x_m = \pm \frac{1.5}{100} \times 100 = \pm 1.5\ \text{V}$$

一般而言,测量仪器在同一量程不同示值处的绝对误差实际上未必处处相等,但对使用

者来讲，在没有修正值可利用的情况下，只能按最坏的情况处理，即认为仪器在同一量程各处的绝对误差是个常数且等于 Δx_m，人们把这种处理叫做误差的整量化。由示值相对误差和满度相对误差表达式可以看出，为了减小测量中的示值误差，在进行量程选择时应尽可能使示值接近满度值，一般以示值不小于满度值的 2/3 为宜。

例 1-3 某 1.0 级电流表，满度值 $x_m = 100\ \mu A$，求测量值分别为 $x_1 = 100\ \mu A$，$x_2 = 80\ \mu A$，$x_3 = 20\ \mu A$ 时的绝对误差和示值相对误差。

解 由满度相对误差表达式可得绝对误差为

$$\Delta x_m = \gamma_m \cdot x_m = \pm \frac{1}{100} \times 100 = \pm 1\ \mu A$$

绝对误差是不随测量值改变的，而测量值分别为 100 μA、80 μA、20 μA 时的示值相对误差各不相同，分别为

$$\gamma_{x1} = \frac{\Delta x}{x_1} \times 100\% = \frac{\Delta x_m}{x_1} \times 100\% = \frac{\pm 1}{100} \times 100\% = \pm 1\%$$

$$\gamma_{x2} = \frac{\Delta x}{x_2} \times 100\% = \frac{\Delta x_m}{x_2} \times 100\% = \frac{\pm 1}{80} \times 100\% = \pm 1.25\%$$

$$\gamma_{x3} = \frac{\Delta x}{x_3} \times 100\% = \frac{\Delta x_m}{x_3} \times 100\% = \frac{\pm 1}{20} \times 100\% = \pm 5\%$$

由此可见，在同一量程内，测得值越小，示值相对误差越大。由此应当注意到，测量中所用仪表的准确度并不是测量结果的准确度，只有在示值与满度值相同时二者才相等，否则测得值的准确度数值将低于仪表的准确度等级。

例 1-4 要测量 100 ℃的温度，现有 0.5 级、测量范围为 0～300 ℃和 1.0 级、测量范围为 0～100 ℃的两种温度计，试分析各自产生的示值误差。

解 0.5 级温度计，可能产生的最大绝对误差为

$$\Delta x_{m1} = \gamma_{m1} \cdot x_{m1} = \pm \frac{S_1}{100} \cdot x_{m1} = \pm \frac{0.5}{100} \times 300 = \pm 1.5\ ℃$$

按照误差整量化原则，认为该量程内绝对误差为

$$\Delta x_1 = \Delta x_{m1} = \pm 1.5\ ℃$$

因此示值相对误差

$$\gamma_{x1} = \frac{\Delta x_1}{x_1} \times 100\% = \frac{\pm 1.5}{100} \times 100\% = \pm 1.5\%$$

同样可以算出用 1.0 级温度计可能产生的绝对误差和示值相对误差为

$$\Delta x_2 = \Delta x_{m2} = \gamma_{m2} \cdot x_{m2} = \pm \frac{1.0}{100} \times 100 = \pm 1.0\ ℃$$

$$\gamma_{x2} = \frac{\Delta x_2}{x_2} \times 100\% = \frac{\pm 1.0}{100} \times 100\% = \pm 1.0\%$$

由此可见，用 1.0 级低量程温度计测量所产生的示值相对误差反而小一些，因此选用 1.0级温度计较为合适。

在实际测量操作时，一般应先在大量程下测得被测量的大致数值，而后选择合适的量程再进行测量，以尽可能减小相对误差。

(3) 容许误差。容许误差是指根据技术条件的要求，规定测量仪器误差不应超过的最大范围，有时也称为仪器误差。

2. 按照被测量随时间变化的速度分析

(1)静态误差。静态误差是指在被测量随时间变化很慢的过程中,被测量随时间变化很缓慢或基本不变时的测量误差。

(2)动态误差。动态误差是指在被测量随时间变化很快的过程中,测量所产生的附加误差。动态误差是由于有惯性、有纯滞后,因而不能让输入信号的所有成分全部通过,或者输入信号中不同频率成分通过时受到不同程度衰减时引起的。

3. 按使用条件分析

(1) 基本误差。基本误差是指测量系统在规定的标准条件下使用时所产生的误差。所谓标准条件,一般是测试系统在实验室标定刻度时所保持的工作条件,如电源电压(220 ±5%) V,温度(20 ±5) ℃,湿度小于 80%,电源频率 50 Hz 等。

基本误差是指测试系统在额定条件下工作时所具有的误差,测试系统的精确度是由基本误差决定的。

(2)附加误差。当使用条件偏离规定的标准条件时,除基本误差外还会产生附加误差。例如,由于温度超过标准引起的温度附加误差以及使用电压不标准而引起的电源附加误差等,这些附加误差使用时叠加到基本误差上去。

三、误差的分类与处理

误差是不可避免的,但要想办法尽量消除或减小测量误差。下面将分别从系统误差、随机误差及粗大误差三方面来考虑如何消除或减小误差。

1. 系统误差及其消除或减小

系统误差是在一定的测量条件下,测量值中含有固定不变或按一定规律变化的误差。系统误差主要由以下几方面因素引起:材料、零部件及工艺缺陷;环境温度、湿度、压力的变化以及其他外界干扰等。其变化规律服从某种已知函数,它表明了一个测量结果偏离真值或实际值的程度,系统误差越小,测量就越准确,所以经常用正确度来表征系统误差的大小。

产生系统误差的来源多种多样,因此要减小系统误差只能根据不同的目的,对测量仪器仪表、测量条件、测量方法及步骤进行全面分析,以发现系统误差,进而分析系统误差,然后采用相应的措施将系统误差消除或减弱到与测量要求相适应的程度。

(1) 从产生系统误差的来源上考虑。从产生系统误差的来源上考虑是减小系统误差的最基本的方法。该方法要求实验者对整个测量过程要有一个全面仔细的分析,弄清楚可能产生系统误差的各种因素,然后在测量过程中予以消除。产生系统误差的来源多种多样,因此要消除系统误差只能根据不同的测量目的,对测量仪器误差加以消除。具体地说,选择准确度等级高的仪器设备以消除仪器的基本误差;使仪器设备工作在规定条件下;使用正确调零、预热以消除仪器设备的附加误差;选择合理的测量方法,设计正确的测量步骤以消除方法误差和理论误差;提高测量人员的测量素质,改善测量条件(选用智能化、数字化仪器仪表等)以消除人员误差。

(2) 利用修正的方法消除。利用修正的方法是消除或减弱系统误差的常用方法,该方法在智能化仪表中得到了广泛应用。所谓修正的方法就是在测量前或测量过程中,求取某类误差的修正值,而在测量的数据处理过程中手动或自动地将测量读数或结果与修正值相加,从测量读数或结果中消除或减弱该类系统误差。

(3) 利用特殊的测量方法消除。系统误差的特点是大小、方向恒定不变,具有预见性,所以可选用特殊的测量方法予以消除。下面介绍几种常用方法。

①替代法：替代法是比较测量法的一种，它先将被测量 A_X 接在测量装置上，调节测量装置处于某一状态，然后用与被测量相同的同类标准量 A_N 代替 A_X，调节标准量 A_N，使测量装置恢复原来的状态，于是被测量就等于调整后的标准量，即 $A_X = A_N$。

②差值法：差值法就是测量出被测量 A_X 与标准量 A_N 的差值 α，即 $\alpha = A_X - A_N$，利用 $A_X = A_N + \alpha$ 求出被测量。显然，测量结果的准确度由标准量具的准确度和测量差值的准确度决定，且差值 α 越小，测量差值仪表的误差对测量结果的影响就越小。当差值 α 等于零时，测量结果的准确度与测量仪表的准确度无关，而仅和标准量具的准确度有关。

③正、负误差补偿法：正、负误差补偿法就是在不同的测量条件下，对被测量测量两次，使其中一次测量结果的误差为正，而使另一次测量结果的误差为负，取两次测量结果的平均值作为测量结果。显然，大小恒定的系统误差经这样的处理即可被消除。

④对称观测法：对称观测法是消除测量结果随某影响量线性变化的系统误差的有效方法。所谓对称观测法就是在测量过程中，合理设计测量步骤以获取对称的数据，配以相应的数据处理程序，以得到与该影响无关的测量结果，从而消除系统误差。

2. 随机误差及其消除或减小

随机误差又称偶然误差，是由很多复杂因素的微小变化的总和所引起的。随机误差的变化规律未知，因此分析起来比较困难。但是随机误差具有随机变量的一切特点，在一定条件下服从统计规律，因此经过多次测量后，对其总和可以用统计规律来描述，可以从理论上估计对测量结果的影响。

随机误差表现了测量结果的分散性，在误差理论中常用精密度来表征随机误差的大小。随机误差越小，精密度越高。如果某一测量结果的随机误差和系统误差均很小，则表明该测量既精密又正确，简称精确。

随机误差就单次测量而言是无规律的，其大小、方向不可预知。但当测量次数足够多时，随机误差的总体服从统计学规律。对某量进行无系统误差、等精度重复测量 n 次，其测量读数分别为 $A_1, A_2, \cdots, A_n$，则随机误差分别为

$$\delta_1 = A_1 - A_0, \delta_2 = A_2 - A_0, \cdots, \delta_i = A_i - A_0, \cdots, \delta_n = A_n - A_0$$

根据统计学原理，随机误差具有下列特性：

(1) 有界性，即随机误差的绝对值不超过一定的界限。

(2) 单峰性，即绝对值小的随机误差比绝对值大的随机误差出现的概率大。

(3) 对称性，等值反号的随机误差出现的概率接近相等。

(4) 抵偿性，当 $n = \infty$ 时，随机误差的代数和为零。

根据随机误差的特性，经过多次测量后，对其总和可以用统计规律来描述，可以从理论上估计对测量结果的影响。

3. 粗大误差及其消除或减小

粗大误差是指在一定条件下测量结果显著地偏离其实际值所对应的误差。在测量及数据处理中，如果发现某次测量结果所对应的误差特别大或特别小时，应认真判断误差是否属于粗大误差，如果属于粗大误差，该值应舍去不用。

含有粗大误差的测量数据属于可疑值或异常值，不能参加测量值的数据处理，应该予以剔除。剔除粗大误差的方法如下：首先尽可能地提高测量人员工作责任心和严格的科学态度，以减少和避免粗大误差的出现；其次正确判断粗大误差，若发现粗大误差，则将相应的测

量数据划掉，且必须注明其原因。判断粗大误差可以从定性和定量两方面来考虑。

(1)定性判断。就是对测量条件、测量设备、测量步骤进行分析，看是否有差错或有引起粗大误差的因素，也可将测量数据同其他人员用别的方法或由不同仪器所测量得到的结果进行核对，以发现粗大误差。这种判断属于定性判断，无严格的原则，应慎重从事。

(2)定量判断。就是以统计学原理和有关专业知识建立起来的粗差准则为依据，对异常值或坏值进行剔除。这里所谓的定量是相对前面的定性而言的，它是建立在一定的分布规律和置信概率基础上的，并不是绝对的。

第二章　传感器及其基本特性

为了研究自然现象和制造劳动工具，人类仅靠五官获取外界信息还不够，故发明了能代替或补充五官功能的传感器。传感器的历史远比近代科学的历史悠久，天平自埃及五朝即开始使用，利用液体膨胀特性检测温度始于16世纪，19世纪奠定电磁学基础的法拉第物理法则仍是当今电磁传感器的工作原理。对自然现象的定量认识，先要通过传感器获取信息，然后通过处理获取的信息，弄清自然现象的本质。以电量为输出的传感器虽然历史不长，但其发展迅速，目前只要谈到传感器，指的几乎都是有电输出的传感器。由于集成电路技术和半导体应用技术的发展，传感器性能已大大提高。

第一节　传感器的定义、组成与分类

一、传感器的定义

关于传感器的定义，至今尚无一个比较全面的定义。不过对以下提法，学者们似乎不持异议，传感器（Transducer 或 Sensor）有时亦被称为换能器、变换器、变送器或探测器，其主要特征是能感知和检测某一形态的信息，并将其转换成另一形态的信息。因此，传感器是指那些对被测对象的某一确定的信息具有感受（或响应）与检出功能，并使之按照一定规律转换成与之对应的有用输出信号的元器件或装置。当然这里的信息应包括电量或非电量。在不少场合，人们将传感器定义为敏感于待测非电量并可将它转换成与之对应的电信号的元件、器件或装置的总称。当然，将非电量转换为电信号并不是唯一的形式。例如，可将一种形式的非电量转换成另一种形式的非电量（如将力转换成位移等）；另外，从发展的眼光来看，将非电量转换成光信号或许更为有利。

二、传感器的组成

传感器一般是利用物理、化学和生物等学科的某些效应或机理按照一定的工艺和结构研制出来的，因此传感器的组成细节有较大差异，但是总的来说，传感器应由敏感元件、转换元件和其他辅助部件组成，如图2－1所示。敏感元件是指传感器中能直接感受（或响应）与检出被测对象的待测信息（非电量）的部分，转换元件是指传感器中能将敏感元件所感受（或响应）出的信息直接转换成电信号的部分。例如，应变式压力传感器是由弹性膜片和电阻应变片组成。其中弹性膜片就是敏感元件，它能将压力转换成弹性膜片的应变（形变）；弹性膜片的应变施加在电阻应变片上，它能将应变量转换成电阻的变化量，电阻应变片就是转换元件。

应该指出的是，并不是所有的传感器都必须包括敏感元件和转换元件。如果敏感元件直接输出的是电量，它就同时兼为转换元件，因此敏感元件和转换元件两者合一的传感器是很多的，压电晶体、热电偶、热敏电阻、光电器件等都是这种形式的传感器。

信号调节电路是能把转换元件输出的电信号转换为便于显示、记录、处理和控制的有用电信号的电路。辅助电路通常包括电源，即交、直流供电系统。

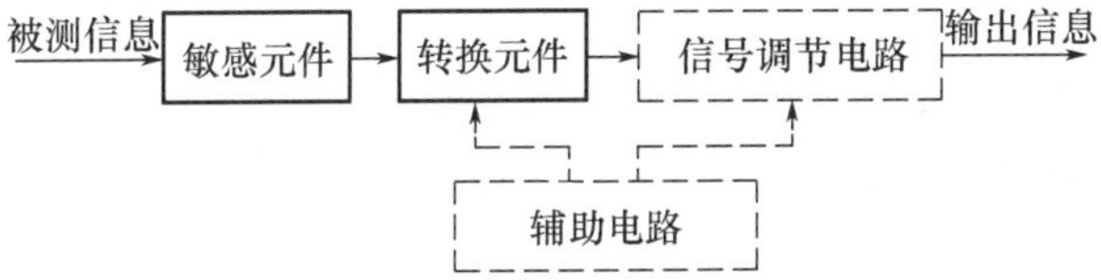

图 2-1　传感器组成框图

三、传感器分类

传感器的品种繁多，原理各异，分类方法也不同，归纳起来大致有如下几种分类方式。

(1) 按照传感器的结构分为三种类型，如图 2-2 所示。

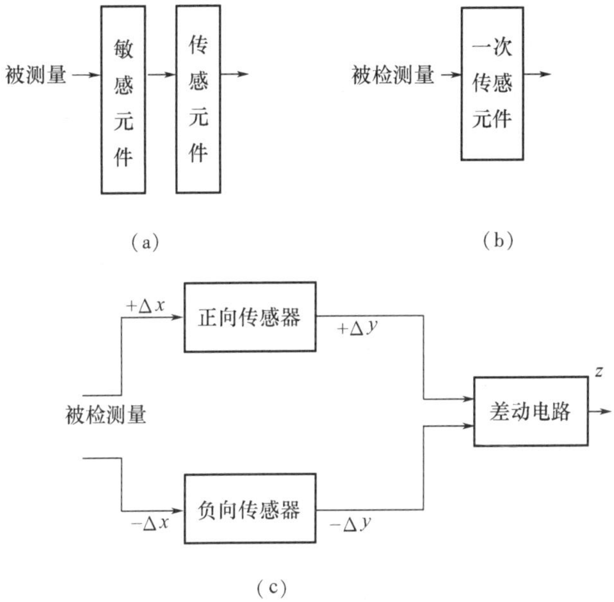

图 2-2　传感器的结构类型

图(a)和图(b)具有结构简单的优点，图(c)结构具有灵敏度高，抗干扰能力强，线性度好等优点。

(2) 按照传感器输出量的性质分为模拟传感器和数字传感器。

其中数字传感器便于与计算机联用，且抗干扰性较强，例如脉冲盘式角度数字传感器、光栅传感器等。传感器数字化是今后的发展方向。

(3) 按敏感材料不同分为半导体传感器、陶瓷传感器、石英传感器、光导纤维传感器、金属传感器、有机材料传感器、高分子材料传感器……

(4) 按应用场合不同分为工业用、农用、军用、医用、科研用、环保用和家电用传感器等。若按具体使用场合，还可分为汽车用、舰船用、飞机用、宇宙飞船用、防灾用传感器等。此外，根据使用目的的不同，又可分为计测用、监视用、检查用、诊断用、控制用和分析用传感器等。

(5) 按照工作原理分类,可分为电阻式、电容式、电感式、光电式、光栅式、热电式、压电式、红外、光纤、超声波、激光传感器等。这种分类有利于对传感器的工作原理的阐述。

(6) 按被测量分类,可分为力学量、光学量、磁学量、几何学量、运动学量、流速与流量、液面、热学量、化学量、生物量传感器等。这种分类有利于人们选择传感器和应用传感器。

第二节 传感器的数学模型概述

从系统角度来看,一种传感器就是一个系统。根据系统工程学理论,一个系统总可以用一个数学方程式或函数来描述,即用某种方程式或函数表征传感器的输出和输入间的关系和特性,从而用这种关系指导对传感器的设计、制造、校正和使用。但是准确地建立一个系统的数学模型是困难的。在工程上,总是采用一些近似方法建立起系统的初步模型,然后经过反复模拟试验确立系统的最终数学模型,这种方法同样适用于传感器数学模型的建立。下面介绍传感器静态和动态数学模型的一般描述方法。

一、静态模型

静态模型是指在输入静态信号(输入信号不随时间变化的量)的情况下,描述传感器输出与输入量间函数关系的一种模型。如果不考虑蠕动效应和迟滞特性,传感器的静态模型一般可用多项式来表示:

$$y = a_0 + a_1x + a_2x^2 + \cdots + a_nx^n \tag{2-1}$$

式中 x——输入量;

y——输出量;

a_0——零位输出;

a_1——传感器线性灵敏度,常用 K 或 S 表示;

$a_2,\cdots,a_n$——非线性项的待定系数。

传感器的静态模型有三种有用的特殊形式:

$$y = a_1x \tag{2-2}$$

$$y = a_1x + a_2x^2 + a_4x^4 + \cdots \tag{2-3}$$

$$y = a_1x + a_3x^3 + a_5x^5 + \cdots \tag{2-4}$$

式(2-2)表示传感器的输出和输入量成严格的线性关系,式(2-3)和(2-4)均为非线性关系。

二、动态模型

动态模型是指传感器在准动态信号或动态信号(输入信号随时间而变化的量)作用下,描述其输出和输入信号关系的一种数学模型。动态模型通常采用微分方程和传递函数等来描述。

1. 微分方程

绝大多数传感器都属模拟(连续变化)系统之列,描述模拟系统的一般方法是采用微分方程。在实际的模型建立过程中，一般采用线性时不变系统理论描述传感器的动态特性，即用线性常系数微分方程表示传感器输出量 y 和输入量 x 的关系。其通式如下：

$$a_n\frac{d^ny}{dt^n}+a_{n-1}\frac{d^{n-1}y}{dt^{n-1}}+\cdots+a_1\frac{dy}{dt}+a_0y=b_m\frac{d^mx}{dt^m}+b_{m-1}\frac{d^{m-1}x}{dt^{m-1}}+\cdots+b_1\frac{dx}{dt}+b_0x \tag{2-5}$$

式中，$a_n,a_{n-1},\cdots,a_0$ 和 $b_m,b_{m-1},\cdots,b_0$ 为传感器的结构参数（是常量）。对于传感器，除 $b_0\neq0$外，一般取 $b_1,b_2,\cdots,b_m$ 为 0。

对于复杂的系统，其微分方程的建立求解都是很困难的；但是一旦求解出微分方程的解就能分清其暂态响应和稳定响应。为了求解的方便，常采用拉普拉斯变换（简称拉氏变换）将式（2－5）变为算子 s 的代数式或采用传递函数研究传感器动态特性。

2. 传递函数

如果在 $t\leqslant0$ 时，$y(t)=0$，则 $y(t)$ 的拉氏变换可定义为

$$Y(s)=\int_0^\infty y(t)e^{-st}dt \tag{2-6}$$

式中，$s=\sigma+j\omega,\sigma>0$。

对式（2－6）两边取拉氏变换，则得

$$Y(s)(a_ns^n+a_{n-1}s^{n-1}+\cdots+a_0)=X(s)(b_ms^m+b_{m-1}s^{m-1}+\cdots+b_0)$$

我们定义输出 $y(t)$ 的拉氏变换 $Y(s)$ 和输入 $x(t)$ 的拉氏变换 $X(s)$ 的比为该系统的传递函数 $H(s)$：

$$H(s)=\frac{Y(s)}{X(s)}=\frac{b_ms^m+b_{m-1}s^{m-1}+\cdots+b_0}{a_ns^n+a_{n-1}s^{n-1}+\cdots+a_0} \tag{2-7}$$

对 $y(t)$ 进行拉氏变换的初始条件是 $t\leqslant0$，$y(t)=0$。这对于传感器被激励之前所有的储能元件如质量块、弹性元件、电气元件均符合上述初始条件。从式（2－7）可知，它与输入量 $x(t)$ 无关，只与系统结构参数 a_i,b_i 有关。因此，$H(s)$ 可以简单而恰当地描述其输出与输入关系。

只要知道 $Y(s)$，$X(s)$，$H(s)$ 三者中任意两者，第三者便可方便地求出。这时可见，无需了解复杂系统的具体内容，只要给系统一个激励信号 $x(t)$，便可得到系统的响应 $y(t)$，系统特性就能被确定，它们可用图 2－3(a) 框图表示。

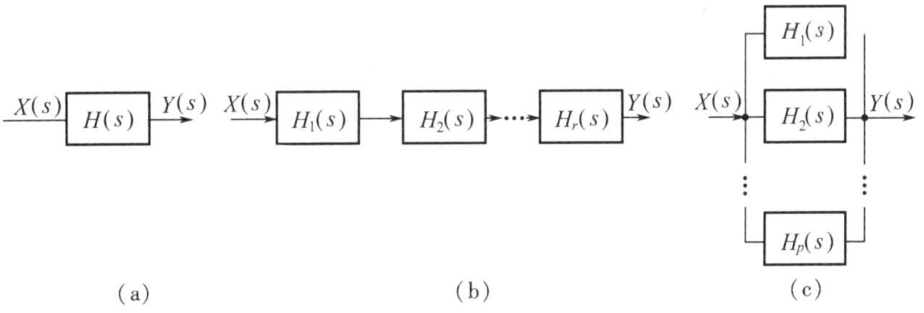

图 2－3　传感器的传递函数框图表示法

(a) 传递函数框图；(b) 串联；(c) 并联

对于多环节串、并联组成的传感器，如果各个环节阻抗匹配适当，可忽略相互间的影响，则传感器的等效传递函数可按下列代数方式求得。

若传感器由 r 个环节串联而成,如图 2-3(b)所示,其等效传递函数为

$$H(s) = H_1(s) \cdot H_2(s) \cdot \cdots \cdot H_r(s) \tag{2-8}$$

若传感器由 p 个环节并联而成,如图 2-3(c)所示,其等效传递函数为

$$H(s) = H_1(s) + H_2(s) + \cdots + H_p(s) \tag{2-9}$$

其中 $H_i(s)$ 为各个环节的传递函数。

第三节　传感器的基本特性

传感器所测量的非电量一般有两种形式:一种是稳定的,即不随时间变化或变化极其缓慢,称为静态信号;另一种是随时间而变化,称为动态信号。由于输入量的状态不同,传感器所呈现出来的输入-输出特性也不同,因此存在所谓的静态特性和动态特性。为了降低或消除传感器在测量控制系统中的误差,传感器必须具有良好的静态和动态特性,才能使信号(或能量)按规律准确地转换。

一、传感器的静态特性

传感器的静态特性主要由下列几种性能来描述。

1. 线性度

所谓传感器的线性度就是其输出量与输入量之间的实际关系曲线偏离直线的程度,又称为非线性误差。非线性误差可用下式表示:

$$E = \pm \frac{\Delta_{max}}{Y_{FS}} \times 100\% \tag{2-10}$$

式中　Δ_{max}——输出量和输入量实际曲线与拟合直线之间的最大偏差;

Y_{FS}——输出满量程值。

根据式(2-1),(2-2),(2-3)和(2-4)的静态模型,它们所呈现的非线性程度是不一样的,可用图 2-4(a),(b),(c)和(d)表示。

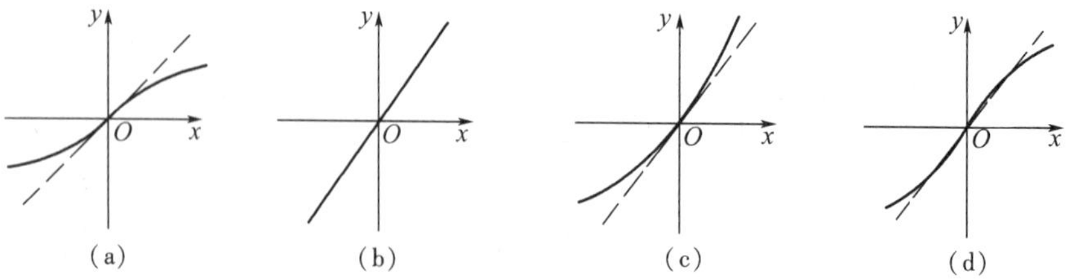

图 2-4　传感器的线性度表示

从图(d)可以看到,仅具有奇次方的多项式模型的传感器在相当大的输入范围内有较宽的准线性,图(b)为理想线性特性,几乎每一种传感器都不具备此特性,即都存在非线性,因此在使用非线性传感器时,必须对传感器的输出特性进行线性化处理。常用的方法有理论直线法、端点线法、割线法和切线法、最小二乘法和计算程序法等。

2. 灵敏度

传感器的灵敏度是其在稳态下输出增量 Δy 与输入增量 Δx 的比值，常用 S_n 来表示，即

$$S_n = \frac{\Delta y}{\Delta x} \tag{2-11}$$

对于线性传感器，其灵敏度就是它的静态特性的斜率，如图 2-5(a)所示，即

$$S_n = \frac{y - y_0}{x}$$

非线性传感器的灵敏度是一个变量，如图 2-5(b)所示，即用$\frac{dy}{dx}$表示传感器在某一工作点的灵敏度。

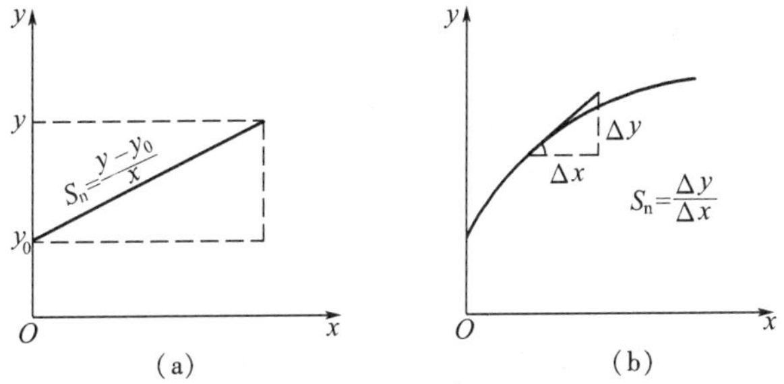

图 2-5　灵敏度定义

3. 重复性

重复性表示传感器在输入量按同一方向作全量程多次测试时，所得特性曲线不一致性的程度(见图 2-6)。多次按相同输入条件测试的输出特性曲线越重合，其重复性越好，误差也越小。传感器输出特性的不重复性主要由传感器机械部分的磨损、间隙、松动、部件的内摩擦、积尘以及辅助电路老化和漂移等原因产生。

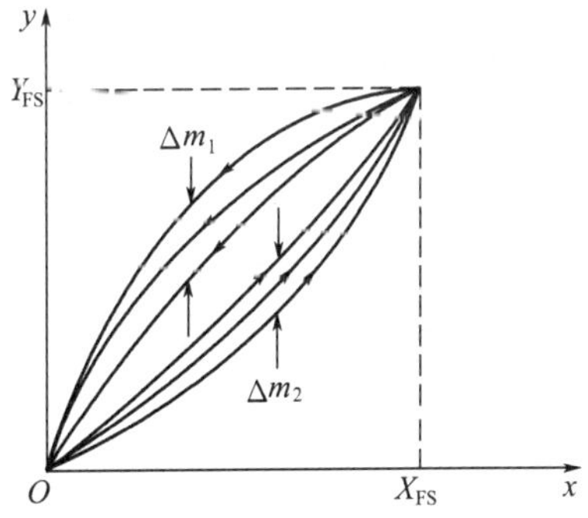

图 2-6　重复性特性曲线

不重复性一般采用下式的极限误差式表示：

$$E_x = \pm \frac{\Delta_{max}}{Y_{FS}} \times 100\% \tag{2-12}$$

式中　Δ_{max}——输出最大不重复误差；

Y_{FS}——满量程输出值。

4. 迟滞

迟滞特性表明传感器在正(输出量增大)行程和反向(输出量减小)行程期间输出-输入曲线不重合的程度。如图2-7所示,对于同样大小的输入信号x,在x连续增大的行程中,对应某一输出量为y_i,在x连续减小过程中,对应于输出量为y_d之间的差值叫做滞环误差,这就是迟滞现象。该误差用E表示为

$$E = |y_i - y_d| \tag{2-13}$$

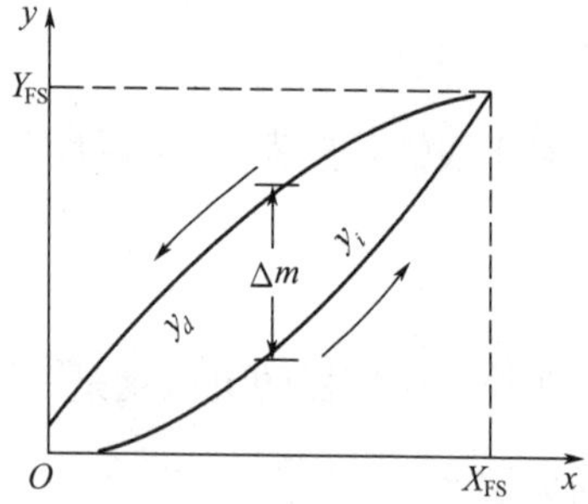

图2-7 迟滞现象

在整个测量范围内产生的最大滞环误差用Δm表示,它与满量程输出值的比值称为最大滞环率E_{max},可用下式表示:

$$E_{max} = \frac{\Delta m}{Y_{FS}} \times 100\% \tag{2-14}$$

产生这种现象的主要原因类似于产生重复误差的原因。

5. 精确度(精度)

说明精确度的指标有三个:精密度、正确度和精确度。

(1)精密度δ

它说明测量结果的分散性,即表征对某一稳定的对象(被测量)由同一测量者用同一传感器和测量仪表在相当短的时间内连续重复测量多次(等精度测量),其测量结果的分散程度。δ愈小则说明测量愈精密(对应随机误差)。

(2)正确度ε

它说明测量结果偏离真值大小的程度,即示值有规则偏离真值的程度,指所测值与真值的符合程度(对应系统误差)。

(3)精确度τ

它含有精密度与正确度两者之和的意思,即测量的综合优良程度。在最简单的场合下可取两者的代数和,即$\tau = \delta + \varepsilon$。通常精确度是以测量误差的相对值来表示的。

在工程应用中,为了简单表示测量结果的可靠程度,引入一个精确度等级概念,用S来表示。传感器与测量仪表精确度等级S以一系列标准百分数值(0.001,0.005,0.02,0.05,…,1.5,2.5,4.0…)进行分挡。这个数值是传感器和测量仪表在规定条件下,其允许的最大绝对误差值相对于其测量范围的百分数。它可以用下式表示:

$$S = \left|\frac{\Delta_m}{A_m}\right| \times 100 \tag{2-15}$$

式中 S——传感器的精度;

Δ_m——测量范围内允许的最大绝对误差;

A_m——仪器满度值。

传感器设计和出厂检验时,其精度等级代表的误差指传感器测量的最大允许误差。

6. 分辨力

分辨力用来表示传感器或仪表装置能够检测被测量最小变化量的能力,通常是以最小量程的单位值来表示。当被测量的变化值小于分辨力时,传感器对输入量的变化无任何反

应。例如电压表的分辨力是10 μV,即能测得的最小电压为10 μV,当增加7 μV或8 μV的电压时,电压表不会作任何反应。

7. 漂移

传感器的漂移是指在外界的干扰下,在一定时间间隔内,输出量发生与输入量无关的、不需要的变化。漂移包括零点漂移和灵敏度漂移等。

零点漂移或灵敏度漂移又可分为时间漂移和温度漂移。时间漂移是指在规定的条件下,零点或灵敏度随时间的缓慢变化。温度漂移是因环境温度变化而引起的零点或灵敏度的漂移。

二、传感器的动态特性

传感器的动态特性指传感器测量动态信号时,输出对输入的响应特性。传感器测量静态信号时,由于被测量不随时间变化,测量和记录的过程不受时间限制。但是,实际检测中的大量被测量是随时间变化的动态信号,传感器的输出不仅需要能精确地显示被测量的大小,而且还能显示被测量随时间变化的规律,即被测量的波形。传感器能测量动态信号的能力用动态特性来表示。

动态特性与静态特性的主要区别是:动态特性中输出量与输入量的关系不是一个定值,而是时间的函数,它随输入信号的频率而改变。在实际工作中,传感器的动态特性常用它对某些标准输入信号的响应来表示。这是因为传感器对标准输入信号的响应容易用实验方法求得,并且它对标准输入信号的响应与它对任意输入信号的响应之间存在一定的关系,往往知道了前者就能推定后者。最常用的标准输入信号有阶跃信号和正弦信号两种,所以传感器的动态特性也常用阶跃响应和频率响应来表示。

1. 阶跃响应

当给静止的传感器输入一个单位阶跃函数信号

$$u(t) = \begin{cases} 0, & t \leqslant 0 \\ 1, & t > 0 \end{cases}$$

其输出特性称为阶跃响应特性。阶跃响应特性曲线如图2-8所示。

衡量阶跃响应特性的几个指标如下。

(1)最大超调量 σ_p

最大超调量就是响应曲线偏离阶跃曲线的最大值,常用百分数表示。当稳态值为1,则最大百分比超调量 $\sigma_p = \dfrac{y(t_p) - y(\infty)}{y(\infty)} \times 100\%$。

最大超调量能说明传感器的相对稳定性。σ_p 越小说明传感器过渡过程进行得越平稳。

(2)延滞时间 t_d

t_d 是阶跃响应达到稳态值50%所需要的时间。

(3)上升时间 t_r

它是响应曲线上升到稳态值的10%~90%所需的时间。t_r 是响应速度的量度,数值越小表明初始阶段的响应越快。

(4)峰值时间 t_p

响应曲线到第一个峰值所需的时间称为峰值时间。

(5)响应时间 t_s

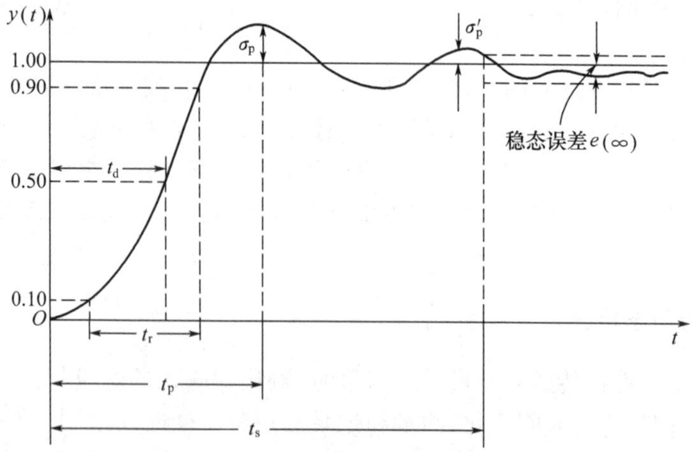

图 2-8 阶跃响应特性

响应曲线衰减到与稳态值之差不超过±5%或±2%时所需要的时间,有时称为过渡过程时间,在总体上反映传感器的响应快慢。

上述是时域响应的主要指标。对于一个传感器,并非每一个指标均要提出,往往只要提出几个认为是重要的性能指标就可以了。

2. 频率响应

由物理学可知,在一定条件下,任意信号均可分解为一系列不同频率的正弦信号。也就是说,一个以时间作为独立变量进行描述的时域信号,可以变换成一个以频率作为独立变量进行描述的频域信号。所以,一个复杂的被测信号往往包含了许多种不同频率的正弦波。如果我们把正弦信号作为传感器的输入,然后测出它的响应,就可对传感器的频率动态性能作出分析和评价。

(1)频率响应的通式

输入信号为正弦波$x(t)=A\sin(\omega t)$时,输出信号$y(t)$的波形如图2-9所示。由于瞬态响应的影响,开始时输出信号并不是正弦波。但经过一定时间后,瞬态响应部分逐渐衰减以至消失,这时输出量$y(t)$是与输入量$x(t)$的频率相同、幅值不等且有一定相位差的正弦波,即$y(t)=B\sin(\omega t+\phi)$。因此,输入信号振幅$A$即使一定,只要$\omega$有所变化,输出信号的振幅和相位也会发生变化。频率响应就是在稳定状态下,幅值比B/A和相位ϕ随ω变化而变化的状况。

(2)频率响应特性曲线

用频率响应法求传感器的动态特性,只要对它施以正弦激励信号,令$x(t)=A\sin(\omega t)$,在输出达到稳态后测量输出和输入的幅值比和相位差。逐次改变输入信号$x(t)$的频率,即可绘出输出、输入幅值比和频率的关系——幅频特性曲线(a)和输出、输入相位差与频率的关系——相频特性曲线(b),其一般情况如图2-10所示。利用它可以从频率域形象、直观、定量地表征传感器的动态特性。

在实际作图时,对于幅频曲线常以$\lg\omega$作自变量,以$20\lg\omega$作因变量(单位为分贝)。对于相频曲线,常以$\lg\omega$作自变量,以$\phi(\omega)$作因变量(单位为度)。两者分别称为对数幅频曲

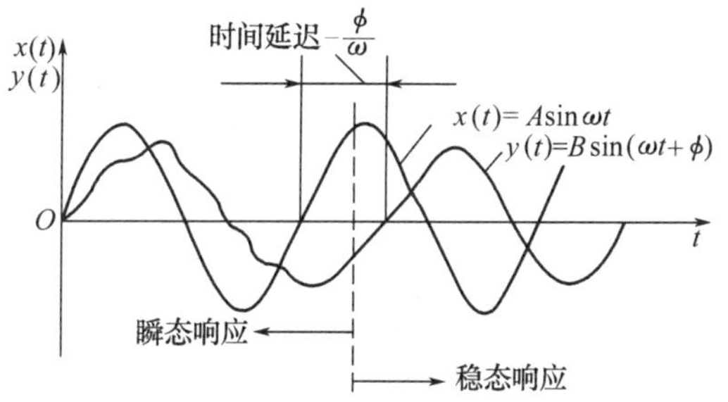

图 2－9　正弦输入时的频率响应

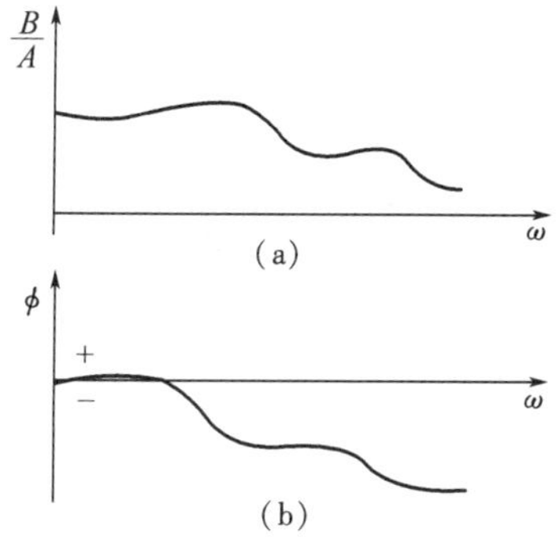

图 2－10　幅频和相频特性曲线

(a)幅频特性;(b)相频特性

线和对数相频曲线。

(3)频率响应性能指标

传感器的频率响应性能指标是由其幅频特性(或对数幅频特性)和相频特性曲线上的特性参数来表示的。为了使被测信号中的各种频率成分通过传感器时,输出、输入的幅值比和相位差(即滞后时间)相同,即不产生失真。传感器的幅频特性应工作在曲线的平直段,相频特性应工作在曲线的直线段。

通常在表示传感器的频响特性时主要用幅频特性。典型的对数幅频特性曲线如图 2－11所示,其主要性能指标有如下两个:

①频率响应范围

图 2－11 中的 0 dB 的水平线为对数幅频曲线上的平直段,是理想的传感器的幅频特性,其输出与输入有固定的比例关系。如果传感器的幅频曲线偏离理想直线,但曲线上的某一段其幅值比的变化量不超过某个允许的公差带,则仍然认为是可用的范围。如在声学和电学仪器中往往规定 ±3 dB 的公差带。而对传感器来讲则要根据所需的测量精度来划定公差带。幅频曲线越出公差带处所对应的频率分别叫做下截止频率 ω_L 和上截止频率 ω_H。而这个频率区间 ($\omega_H \sim \omega_L$) 称为传感器的频率响应范围,或称频响范围,简称频带或通频带。

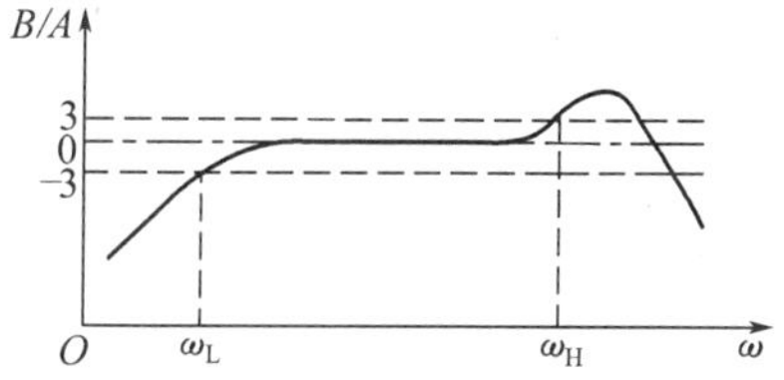

图 2－11　对数幅频特性曲线

在选择频响范围时,为不丢失被测对象的全部有用信息,应使被测信号的有用谐波频率都在这个范围之内。

②幅值误差和相位误差

幅值误差和相位误差是传感器在其频率响应范围内与理想传感器相比所产生的幅值和相位误差。

三、实现不失真测量的条件

所谓不失真测量,就是被测信号输入测量装置后,其输出能不失真地复现被测输入信号的波形。此时,输出 $y(t)$ 与输入 $x(t)$ 应满足如下关系:

$$y(t) = Kx(t)$$

式中,K 为一常数。此式表明输出无滞后($\tau_d = 0$),波形不失真,只不过幅值增大了 K 倍,如

图 2-12(a)所示。

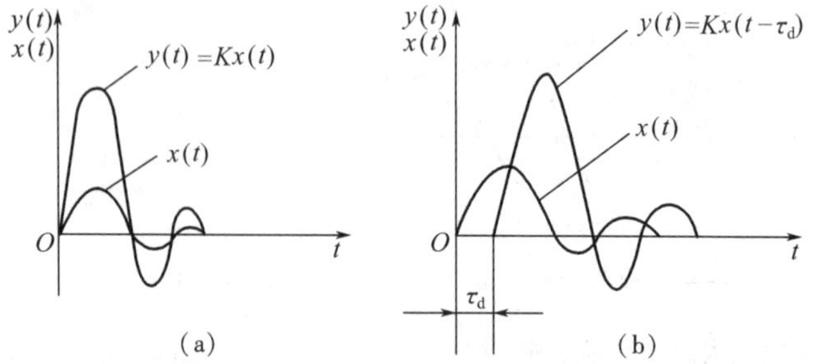

图 2-12 不失真测量

(a)$\tau_d=0$;(b)$\tau_d\neq0$

如果测量的目的只是为了精确地测定输入,而不作为控制系统的反馈信号,那么输出滞后于输入($\tau_d\neq0$)也无妨,只要波形不失真即可,如图 2-12(b)所示。此时输出 $y(t)$ 与输入$x(t)$应满足如下关系:

$$y(t) = Kx(t-\tau_d)$$

式中,τ_d 为滞后时间。此时若将输出信号沿时轴向左平移 τ_d,再将其幅值缩 $1/K$,则与输入信号完全重合。

要使上式成立,测量装置的频率响应特性应同时满足以下两个条件:

(1)装置对输入的被测信号中所包含的各种频率成分的幅值放大倍数都一样,即装置的幅频特性应满足 $B/A=K=$常数;

(2)输入的被测信号中的各种频率成分通过装置后,它的输出滞后于输入的时间 τ_d 都要一样,即装置的相频特性应满足 $\phi(\omega)=-\tau_d\omega$。

上述两个条件中只要任何一个不满足,都将引起输出信号的失真。当$(B/A)\neq$常数时引起的失真称为幅值失真;当 $\phi(\omega)\neq-\tau_d\omega$ 时,即 $\phi(\omega)$ 与 ω 之间存在非线性关系时引起的失真称为相位失真。对传感器而言,ϕ 通常为负值,即输出滞后于输入。

对一个实际的测量装置,即使在某一频率响应范围内工作,也难以完全理想地实现不失真测量,通常只能将失真限制在一定的误差范围内,满足特定的要求。所以在具体测量时,首先要选好测量装置,并掌握所用测量装置的动态特性,使其在要求的工作频率范围内的幅频和相频特性比较接近不失真测量的条件。其次,应对输入的被测信号进行必要的前置处理,及时滤掉非信号频带内的噪声,以免某些噪声因其频带进入测量装置的谐振区而使信噪比变坏。此外,还应根据不同的测量目的和要求,有针对性地选择测量装置。例如,当测量的目的仅要求精确地测定其输入的大小,即只了解信号中某些频率成分及其强度(幅值),此时只要求测量装置有好的幅频特性就可以了;如果测量的目的是为了将其测量结果用作自动控制系统的反馈控制信号,这时对测量装置的幅频和相频特性就都有严格的要求,因为在这种应用场合下幅值和相位失真的误差都会影响自动控制系统的精度和稳定性。

四、传感器常用性能指标

传感器常用性能指标如表 2-1 所示。

表 2-1 传感器性能指标一览表

基本参数指标	环境参数指标	可靠性指标	其他指标
1. 量程指标： 量程范围、过载能力等 2. 灵敏度指标： 灵敏度、满量程输出、分辨率、输入输出阻抗等 3. 精度方面的指标： 精度（误差）、重复性、线性、滞后、灵敏度误差、阈值、稳定性、漂移等 4. 动态性能指标： 固有频率、阻尼系数、频响范围、频率特性、时间常数、上升时间、响应时间、过冲量、衰减率稳态误差、临界速度、临界频率等	1. 温度指标： 工作温度范围、温度误差、温度漂移、灵敏度温度系数、热滞后等 2. 抗冲振指标： 各向冲振容许频率、振幅值、加速度、冲振引起的误差等 3. 其他环境参数： 抗潮湿、抗介质腐蚀、抗电磁场干扰能力等	工作寿命、平均无故障时间、保险期、疲劳性能、绝缘电阻、耐压、反抗飞弧性能等	1. 使用方面： 供电方式（直流、交流、频率、波形等）、电压幅度与稳定度、功耗、各项分布参数等 2. 结构方面： 外形尺寸、质量、外壳、材料、结构特点等 3. 安装连接方面： 安装方式、馈线、电缆等

五、传感器特性的应用

（1）如果输入、输出是可以观察的量（已知），那么通过输入、输出就可以推断系统的传输或转换特性（系统标定就是利用这样的过程）。

（2）如果系统特性已知，输出可测，那么通过该特性和输出可以推断导致该输出的相应输入量（检测就是利用这样的过程）。

（3）如果输入和系统特性已知，则可以推断和估计系统的输出量（干扰的查找就是利用这样的过程）。

选用传感器一般应根据测试或控制的目的、使用环境、被测对象、允许的测量误差和信号处理等条件，在总观、全面、综合考虑的基础上兼顾经济因素，合理地选取传感器。在性能上，一般要求传感器输出信号大，与输入信号成比例；迟滞与非线性误差小；内部噪声小，且不易受外界干扰的影响；反应速度快；动作能量小；对被测状态的影响小；使用寿命长；工作稳定可靠；成本低；容易使用、维修和校准等。由于有不少因素相互影响、相互制约，所以要全面考虑，提出合理要求。例如，灵敏度高，传感器所能感知的变化量小，被测量只要有微小的变化，传感器就有较大的输出，这对保证测量精度有益。但还应注意到，要保证测量精度，传感器必须工作在非饱和区的线性段，而过高的灵敏度会影响其适用的测量范围，且灵敏度愈高，与测量信号无关的干扰信号也愈容易混入，且会被放大系统放大，影响测量精度。在通常情况下传感器的精确度愈高，价格愈昂贵，维护愈困难。所以在保证测量精度的前提下，不要随便选用高精度、高灵敏度的传感器。

在传感器的选用中还应对环境进行调查，以选择能适应其工作条件的传感器。如湿度过大会使硒光电池很快变坏，影响电器的绝缘性能，会使光学器件不能正常工作，湿气会改变电容介质，影响电容传感器的正常工作；温度变化可能给某些传感器带来零点漂移,温度影响机构尺寸变化,可能带来测量误差,过热能使某些传感器不能正常工作;磁场对磁电式传感器有影响,等等。因此应针对不同的使用环境选择传感器。

思考题与习题

1. 简述传感器的组成及其各部分的功能。

2. 传感器静态特性技术指标及其各自的意义是什么?

3. 当线位移传感器从 4 mm 变到 2 mm 时,输出电压变化了 1 mV,则该传感器的灵敏度是多少?

4. 传感器的动态特性常用什么方法进行描述?

5. 传感器实现不失真测量的条件是什么,在实际工作中应如何具体运用?

第三章　电阻应变式传感器

第一节　弹性敏感元件

一、弹性敏感元件概念

物体因外力作用而改变原来的尺寸或形状称为变形，如果外力去掉后完全恢复其原来的尺寸和形状，那么这种变形称为弹性形变。具有弹性形变特点的元件称为弹性元件。它是很多传感器的核心部分，它能把感受到的各种形式的非电量变换成应变和位移量，然后由各种形式的传感元件把这些量变为电量。

当弹性敏感元件受压（拉）力时，元件除了产生变形以外，其内部横截面之间的相互作用力称为内力，记为 N，单位是牛顿。弹性敏感元件单位横截面 S（单位为 mm^2）上所受的力称为应力，记为 σ，且有

$$\sigma = \frac{N}{S} \tag{3-1}$$

如图 3-1 所示，单位长度产生的形变称为相对形变，也称为应变，记为

$$\varepsilon = \frac{\Delta l}{l} \tag{3-2}$$

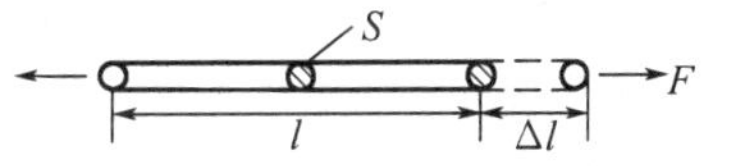

图 3-1　应变示意图

在材料的弹性范围内 σ/ε 为常数，称为弹性模量，记为 E，即

$$E = \frac{\sigma}{\varepsilon} \tag{3-3}$$

其拉压虎克定律为

$$\sigma = E \cdot \varepsilon$$

$$\varepsilon = \frac{\sigma}{E} = \frac{N}{ES} \tag{3-4}$$

二、弹性敏感元件的特性

1. 刚度

刚度是弹性元件在外力作用下变形的量度，一般用 k 表示，有

$$k = \frac{\mathrm{d}F}{\mathrm{d}x} \tag{3-5}$$

式中　F——作用在弹性元件上的外力；

　　x——弹性元件产生的变形。

如图 3－2 所示，弹性特性曲线上某点 A 处的刚度为

$$k = \frac{\mathrm{d}F}{\mathrm{d}x} = \tan\theta$$

如果弹性特性是线性的，则它的刚度是一个常数。在测控使用中，可选择不同的曲线段。

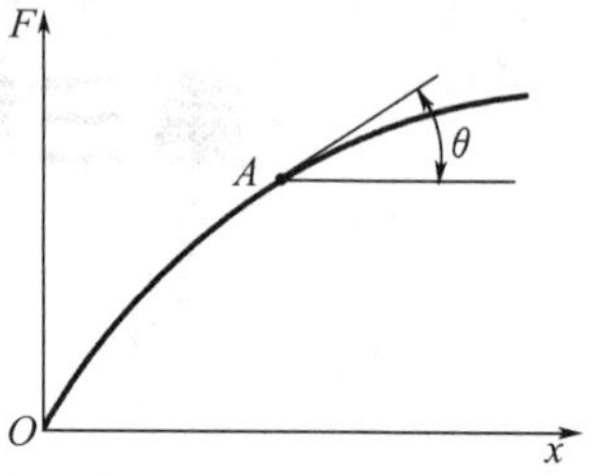

图 3－2　弹性特性

2. 灵敏度

灵敏度是弹性元件在单位力作用下产生变形的大小，在弹性力学中称为弹性元件的柔度，它是刚度的倒数，一般用 K 表示，有

$$K = \frac{\mathrm{d}x}{\mathrm{d}F} \tag{3-6}$$

在测控系统中希望灵敏度为常数。

3. 弹性滞后

实际的弹性元件在加、卸载的正反行程中曲线不重合的现象称为弹性滞后，它会给测量带来误差。如图 3－3 所示，曲线 1 是加载曲线，曲线 2 是卸载曲线，曲线 1 和曲线 2 所包围的范围称为滞环。产生弹性滞后的主要原因是：弹性元件在工作过程中分子之间存在内摩擦。在比较两种弹性材料时，应都用加载曲线或卸载曲线，这样才有可比性。

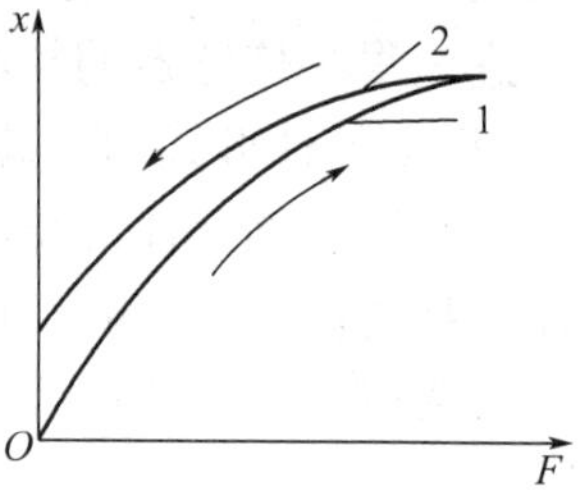

图 3－3　弹性滞后现象

4. 弹性后效

当载荷从某一数值变化到另一数值时，弹性变形不是立即完成相应的形变，而是经一定的时间间隔逐渐完成变形的，这种现象称为弹性后效，如图 3－4 所示。当作用在弹性敏感元件上的力由零增加至 F_0 时，弹性敏感元件的变形首先是由零迅速增加至 x_1，然后在载荷没有改变的情况下继续变形直到 x_0 为止。由于弹性后效现象的存在，弹性敏感元件的变形始终不能迅速跟上力的改变，这种现象在动态测量时将引起测量误差。造成这一现象的原因是弹性敏感元件中的分子间存在内摩擦。

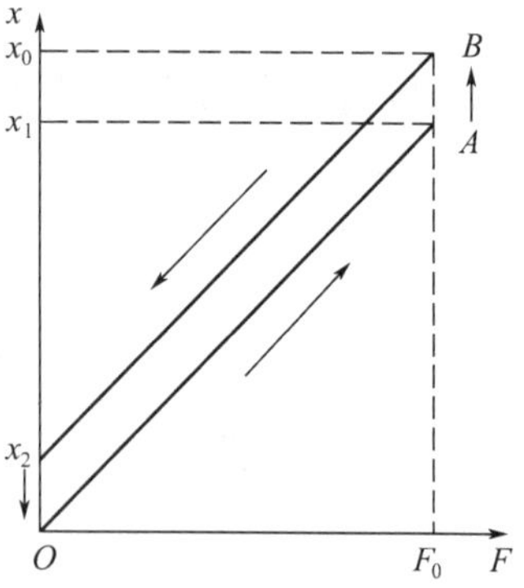

图 3－4　弹性后效现象

三、对弹性元件材料的要求

不同传感器对弹性敏感元件的要求是不同的，在任何情况下都应保证有足够的精度，在长时间使用中以及温度变化时也应保持稳定的特性，因而对材料的基本要求主要有以下几点：

（1）弹性滞后和弹性后效要小；

（2）弹性模量的温度系数要小；

（3）线膨胀系数要小并且稳定；

（4）有良好的机械加工处理性能；

（5）特殊条件下，要求耐腐蚀，有良好的导电性或高的绝缘性。

四、弹性敏感元件的分类

传感器弹性敏感元件的类型是多种多样的，一般情况下，输入到弹性敏感元件上的信号通常为力（力矩）或压力，其输出是位移（挠度）或应变，因此按变换形式分为“力－应变”、“力－位移”、“压力－位移”、“力矩－角度”等类型。

五、变换力的弹性敏感元件

所谓变换力的弹性敏感元件是指输入量为力 F，输出量可以是应变或位移的敏感元件。在力的作用下，位移很小时往往用应变作为输出量。

常用变换力的敏感元件有实心柱、空心柱、矩形柱、等截面圆环、扭转轴、等截面悬臂梁、等强度悬臂梁等（见图 3－5）。

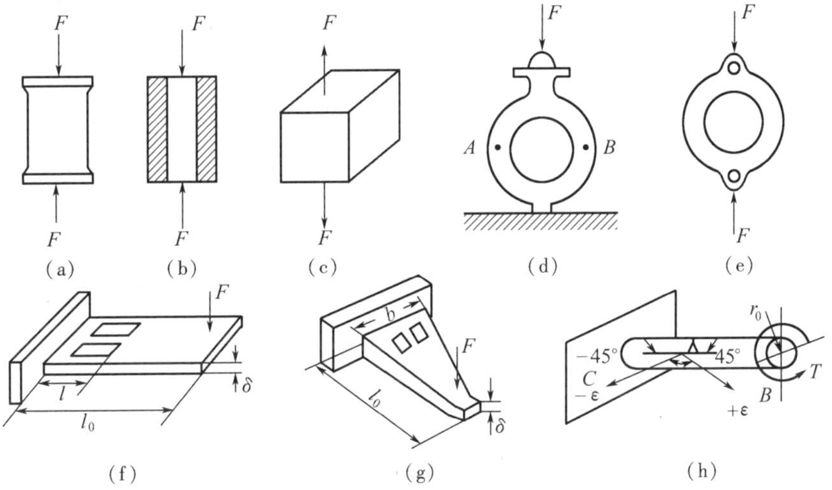

图 3－5　变换力的弹性敏感元件

（a）实心柱；（b）空心圆柱；（c）矩形柱；（d），（e）等截面圆环；

（f）等截面悬臂梁；（g）等强度悬臂梁；（h）扭转轴

1. 实心柱敏感元件

设轴的截面积为 S，材料的弹性模量为 E，材料的泊松比为 μ。当等截轴承受轴向拉力或压力时，轴向的应变 ε_x 为

$$\varepsilon_x = \frac{F}{SE} \tag{3-7}$$

与轴向垂直的应变为

$$\varepsilon_y = -\mu\frac{F}{SE} = -\mu\varepsilon_x \tag{3-8}$$

实心柱敏感元件的特点是加工方便，精度高，但是灵敏度小，适用于截面较大的场合。空心圆柱如图 3－5（b）所示，在同样的截面积下，它的轴的直径较大，可提高轴的抗弯能力。

2. 环形敏感元件

环状弹性元件多做成等截面圆环，如图 3－5（d），（e）所示。圆环有较高的灵敏度，因此它多用于测量较小的力。圆环的缺点是加工困难，环的各个部位的变形及应力不相等。

如图 3－5(d)所示，当力 F 作用于圆环上时，环上的 A，B 点产生较大的应变。当环的半径比环的厚度大得多时，A 点内外表面的应变大小相等、符号相反。

3. 等面积悬臂梁

悬臂梁是一端固定，一端自由的弹性敏感元件，它的特点是结构简单、加工方便。它的输出可以是应变也可以是挠度。由于它的灵敏度比等截面轴及圆环高，所以多用于较小力的测量。

对于梁上的任意一点 A 来说，上下表面的应变大小相等，符号相反。设梁的截面厚度为 δ，宽度为 b，总长度为 l_0，则在距离固定端 l 处的 ε 为

$$\varepsilon = \frac{6(l_0 - l)}{Eb\delta^2}F \tag{3-9}$$

由式(3－9)可知，最大应变产生在梁的根部。在实际应用中，还常把悬臂梁自由端的挠度作为输出，在自由端装上电感传感器、电涡流传感器等，进一步将挠度变为电量。梁的自由端最大挠度(位移)为

$$y_{max} = \frac{4Fl^3}{Eb\delta^3}$$

4. 等强度悬臂梁

在等截面梁的不同部位产生的应变是不相等的，这将给传感器设计带来麻烦，因而在非电量电测中也常采用等强度梁，这种梁的外形呈三角形，因此横截面积处处不相等，如图 3－5(g)所示。当梁的自由端有力 F 作用时，沿梁的整个长度上的应变处处相等，它的灵敏度与梁长度方向的坐标无关，即

$$\varepsilon = \frac{6l_0}{Eb\delta^2}F \tag{3-10}$$

必须指出，这种变截面梁的尖端必须有一定的宽度才能承受作用力。等强度梁自由端的最大挠度为

$$y_{max} = \frac{6Fl^3}{Eb\delta^3}$$

六、变换压力的弹性敏感元件

变换压力的弹性敏感元件是指能将气体和液体等的压力转换为位移或应变的弹性敏感元件。常用变换压力的敏感元件有弹簧管、波纹管、等截面薄板、膜片、膜盒、薄壁圆筒、薄壁半球。这些元件的变形计算复杂，本章只对它们作定性分析。

1. 弹簧管

弹簧管又称为波登管，它是弯成各种形状的空心管子，它一端固定、一端自由，如图 3－6 (a)所示。弹簧管能将压力转换为位移。

弹簧管截面形状多为椭圆形或更复杂的形状，压力 p 通过固定端导入内腔，弹簧管的另一端(自由端)由盖子密封，并借助盖子与敏感元件相连。在压力的作用下，弹簧管的截面力图变成圆形，截面的短轴力图伸长，长轴缩短，截面形状的改变导致弹簧管趋向伸直，一直到与压力的作用相平衡为止，如图 3－6(a) 中的虚线所示。由此可见，利用弹簧管可以把压力变换为位移。C 形弹簧管灵敏度较小，因此常作为测量较大压力的弹簧敏感元件。

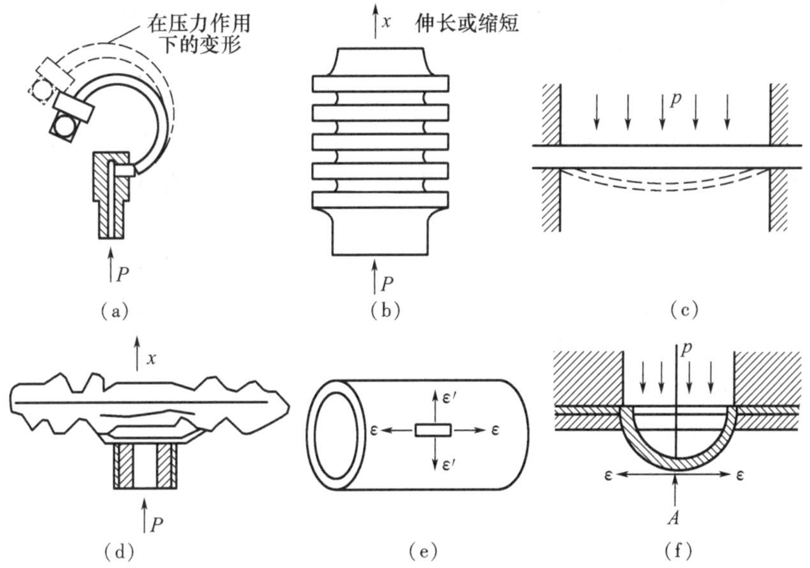

图 3－6　变换压力的弹性元件

(a)弹簧管;(b)波纹管;(c)等截面板;(d)膜盒;(e)薄壁圆筒;(f)薄壁半球

2. 波纹管

波纹管是一种表面上有许多同心环形皱纹的薄壁圆管。它的一端与被测压力相通,另一端密封,如图 3－6(b)所示。

波纹管在压力的作用下将伸长或缩短,所以利用波纹管可以把压力变换为位移。在非电量测量中,波纹管的直径一般为 12～160 mm,被测压力的范围为 10^2～10^7 Pa。

3. 等截面薄板

等截面薄板又称为平薄片,如图 3－6(c)所示。它是周围固定的圆薄板,当它的上下两面受到均匀分布的压力时,薄板将弯向压力低的一面,并在薄板表面产生压力,从而把均匀分布的压力变换为薄板的位移和应变。将应变片粘贴在薄板表面可以组成电阻应变式压力传感器。利用薄板的位移(挠度)可以组成电容式、霍尔式压力传感器。

平膜片直径方向上各点的应变是不同的。设膜片的半径为 r_0,在 $r<\sqrt{\dfrac{r_0}{3}}$ 处的圆心周围的应变是正的(拉应变);$r>\sqrt{\dfrac{r_0}{3}}$ 的边缘区域的应变是负的(压应变),最大应变产生在膜的周围。

平膜片中心的位移与压力 p 之间呈非线性关系。只有当位移量比薄板的厚度小得多时,才能获得较小的非线性误差。例如,当中心位移量等于薄板厚度 1/3 时,非线性误差可达 5%。

4. 波纹膜片

波纹膜片是压有同心圆环的薄膜,见图 3－7。为了便于和传感元件相连接,在膜片中央留有一个光滑的部分,有时还在中心上焊接一块圆形金属片称为膜片的硬心。当膜片的四周固定,两侧面存在压差时,膜片将弯向压力低的一

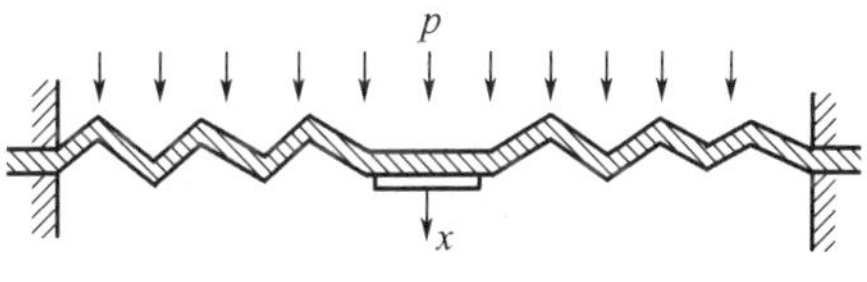

图 3－7　波纹膜片

侧,因此能够将压力变为位移。波纹膜片比平膜片柔软得多,因此是用来测量较小压力的弹性敏感元件。

5. 膜盒

为了进一步提高灵敏度,常把两个膜片焊在一起,制成膜盒,见图 3 - 6(d),它的中心位移量为单个膜片的两倍。由于膜盒本身就是一个封闭的整体,所以周边不需固定,给安装带来方便,应用比膜片广泛。

膜盒的形状有很多种形式,图 3 - 7 示出的是锯齿波纹,有时也采用正弦波纹。波纹的形状对膜盒的输出特性有影响,在一定的压力作用下,正弦波纹膜盒给出的位移最大,但线性较差;锯齿波纹膜盒给出的位移较小,但线性较好;梯形波纹膜片的特性介于上述两者之间,膜片的厚度为 0.05 ~ 0.5 mm。

6. 薄壁圆筒和薄壁半球

薄壁圆筒和薄壁半球的外形见图 3 - 6(e),(f),它们的厚度一般约小于直径的 1/20,内腔与被测压力相通,均匀地向外扩张,产生拉伸应力和应变。圆筒的应变在轴向和周围方向上是不相等的,而薄壁半球在轴向的应变是相同的。这两种弹性敏感元件的灵敏度较低,但坚固性较好,适用于特殊结构要求的场合。

第二节 电阻应变片

1856 年,英国物理学家开尔文(Lord Kelvin)在指导铺设大西洋海底电缆时,发现了金属材料在压力和张力的作用下会发生电阻变化的现象,金属材料的这种应变 - 电阻效应,是现今电阻应变片的基本原理。

美国西蒙斯(Simmons)和鲁奇(Ruge)在 1938 年几乎同时发明了现今的金属应变片(电阻应变片)。自从 1954 年史密斯发现了半导体材料硅、锗的压阻效应,半个世纪以来,半导体应变片在传感器方面的应用飞速发展。半导体应变片的发现,使传感器集成化、微型化以及智能化成为可能。

一、电阻应变片的结构和工作原理

1. 基本结构

电阻应变片种类繁多,但其基本结构大体相似,现以金属丝绕式应变片结构为例加以说明,其结构示意图如图 3 - 8 所示。

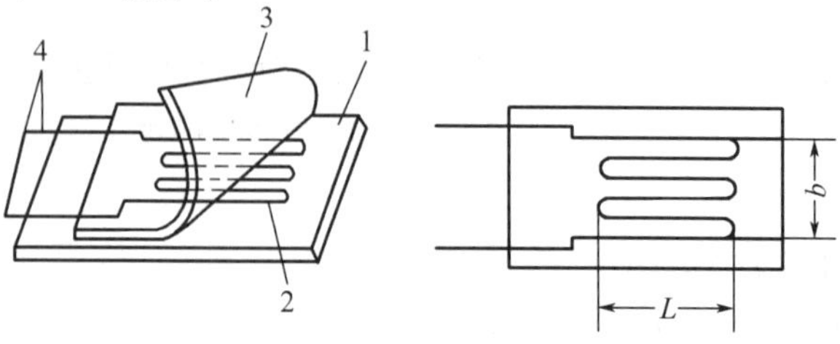

图 3 - 8 电阻丝应变片的结构示意图

1—基片;2—直径为 0.025 mm 左右的高电阻率的合金电阻丝;3—覆盖层;4—引线,用以和外接导线连接;L—敏感栅长度;b—敏感栅的宽度

电阻丝应变片主要由敏感栅、基底、盖片、引线四部分构成。将金属电阻丝粘贴在基片上，上面覆一层薄膜，使它们变成一个整体，这就是电阻丝应变片的基本结构。

2. 灵敏系数

所谓应变片的灵敏系数就是单位应变所能引起的电阻的相对变化。下面研究对灵敏系数的影响因素。

金属导体的电阻 R 为

$$R = \rho \frac{L}{A} \tag{3-11}$$

如果对电阻丝沿长度方向施加均匀应力，则 ρ, L, A 的变化（$d\rho, dL, dA$）将引起电阻 R 的化（dR），dR 可通过对式（3－11）的全微分求得：

$$dR = \frac{\rho}{A}dL + \frac{L}{A}d\rho - \frac{\rho L}{A^2}dA$$

相对变化量为

$$\frac{dR}{R} = \frac{dL}{L} + \frac{d\rho}{\rho} - \frac{dA}{A} \tag{3-12}$$

若电阻丝是圆形的，则 $A = \pi r^2$，r 为电阻丝的半径，对 r 微分得 $dA = 2\pi r dr$，则

$$\frac{dA}{A} = \frac{2\pi r dr}{\pi r^2} = 2\frac{dr}{r} \tag{3-13}$$

令 $\frac{dL}{L} = \varepsilon_x$ 为金属丝的轴向应变，$\frac{dr}{r} = \varepsilon_y$ 为金属丝的径向应变，由材料力学知识可知，在弹性范围内金属丝受拉力时，沿轴向伸长，沿径向缩短，那么轴向应变和径向应变的关系可表示为

$$\varepsilon_y = -\mu\varepsilon_x \tag{3-14}$$

式中，μ 为金属材料的泊松系数。

将式（3－13）和（3－14）代入式（3－12），得

$$\frac{dR}{R} = (1 + 2\mu)\varepsilon_x + \frac{d\rho}{\rho}$$

或

$$\frac{\frac{dR}{R}}{\varepsilon_x} = (1 + 2\mu) + \frac{\frac{d\rho}{\rho}}{\varepsilon_x} \tag{3-15}$$

令

$$K_S = \frac{\frac{dR}{R}}{\varepsilon_x} = (1 + 2\mu) + \frac{\frac{d\rho}{\rho}}{\varepsilon_x} \tag{3-16}$$

式中，K_S 称为金属丝的灵敏系数，其物理意义是单位应变所引起的电阻相对变化。灵敏系数受两个因素影响：一个是受力后材料几何尺寸的变化，即（$1 + 2\mu$）；另一个是受力后材料的电阻率发生的变化，即 $\frac{d\rho}{\rho\varepsilon_x}$。对于确定的材料，（$1 + 2\mu$）项是常数，其数值在 1～2 之间。实验证明 $\frac{\frac{d\rho}{\rho}}{\varepsilon_x}$ 也是一个常数，因此得到

$$\frac{\mathrm{d}R}{R} = K_S \varepsilon_x$$

或

$$K_S = \frac{\frac{\mathrm{d}R}{R}}{\varepsilon_x} \tag{3-17}$$

式(3－17)表示金属电阻丝的电阻相对变化与轴向应变成正比关系。

3. 应变片测量原理

用应变片测量应变或应力时，根据上述结构特点，在外力作用下，被测对象产生微小机械变形，应变片随其发生相同的变化，同时应变片电阻也发生相应变化。当测得应变片电阻变化量 ΔR 时，便可得到被测对象的应变值 ε，根据应力和应变的关系，得到应力值 σ 为

$$\sigma = E\varepsilon \tag{3-18}$$

式中 σ——试件的应力；

ε——试件的应变；

E——试件材料的弹性模量，kg/mm^2。

由此可知，应力值 σ 正比于应变 ε，而试件应变又正比于电阻值的变化 $\mathrm{d}R$，所以应力正比于电阻值的变化，这就是利用应变片测量应变的基本原理。

二、电阻应变片的种类

电阻应变片品种繁多，形式多样，但常用的应变片可分为两类：金属电阻应变片和半导体电阻应变片。

1. 金属电阻应变片

金属电阻应变片主要有丝式应变片和箔式应变片两种结构形式。它们根据需要可以制作成各种形状，如图3－8所示的为回线式应变片。为了克服回线式应变片的横向效应，又常用短接方式构造成如图3－9(a)所示的应变片。箔式应变片是利用光刻、腐蚀等工艺制成的一种很薄的金属箔栅，其厚度一般在0.003～0.010 mm，结构如图3－9(b)所示。它们的优点是表面积和截面积之比大，散热条件好，允许通过的电流较大，可制成各种需要的形状，便于大批量生产。由于上述优点，箔式应变片有逐渐取代丝式应变片的趋势。

(a) (b)

图3－9 金属电阻应变片结构示意图

(a)短接式丝式应变片；(b)箔式应变片

2. 半导体应变片

半导体应变片是用半导体材料，采用与丝式应变片相同的方法制成的半导体应变片，其

结构如图 3－10 所示。

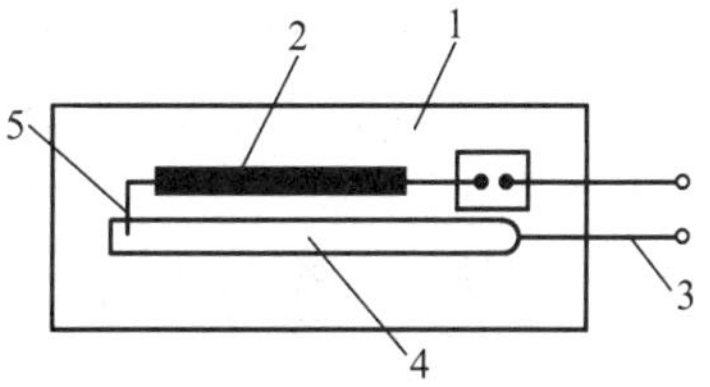

图 3－10　半导体应变片

1—基片；2—半导体敏感条；3—外引线；4—引线连接片；5—内引线

半导体应变片的工作原理是基于半导体材料的压阻效应。所谓压阻效应是指半导体材料，当某一轴向受外力作用时，其电阻率 ρ 发生变化的现象。

半导体应变片受轴向力作用时，其电阻相对变化为

$$\frac{\Delta R}{R}=(1+2\mu)\varepsilon_x+\frac{\Delta\rho}{\rho}$$

式中，$\frac{\Delta\rho}{\rho}$为半导体应变片的电阻率相对变化，其值与半导体敏感条在轴向所受的应变力之比为一常数，即

$$\frac{\Delta\rho}{\rho}=\pi\sigma=\pi E\varepsilon_x \tag{3-19}$$

式中，π 为半导体材料的压阻系数。

将式(3－19)代入$\frac{\Delta R}{R}$式中得

$$\frac{\Delta R}{R}=(1+2\mu+\pi E)\varepsilon_x$$

式中，$1+2\mu$ 项随几何形状而变化，πE 项为压阻效应，随电阻率而变化。实验证明，πE 比 $1+2\mu$大近百倍，所以 $1+2\mu$ 可忽略不计，因此半导体应变片的灵敏系数为

$$K_S=\frac{\frac{\Delta R}{R}}{\varepsilon_x}=\pi E \tag{3-20}$$

半导体应变片最突出的优点是体积小，灵敏度高，频率响应范围很宽，输出幅值大，不需要放大器，可直接与记录仪连接使用，使测量系统简单；但它具有温度系数大，应变时非线性比较严重的缺点。

三、应变片的命名

应变片的命名规则从 1993 年 7 月 1 日开始实施，标准号为 GB/T 13992—92，其内容如下。

(1)每种应变片产品命名型号，型号由汉语拼音字母和数字组成共 7 项。

(2)由左至右依次排列，第Ⅰ项字母表示应变片类别。

(3)第Ⅱ项字母表示应变片基底材料。

(4)第Ⅲ项数字表示标称电阻值，单位为 Ω，带括号的规格不推荐采用。

(5)第Ⅳ项数字表示应变片栅长，小于 1 mm 时小数点省略。

(6)第Ⅴ项由两个字母组成，表示应变片结构形状，表 3－1 中只列出常用的代表字母。

(7)第Ⅵ项数字表示应变片的极限工作温度，对常温应变片此项省略。

(8)第Ⅶ项括号内数字表示温度自补偿应变片所适用试件材料的线膨胀系数。

表 3-1 半导体应变片型号命名表

Ⅰ		Ⅱ		Ⅲ	Ⅳ	Ⅴ	Ⅵ	Ⅶ
应变计类别		基底材料种类		标准电阻值/Ω	应变计栅长/mm	敏感栅的结构形状	极限工作温度/℃	适用材料的线膨胀系数/ $\times 10^{-6}$/℃
名称	符号	名称	符号					
丝绕式 短接式 箔　式 特殊用途	S D B T	纸 环氧类 酚醛类 聚酯类 缩醛类 聚酰西胺类 玻璃布浸胶 金属薄片 临时基底	Z H F J X A B P L	60 (90) 120 (150) 200 (250) 350 500 (650) 1000	0.2　10 0.5　12 1　15 2　20 3　30 4　50 5　100 6　150 8　200	(略) 单轴 AA 二轴 90° BA 三轴 45° CA 圆膜栅 KA	例如: 150 200 250 350 400 550 700 800 900	钛合金　9 低碳钢　11 合金钢　14 不锈钢　16 铝合金　23 镁合金　27

例如,BH350-3AA150(16)为单轴箔式环氧基底用于线膨胀系数 16×10^{-6}/℃的材料,标准电阻 350 Ω,最高工作温度 150 ℃,栅长 3 mm 的温度自补偿应变片。

第三节　电阻应变式传感器的测量电路

将力学量转换为电量的装置称为力传感器,力传感器包括称重传感器、力矩传感器等。其中称重传感器在整个传感器大家庭中是历史最长,应用最广,技术相对成熟的传感器。目前应变式力传感器已成为非电量电测技术中非常重要的检测手段,广泛地应用于工程测量和科学实验中,它具有以下优点。

1. 精度高,测量范围广。对测力传感器而言,量程从零点几 N 至几百 kN,精度可达 0.05%F·S(F·S 表示满量程);对测压传感器,量程从几十 Pa 至 10^{11} Pa,精度为 0.1%F·S。

2. 频率响应特性较好。一般电阻应变式传感器的响应时间为 10^{-7} s,半导体应变式传感器可达 10^{-11} s,若能在弹性元件设计上采取措施,则应变式传感器可测几十甚至上百 kHz 的动态过程。

3. 结构简单,尺寸小,质量轻。因此应变片粘贴在被测试件上对其工作状态和应力分布的影响很小,同时使用维修方便。

4. 可在高(低)温、高速、高压、强烈振动、强磁场及核辐射和化学腐蚀等恶劣条件下正常工作。

5. 易于实现小型化、固态化。随着大规模集成电路工艺的发展,目前已有将测量电路甚至 A/D 转换器与传感器组成一个整体的先例。传感器可直接接入计算机进行数据处理。

6. 价格低廉,品种多样,便于选择。

但是应变式传感器也存在一定缺点:在大应变状态中具有较明显的非线性,半导体应变式传感器的非线性更为严重；应变式传感器输出信号微弱，故它的抗干扰能力较差，因此信号线需要采取屏蔽措施；应变式传感器测出的只是一点或应变栅范围内的平均应变，不能显示应力场中应力梯度的变化等。

尽管应变式传感器存在上述缺点，但可采取一定补偿措施，因此它仍不失为非电量电测技术中应用最广和最有效的敏感元件。目前市场上的力传感器大都是应变式力传感器，它可测量力、扭矩、加速度、荷重等非电量。

机械应变一般都很小，要把微小应变引起的微小电阻值的变化测量出来，同时要把电阻相对变化$\frac{\Delta R}{R}$转换为电压或电流的变化，需要设计专用的测量电路——电桥电路。电桥电路的主要指标是桥路灵敏度、非线性和负载特性。下面具体讨论有关电路和这几项指标。

一、直流电桥平衡条件

直流电桥的基本形式如图 3－11 所示。R_1，R_2，R_3，R_4 称为电桥的桥臂，R_L 为其负载（可以是测量仪表内阻或其他负载）。

当 $R_L \to \infty$ 时，电桥的输出电压 U_o 应为

$$U_o = E\left(\frac{R_1}{R_1 + R_2} - \frac{R_3}{R_3 + R_4}\right)$$

当电桥平衡时，$U_o = 0$，由上式可得到

$$R_1 R_4 = R_2 R_3$$

或

$$\frac{R_1}{R_2} = \frac{R_3}{R_4} \tag{3-21}$$

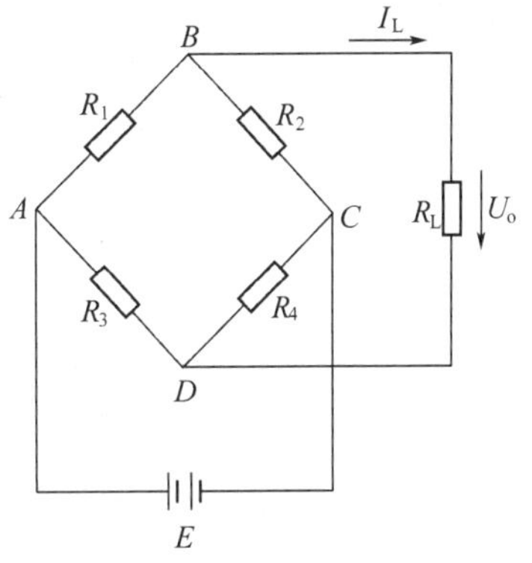

图 3－11　直流电桥

式（3－21）称为电桥平衡条件。平衡电桥就是桥路中相邻两臂阻值之比应相等，桥路相邻两臂阻值之比相等方可使流过负载电阻的电流为 0。

二、电压灵敏度

如果在实际测量中，使第一桥臂 R_1 由应变片来替代，微小应变引起微小电阻的变化，电桥则输出不平衡电压的微小变化。一般需要加入放大器放大。由于放大器的输入阻抗可以比桥路输出电阻高得多，所以此时仍视电桥为开路情况。当受应变时，若应变片电阻变化为 ΔR_1，其他桥臂固定不变，则电桥输出电压 $U_o \neq 0$。不平衡电桥输出的电压 U_o 为

$$\begin{aligned} U_o &= E\left(\frac{R_1 + \Delta R_1}{R_1 + \Delta R_1 + R_2} - \frac{R_3}{R_3 + R_4}\right) \\ &= \frac{\Delta R_1 R_4}{(R_1 + \Delta R_1 + R_2)(R_3 + R_4)} E \\ &= \frac{\left(\frac{R_4}{R_3}\right)\left(\frac{\Delta R_1}{R_1}\right)}{\left(1 + \frac{\Delta R_1}{R_1} + \frac{R_2}{R_1}\right)\left(1 + \frac{R_4}{R_3}\right)} E \end{aligned} \tag{3-22}$$

设桥臂比 $n = \frac{R_2}{R_1}$，由于 $\Delta R_1 \ll R_1$，分母中$\frac{\Delta R_1}{R_1}$可忽略，并考虑到起始平衡条件$\frac{R_2}{R_1} = \frac{R_4}{R_3}$，从式

(3－22)可得到

$$U_o' \approx E\frac{n}{(1+n)^2}\cdot\frac{\Delta R_1}{R_1} \tag{3-23}$$

电桥电压灵敏度定义为

$$S_V=\frac{U_o'}{\frac{\Delta R_1}{R_1}}=E\frac{n}{(1+n)^2} \tag{3-24}$$

从式(3－24)分析发现:①电桥电压灵敏度正比于电桥供电电压,供桥电压愈高,电桥电压灵敏度愈高,但是供桥电压的提高,受到应变片允许功耗的限制,所以一般供桥电压应适当选择;②电桥电压灵敏度是桥臂电阻比值 n 的函数,因此必须恰当地选择桥臂比 n 的值,保证电桥具有较高的电压灵敏度。下面分析当供桥电压 E 确定后,n 应取何值,电桥电压灵敏度才最高。

由$\frac{\partial S_V}{\partial n}=0$来求 S_V 的最大值,由此得

$$\frac{\partial S_V}{\partial n}=\frac{1-n^2}{(1+n)^4}=0 \tag{3-25}$$

求得 $n=1$ 时,S_V 为最大。这就是说,在供桥电压确定后,当 $R_1=R_2$,$R_3=R_4$ 时,电桥的电压灵敏度最高。此时可分别将式(3－22),(3－24),(3－25)简化为

$$U_o=\frac{1}{4}E\frac{\Delta R_1}{R_1}\frac{1}{1+\frac{1}{2}\frac{\Delta R_1}{R_1}} \tag{3-26}$$

$$U_o' \approx \frac{1}{4}E\frac{\Delta R_1}{R_1} \tag{3-27}$$

$$S_V=\frac{1}{4}E \tag{3-28}$$

由上面三式可知,当电源电压 E 和电阻相对变化$\frac{\Delta R_1}{R_1}$一定时,电桥的输出电压及其灵敏度也是定值,且与各桥臂阻值大小无关。

三、非线性误差及其补偿的方法

在上面分析中,都是假定应变片的参数变化很小,而且可忽略掉$\frac{\Delta R_1}{R_1}$,这是一种理想情况。实际情况应按式(3－22)计算,分母中的$\frac{\Delta R_1}{R_1}$不可忽略,此时式(3－22)中的输出电压 U_o 与$\frac{\Delta R_1}{R_1}$的关系是非线性的。实际的非线性特性曲线与理想的线性曲线的偏差称为绝对非线性误差。

设在理想情况下,从式(3－22)中忽略掉了$\frac{\Delta R_1}{R_1}$,记输出电压为 U_o',非线性误差为

$$r=\frac{U_o-U_o'}{U_o'}=\frac{U_o}{U_o'}-1=\frac{\dfrac{(\dfrac{R_4}{R_3})(\dfrac{\Delta R_1}{R_1})E}{\left[1+(\dfrac{\Delta R_1}{R_1})+(\dfrac{R_2}{R_1})\right](1+\dfrac{R_4}{R_3})}}{\dfrac{(\dfrac{R_4}{R_3})(\dfrac{\Delta R_1}{R_1})E}{(1+\dfrac{R_2}{R_1})(1+\dfrac{R_4}{R_3})}}-1$$

$$=\frac{\dfrac{1}{1+\dfrac{\Delta R_1}{R_1}+\dfrac{R_2}{R_1}}}{\dfrac{1}{1+\dfrac{R_2}{R_1}}}-1=\frac{1+\dfrac{R_2}{R_1}}{1+\dfrac{\Delta R_1}{R_1}+\dfrac{R_2}{R_1}}-1=\frac{-\dfrac{\Delta R_1}{R_1}}{1+\dfrac{\Delta R_1}{R_1}+\dfrac{R_2}{R_1}} \qquad (3-29)$$

对于一般应变片来说，所受应变 ε 通常在 5 000μ 以下，若取灵敏系数 $K_S=2$，则 $\frac{\Delta R_1}{R_1}=K_S\cdot\varepsilon=5000\times10^{-6}\times2=0.01$，代入式(3-29)，得非线性误差为 0.5%，还不算大；但对电阻相对变化较大的情况，就不可忽视该误差了。例如半导体应变片的 $K_S=130$，当承受 ε 为 1 000μ时，$\frac{\Delta R_1}{R_1}=K_S\cdot\varepsilon=130\times1000\times10^{-6}=0.130$，代入式(3-29)，得到非线性误差为 6%。所以对半导体应变片的测量电路要作特殊处理，才能减小非线性误差。减小或消除非线性误差的方法有如下几种。

1. 提高桥臂比

从式(3-29)可知，提高桥臂比 $n=\frac{R_2}{R_1}$，非线性误差可以减小；但从电压灵敏度 $S_V\approx E\frac{1}{n}$（见式 3-24）考虑，电桥电压灵敏度将降低，这是一种矛盾，因此为了达到既减小非线性误差，又不降低其灵敏度的目的，必须适当提高供桥电压 E。

2. 采用差动电桥

根据被测试件的受力情况，若使一个应变片受拉，一个受压，则应变符号相反；测试时，将两个应变片接入电桥的相邻臂上，如图 3-12 所示，称为半桥差动电路。该电桥输出电压 U_o 为

$$U_o=E(\frac{R_1+\Delta R_1}{R_1+\Delta R_1+R_2-\Delta R_2}-\frac{R_3}{R_3+R_4})$$

若 $\Delta R_1=\Delta R_2$，$R_1=R_2$，$R_3=R_4$，则得

$$U_o=\frac{1}{2}E\frac{\Delta R_1}{R_1} \qquad (3-30)$$

由式(3-30)可知，U_o 与 $\frac{\Delta R_1}{R_1}$ 成线性关系，差动电桥无非线性误差。而且电压灵敏度为 $S_V=\frac{1}{2}E$，比使用一只应变片提高了一倍，同时可以起到温度补偿的作用。

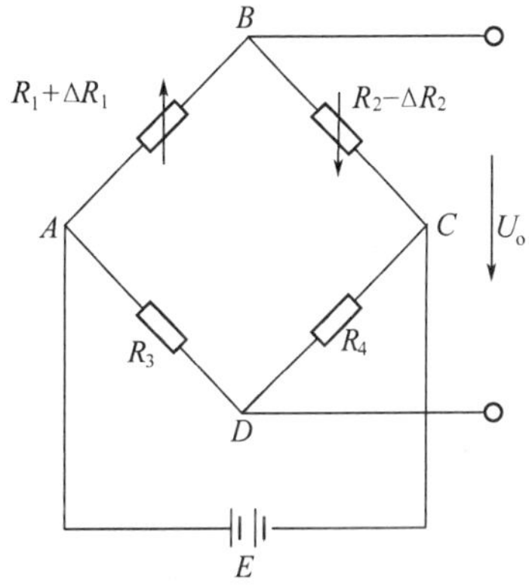

图 3-12　半桥差动电路

若将电桥四臂接入四片应变片，如图 3 - 13 所示，即两个受拉，两个受压，将两个应变符号相同的接入相对臂上，则构成全桥差动电路。若满足 $\Delta R_1 = \Delta R_2 = \Delta R_3 = \Delta R_4$，则输出电压为

$$U_o = E\frac{\Delta R_1}{R_1} \tag{3-31}$$

$$S_V = E$$

由此可知，比用单片提高了四倍，比半桥差动电路提高了一倍。

3. 采用高内阻的恒流源电桥

通过电桥各臂的电流如果不恒定，也是产生非线性误差的重要原因，所以供给半导体应变电桥的电源一般采用恒流源，如图 3 - 14 所示。供桥电流为 I，通过各臂的电流为 I_1 和 I_2，若测量电路输入阻抗较高，则

$$\begin{cases} I_1(R_1 + R_2) = I_2(R_3 + R_4) \\ I = I_1 + I_2 \end{cases}$$

解该方程组得

$$I_1 = \frac{R_3 + R_4}{R_1 + R_2 + R_3 + R_4}I$$

$$I_2 = \frac{R_1 + R_2}{R_1 + R_2 + R_3 + R_4}I$$

输出电压为

$$U_o = I_1R_1 - I_2R_3 = \frac{R_1R_4 - R_2R_3}{R_1 + R_2 + R_3 + R_4}I$$

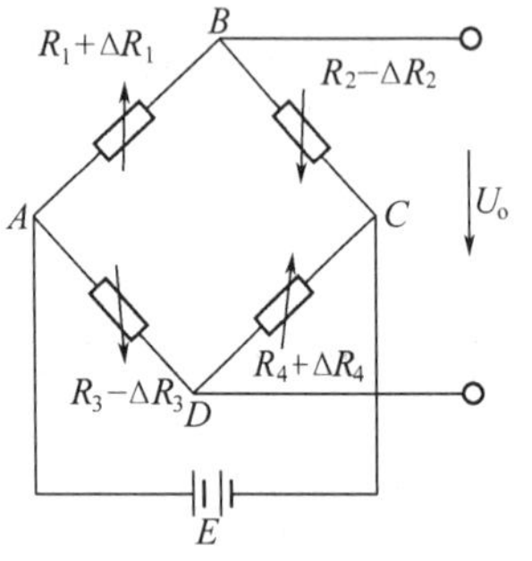

图 3 - 13 全桥差动电路

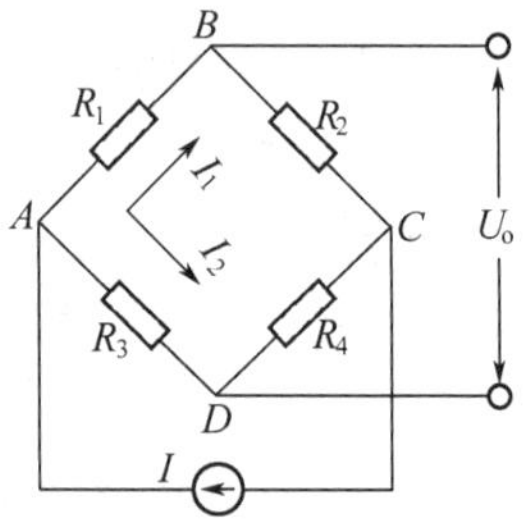

图 3 - 14 恒流源电桥

若电桥初始处于平衡状态（$R_1R_4 = R_2R_3$），而且 $R_1 = R_2 = R_3 = R_4 = R$，当第一桥臂电阻 R_1 变为 $R_1 + \Delta R_1$ 时，电桥输出电压为

$$U_o = \frac{R \cdot \Delta R}{4R + \Delta R}I = \frac{1}{4}I \cdot \Delta R\frac{1}{1 + \frac{\Delta R}{4R}} \tag{3-32}$$

由式 3 - 32 可知，分母中的 ΔR 被 $4R$ 除，与式（3 - 26）相比较，比前面的单臂供压电桥的非线性误差减少了 50%。

第四节　电阻应变式传感器的应用

电阻应变式传感器由于具有测量精度高、动态响应好、使用简单和体积小等优点，因而被广泛应用于应变、压力、弯矩、扭矩、加速度和位移等物理量的测量中。电阻应变片应用可分为两大类：一种是将应变片粘贴在弹性敏感元件上，由弹性元件在被测物理量（如拉力、压力、加速度等）的作用下，产生一个与之成正比的应变，然后由应变片作为传感元件将应变转换为电阻变化，通过测量电路检测出被测物理量，这样就可以组成各种专用的应变式传感器，在目前的传感器中，尤其是在称重测力传感器中占有重要的地位；另一种是直接将应变片粘贴在被测构件上，然后将其接到应变仪上就可以直接从应变仪上读到相应的应变值，例如电阻应变仪就是这种应用的一个例子。注意应在弹性元件或被测构件应变最大的部位粘贴应变片。

一、柱式力传感器

柱式力传感器的弹性元件有实心柱与空心柱两种，以实心柱为例，设钢制圆筒截面积为 S（单位为 m^2），泊松比为 μ，弹性模量为 E（单位为 N/m^2）。应变片的灵敏系数为 K，四片特性相同的应变片对称地贴在圆筒外表面（如图 3－15），并将四片应变片接成全桥形式。这种连接方式可提高检测灵敏度和温度稳定性，最大测力（或荷重）量程可达 10^7 N。

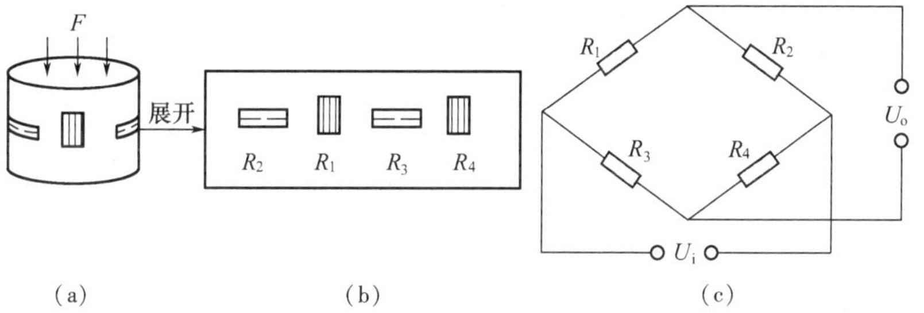

图 3－15　荷重传感器示意图

（a）示意图；（b）展开图；（c）桥式电路

例 3－1　电阻应变片阻值为 120 Ω，灵敏系数 $K=2$，沿纵向粘贴于直径为 0.05 m 的圆形钢柱表面，钢材的 $E=2\times10^{11}$ N/m^2，$\mu=0.3$，求钢柱受 9.8×10^4 N 拉力作用时，应变片电阻的变化量 ΔR 和相对变化量 $\frac{\Delta R}{R}$。又若应变片沿钢柱圆周方向粘贴，受同样拉力作用时，应变片电阻的相对变化量为多少？

解　因为

$$\frac{\Delta R}{R}=K\varepsilon_x$$

且

$$\varepsilon_x=\frac{F}{SE}$$

所以

$$\frac{\Delta R}{R_x}=K\frac{F}{\pi r^2 E}=\frac{2\times9.8\times10^4}{3.14\times(\frac{0.05}{2})^2\times2\times10^{11}}=0.05\%$$

$$\Delta R = 0.05\% R_x = 120 \times 0.05\% = 0.06\ \Omega$$

$$\frac{\Delta R_y}{R_y} = k_S \varepsilon_y = -\mu k_S \varepsilon_x = -0.3 \times \frac{0.05\%}{2} \times 2 = -0.015\%$$

二、电子秤

电子秤是直接使用将质量转换成电信号的称重传感器来检测料斗(或容器)、吊车、皮带机、平台等装载物料的质量,同时将电信号放大显示,从而控制称重设备(或装置)。

电子秤的分类按计量方式来分,有动态和静态两种;按用途和使用场合来分,主要有料斗秤、吊车秤、皮带秤、平台秤、轨道衡、油罐秤等。一般说来,电子秤主要由以下几个部分组成:

(1)承重和传力机构。它将被称物体的质量或力传递给称重传感器的全部机械系统,包括承重台面、秤桥结构、吊挂连接单元、安全限位装置等。

(2)称重传感器。它将作用于传力机构的质量或力按一定的函数关系(一般为线性关系)转换为电量(电压、电流、频率等)输出。有时又称它为一次变换元件。

(3)显示记录仪表。用于测量称重传感器输出的电信号数值或状态,以指针或数码形式显示出来(其中包括了测量电路,现代测量显示仪表还包括数据处理、打印装置等)。这部分一般又称为二次显示仪表。

(4)电源。用于向称重传感器测量桥路馈电的电源要求稳定度较高,可以是交流的或直流的稳压电源。

下面介绍采用S形双弯曲悬臂梁应变测力传感器和单片机相结合的数字式电子秤的结构、工作原理和有关电路。它具有零点跟踪、非线性较正、精度选择、称重、去皮重、累计、显示、打印等多种功能。

传感器弹性体为双弯曲梁,四片应变片分别粘贴在梁的上、下两表面上,组成全桥电路,如图3-16(a)所示。当载荷W作用时R_1,R_2受拉伸,阻值增加;R_3,R_4受压缩,阻值减小,电桥失去平衡,产生ΔU电压输出,且ΔU与W成正比,即

$$\Delta U = U\frac{\Delta R}{R} = K_S \varepsilon U \tag{3-33}$$

对于双弯曲梁的应变为

$$\varepsilon = \frac{3W\left(d - \frac{a}{2} - \delta\right)}{Ebh^2} \tag{3-34}$$

式中 d——梁端到梁中心的距离;

δ——梁端到应变片的距离;

h——梁厚度;

b——梁宽度;

E——材料的弹性模数;

a——应变片的基长。

那么,双连孔传感器的输出为

$$\Delta U = K_S U \frac{3W\left(d - \frac{a}{2} - \delta\right)}{Ebh^2} \tag{3-35}$$

电压的相对变化量为

$$S = \frac{\Delta U}{U} = K_S \frac{3W(d - \frac{a}{2} - \delta)}{Ebh^2} \tag{3-36}$$

S 形双弯曲梁应变式测力传感器有以下特点:

(1)输出灵敏度高。

由于结构是双连孔形的,粘贴应变片处较薄,应变大,而其他部位较厚,故强度、刚度好。

(2)变化加载点不影响输出。

在传感器上装配上、下承压板,变成了 S 形状,如图 3－16(d)所示,传感器部分如图 3－16(c)所示,由该图可证明变化加载点对输出特性不产生影响。有

$$M_1 = Wx$$

$$M_2 = W(x + a)$$

$$M_2 - M_1 = W(x + a) - Wx = Wa$$

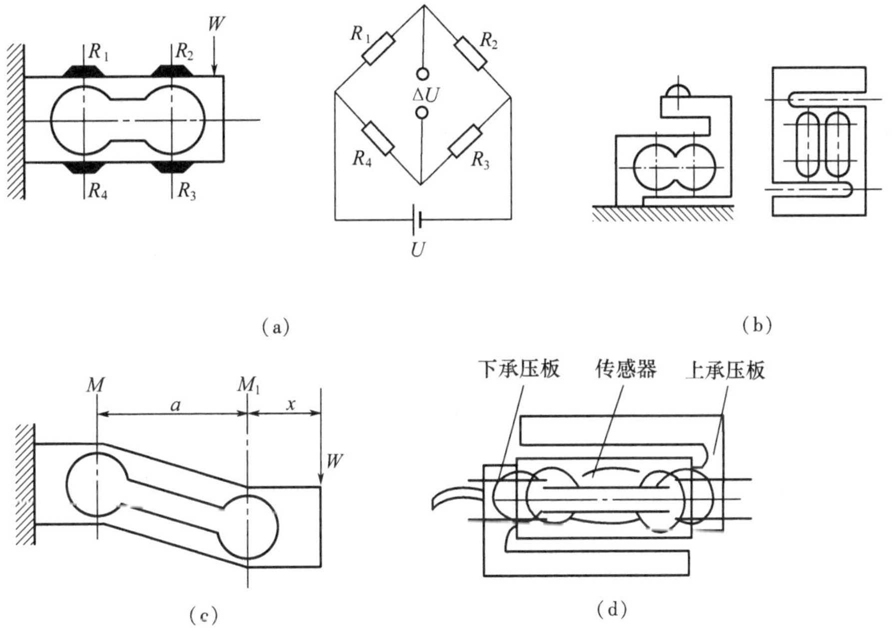

图 3－16　S 形双弯曲梁应变测力传感器结构原理

由此可见,输出只与应变片基长 a(常数)有关,而与重物加载点 x 无关。

(3)抗侧向力强。

倘若增加一个侧向力,对于中间梁而言,只增加了一对轴向力,则四个应变片将同时增、减 ΔR,故对输出无影响。

(4)由于该秤只用一个测力传感器,结构简单、精度高、量程宽、工作可靠。

为了提高测量精度,传感器可采用多种补偿措施消除有关误差。如图 3－17 所示为一种调零电路。电桥 2(补偿电桥)串接在应变片传感器的输出和测量仪表之间,通过调节补偿电桥中的电位器 W,改变其输出电压 U_{o2},用 U_{o2} 来抵消传感器的零点偏移输出电压 U_{o1},因此调节 W 可使传感器在空载时输出电压 U_o 为零。

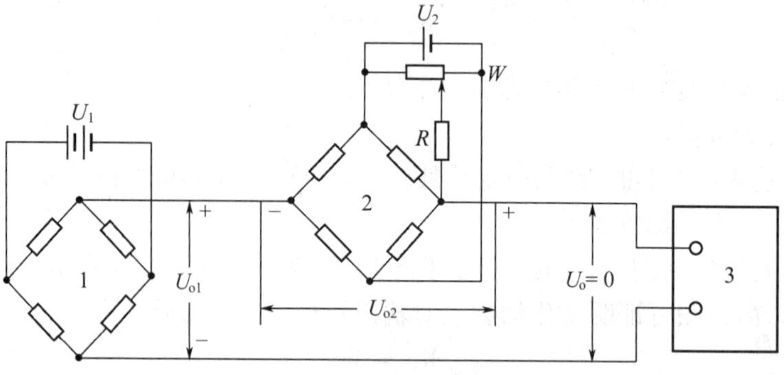

图 3-17　调零电桥及其接法

1—称重传感器；2—调零电桥；3—测量仪表

如图 3-18 所示是一种电子秤的逻辑框图，各部分的功能如图所示。其中数字倍增器的作用是保证各量程的分辨率始终保持在一个固定值上。用微处理机与模拟电路结合的方案可以将图 3-18 的若干数字电路省略掉，只用如图 3-19 所示框图即可实现自动称重目的，而且增加很大的灵活性。它可以根据预先编制的程序对称重进行采样、处理和控制，完成自动校准、自动调零、自动量程、自动判断、自动计价、自动显示和打印结果等功能。

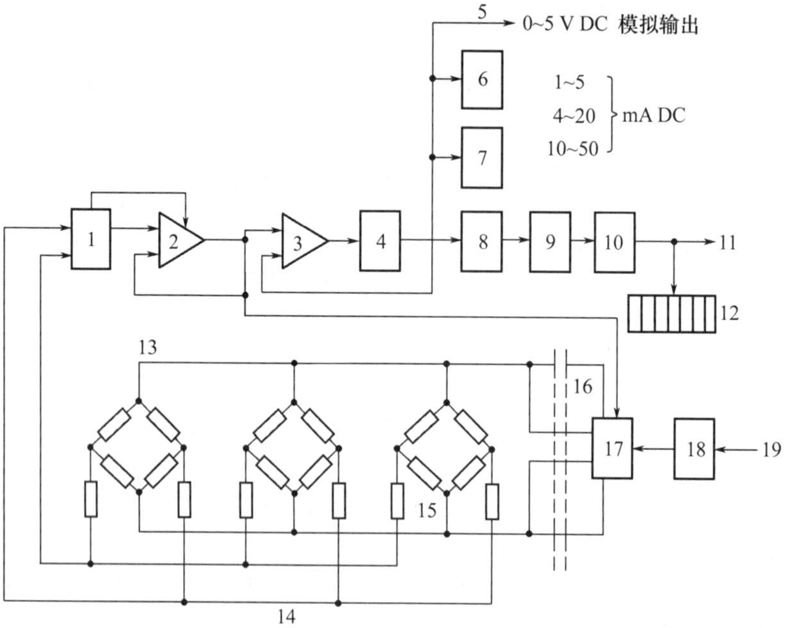

图 3-18　电子秤逻辑框图

1—零点自动调节器；2—前置放大器；3—输出放大器；4—低通滤波器；5—模拟输出；6—电流放大器；7—给定值控制器；8—模-数转换器；9—数字倍增器；10—脉冲存储器；11—BCD 码输出；12—数字显示器；13—传感器非线性补偿；14—传感器电桥；15—隔离电阻；16—远距离传输补偿；17—电压调节器；18—电源；19—交流电网

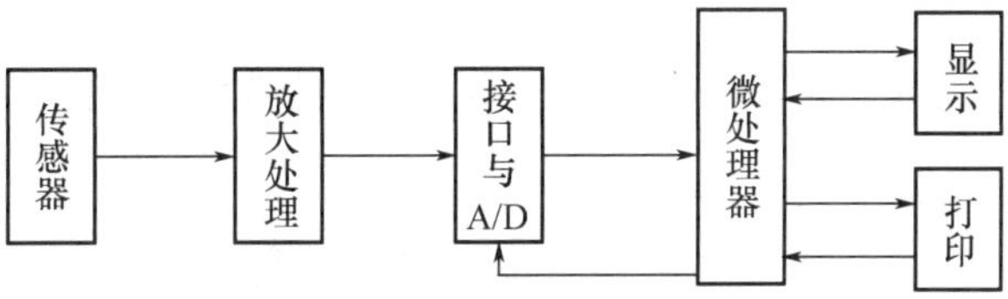

图 3－19 带微处理器的电子秤

常用的电子秤有：①容器电子秤，可以用来称量气体、液体和粉粒状物料的质量；②吊车电子秤，用于物料吊送过程中的称重；③皮带电子秤，主要对皮带运输机的所载物料的称重；④平台电子秤，包括电子地中衡、地面平台秤、电子汽车衡，以及低台面轴重计、轮重计等。

三、电阻应变仪

电阻应变仪是专门用于测量电阻应变片应变量的仪器。实际测量时，只要将应变片贴于被测点上，然后将其接入应变仪的测量桥路中，这样就可通过应变仪直接求得被测点的应变值。电阻应变仪有静态、动态两大类。如要测动态应变则用动态应变仪；如测静态应变或变化较为缓慢的应变，可用静态电阻应变仪。由于篇幅所限，下面仅介绍静态电阻应变仪的工作原理。

常规的静态电阻应变仪是将应变片与仪器内固定电阻相配合组成测量桥，测量桥和仪器内另一读数桥反极性串联后接入放大器，放大器将它们的差值信号进行放大，放大后的信号经相敏检波之后由检流计显示出来。测量时，测量桥因感受应变而输出一不平衡电压，适当改变读数桥的桥臂电阻值，使其也失去平衡而输出一幅值大小与测量桥输出电压相等而相位相反的电压，当它们完全抵消时，检流计指示为零。读数桥输出与转换开关位置有关，只要对其用应变值来标定，就可直接读取应变量。一般一台应变仪通过仪器内的切换开关可测 20 个测点。如要测多于 20 个测点，可采用预调平衡箱。图 3－20 中是上海华东电子仪器厂生产的 YJ－16 数字式静态电阻应变仪的原理框图。

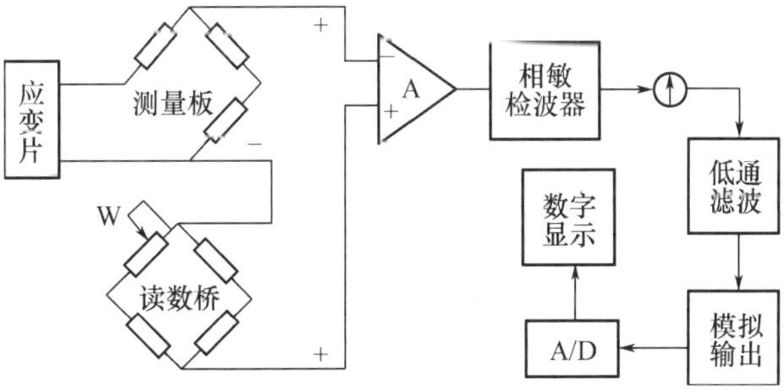

图 3－20 静态电阻应变仪的工作原理图

随着集成电路、数显技术的不断发展，数字式应变仪应运而生，而且其功能日趋完善。测量时能定时、定点自动换点，测量数据可自动修正、存储、数字显示和打印记录。如配适当接口，还可以和电子计算机直接连用，将其转换成数字信号，最后进行数字显示。

电阻应变仪按测量应变变化频率来划分有以下几种：

（1）静态电阻应变仪。静态电阻应变仪能测量频率为 0～15 Hz 的应变，例如国产型号有 YJ－5，YJB－I，YJS－14 等。

（2）静动态电阻应变仪。静动态电阻应变仪用于测量静态或几百 Hz 以下的应变，国产型号有 YJD－1，YJD－7 等。

（3）动态电阻应变仪。它用于测量频率为 5 kHz 以下的应变，如 Y4D－1，Y6D－2，YD－15等。

（4）超动态电阻应变仪。它可以测量频率从零至几十 kHz 的动态应变，如 Y6C－9 等。

（5）遥测应变仪。它用于解决无法用有线传输信号时的应变测量，如测量旋转件、运动件等的应变。

四、使用注意事项

（1）测力传感器的标准输出有 2 mV/V 或 3 mV/V（每供 1 V 输入电压时，传感器的输出为 mV）两种，若采用外施电压 DC12 V 时，则额定输出电压为（3 mV/V）×12 V＝36 mV。

（2）绝对不准超过负荷使用。

（3）一般来说，在额定负荷下测力传感器本身的应变约为 0.2 mm 的微小位移；固有频率也相当高，约 300～2000 Hz，而且响应快。

（4）在振动大的地点设置传感器时，要考虑到测力传感器本身振动而引起的疲劳。使用传感器的容量及个数应按如图 3－21 所示的确定准则决定。

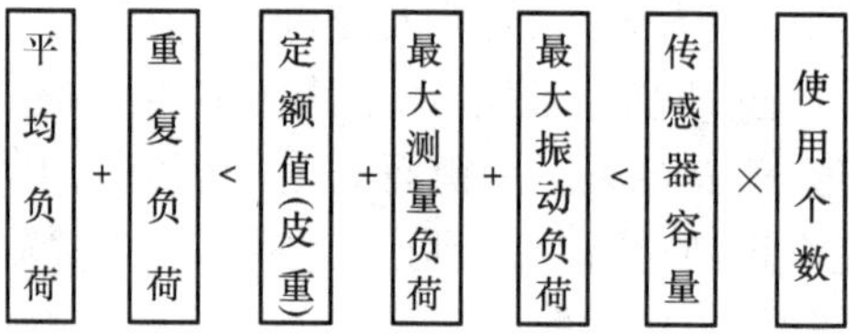

图 3－21

思考题与习题

1. 弹性元件在传感器中起什么作用？
2. 弹性敏感元件的基本特性有哪些？
3. 变换力的弹性敏感元件主要有哪几种，各有何特点？
4. 变换压力的弹性敏感元件主要有哪几种，各有何特点？
5. 试说明金属丝电阻应变片与半导体电阻应变片的相同点和不同点。
6. 如图 3－22 所示为一直流应变电桥，$U_i=4$ V，$R_1=R_2=R_3=R_4=120\ \Omega$，试求：

（1）R_1 为金属应变片，其余为外接电阻，当 R_1 的增量为 $|\Delta R_1|=1.2\ \Omega$ 时，电桥输出电压 U_o 为多少？

（2）R_1，R_2 都是应变片，感受的应变极性和大小都相同，其余为外接电阻，问能否进行应变测量？

（3）题（2）中如果 R_1 与 R_2 感受应变的极性相反，且

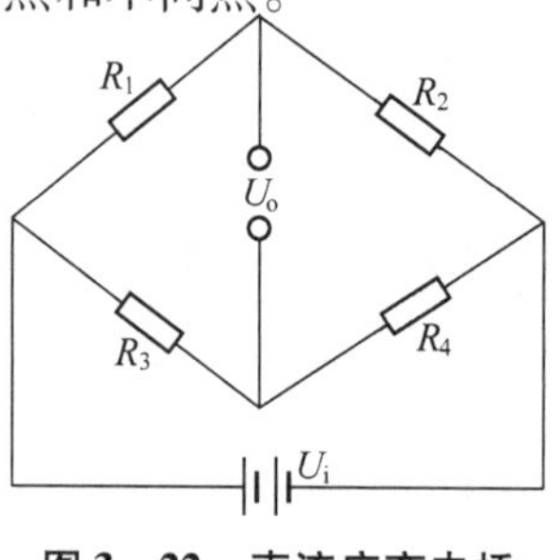

图 3－22　直流应变电桥

$|\Delta R_1| = |\Delta R_2| = 1.2\ \Omega$,问输出电压为多少?

(4)由题(1)~(3)能得出什么结论与推论?

7. 有一测量吊车起吊物质量的拉力传感器如图3-23(a)所示。R_1,R_2,R_3,R_4 贴在等截面轴上。已知等截面轴的截面积为 0.001 96 m^2,弹性模量 E 为 2.0×10^{11} N/m^2,泊松比为0.30。R_1,R_2,R_3,R_4 的标称阻值均为 120 Ω,灵敏系数为 2.0。它们组成全桥电路如图 3-22(b)所示,桥路电压为 2 V,测得输出电压为 2.6 mV。

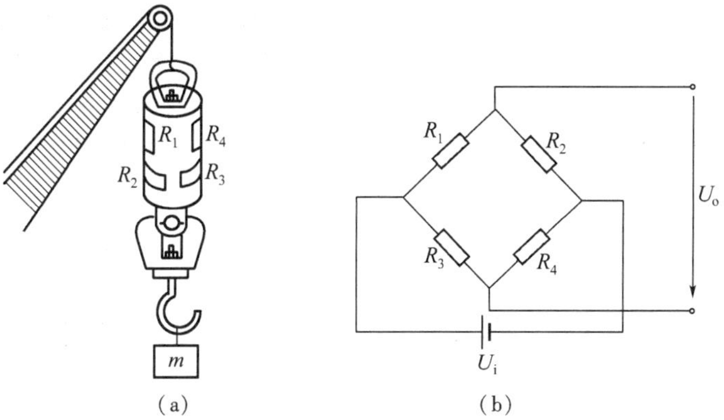

图 3-23 测量吊车起吊物质量的拉力传感器示意图

试求:

(1)等截面轴的纵向应变及横向应变。

(2)重物 m 为多少吨?

第四章　电容式传感器

电容测量技术近几年来有了很大进展,它不但广泛用于位移、振动、角度、加速度等机械量的精密测量,而且还逐步扩大应用于压力、差压、液面、料面、成分含量等方面的测量。电容式传感器是以不同类型的电容器作为传感元件,并通过电容传感元件把被测物理量的变化转换成电容量的变化,然后再经转换电路转换成电压、电流或频率等信号输出的测量装置。电容式传感器所具有的优点,随着电子技术的迅速发展,特别是集成电路的出现,将得到进一步的体现,而它存在的分布电容、非线性等缺点又将不断地得到克服,因此电容式传感器在非电测量和自动检测中得到了广泛应用。

电容式传感器与电阻式、电感式传感器相比具有以下优点:

1. 受本身发热影响小

电容值一般和电极的材料无关,仅取决于电极的几何尺寸,电容传感器大多用真空空气和其他气体作为绝缘介质,介质损耗非常小,热能损失也小。因此,实际上可以认为电容式传感器几乎不存在自身发热的问题。

2. 静态引力小

电容传感器两极板之间存在静电场,因此在极板上作用着静电引力,但对于平板电容,若有 $A=12.7\ \text{mm}^2$, $d=0.025\,4\ \text{mm}$, 极间电压 $U=10\ \text{V}$,静电引力 $F=0.087\times10^{-3}\ \text{N}$。

由此可见,电容式传感器在信号检测过程中,只需要施加较小的作用力,工作时需要作用的能量小,因此电容传感器适宜用来解决测量时输入能量低的问题。

3. 动态响应好

电容传感器能在几兆赫兹的频率下工作,具有良好的动态响应能力。这是由于电容式传感器可动部分质量很小,因此其固有频率很高,适用于动态信号的测量。又由于其介质损耗小,可以在较高供电频率下正常工作,因此系统工作频率高。

4. 结构简单,适应性强

在电容传感器中,一般采用无机材料如石英、陶瓷等作绝缘支架,用金属或在非金属材料上镀以金属作极板,所以结构简单,易于制造,易于保证高的精度,且能做得体积小,以便在某些特殊场合下进行测量。由于不用有机材料和磁性材料制造元件,因此能在高温、低温、强辐射及强磁场等各种恶劣的环境条件下工作,适应能力强。

5. 可以进行非接触式测量

在测量机械振动(测量振幅变化)时,常常把运动的机件作为电容传感元件的一个极板,把测试仪器中的一个探头作为电容传感器元件的另一极板。例如,测带锯机锯条振动,其原理如图 4-1 所示。这种传感器不与被测物体接触,因此被称为非接触测量。

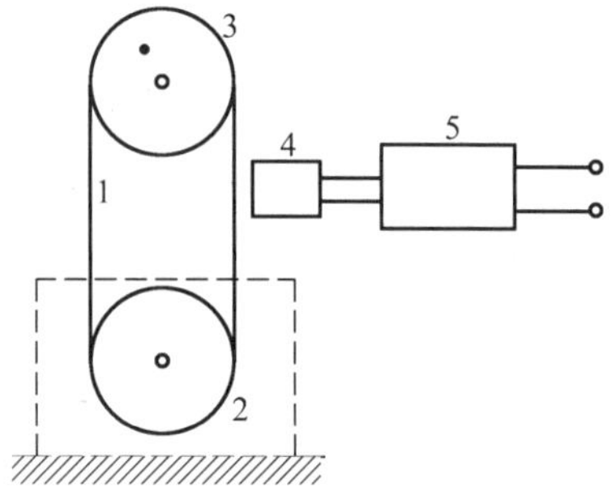

图 4-1　测量带锯机锯条振动的电容传感器原理示意图

1—振动的带锯机锯条;2,3—锯轮;4—电容式测振传感器;5—测振电路

然而,电容传感器也有以下不足之处:

1. 输出阻抗较高、带负载能力差

电容传感器由于受几何尺寸的限制,起始电容量小,一般为几十到几百微法。在工作时输出的电容变化量就更小,有的只有几个皮法,而视在功率 $P_c = U^2\omega C$。由此可见,电容量愈小,容抗就愈大,视在功率就愈小。电容传感器是高输出阻抗和小功率的传感器,因而带负载能力差,易受外界干扰产生不稳定现象,这给使用带来不便。

2. 寄生电容影响大

电容传感器的初始电容量小,而连接传感器的电缆电容、电子线路的杂散电容及电容传感器内极板与周围导体构成的电容等所谓“寄生电容”却较大,这不仅降低了传感器的灵敏度,而且这些电容常常是随机变化的,使仪器工作不稳定,影响测量精度。

近年来,由于材料、工艺,特别是在测量电路及半导体集成技术等方面已达到了相当高的水平,因此寄生电容的影响得到较好的解决,使电容传感器的优点得以充分发挥。

第一节 电容式传感器的工作原理和结构

一、基本工作原理及分类

平板式电容器是由两个金属极板、中间夹一层电介质构成的,如图 4-2 所示。

若在两极板间加上电压,电极上就储存电荷,所以电容器实际上是一种储存电场能的元件。平板式电容器在忽略其边缘效应时的电容量为

$$C = \frac{\varepsilon S}{d} = \frac{\varepsilon_r \varepsilon_0 S}{d} \tag{4-1}$$

式中 S——电容器两极板遮盖面积,m^2;

ε——介质的介电常数,F/m;

ε_r——介质的相对介电常数;

ε_0——真空的介电常数(8.85×10^{-2} F/m);

d——极板间距离,m。

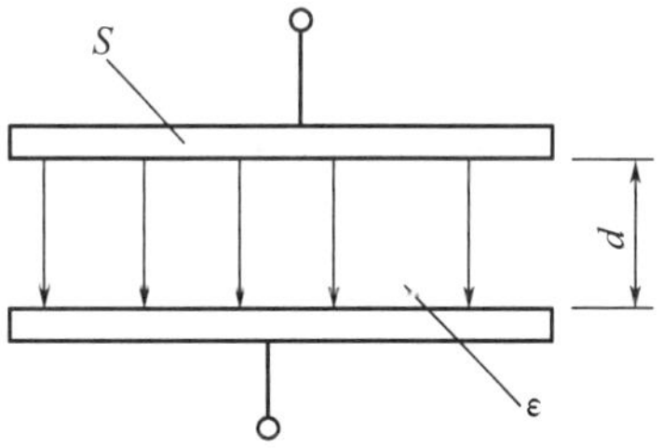

图 4-2 平板式电容器

由式(4-1)可以看出,若三个变量中任意两个为常数而改变另外一个,电容量就发生变化,根据这个原理电容传感器有三种工作方式。

1. 变极距型电容式传感器

极板面积和介电常数为常数,而平板电容器的极间距为变量的传感器称为变极距型电容式传感器。这种传感器用来测量微小位移的范围为 0.01 μm ~ 0.1 mm。

2. 变面积式电容传感器

极板间距和介电常数为常数,而平板电容器的面积为变量的传感器称为变面积式电容传感器。这种传感器可以用来测量角位移(1 分 ~ 几十秒)和厘米数量级的位移。

3. 变介质式电容传感器

极板面积和极板间距是常数,而平板电容器的介电常数为变量的传感器称为变介质式电容传感器。这种传感器可以用来测量湿度、物位、密度。

由电容式传感器组成的位移电测仪表主要是应用电容极板间距离和极板相互遮盖面积的改变使电容器电容量改变的原理来实现位移量的测量的。它可以检测线位移和角位移，并且可以检测物位和液位等。

二、变极距型电容式传感器

由式(4－1)可知，电容量 C 与极板距离 d 不是线性关系，而是如图4－3所示的双曲线关系。若电容器极板距离由初始值 d_0 缩小为 Δd，极板距离分别为 d_0 和 $d_0-\Delta d$，其电容量分别为 C_0 和 C_1，即

$$C_0=\frac{\varepsilon A}{d_0} \tag{4-2}$$

$$C_1=\frac{\varepsilon A}{d_0-\Delta d}=\frac{\varepsilon A}{d_0\left(1-\frac{\Delta d}{d_0}\right)}=\frac{\varepsilon A\left(1+\frac{\Delta d}{d_0}\right)}{d_0\left(1-\frac{\Delta d^2}{d_0^{\ 2}}\right)} \tag{4-3}$$

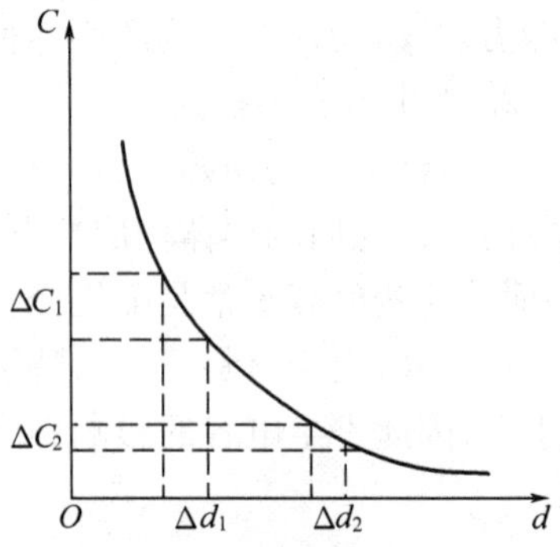

图4－3 电容量与极板距离的关系

当 $\Delta d \ll d_0$ 时，$1-\frac{\Delta d^2}{d_0^{\ 2}}\approx 1$，则式(4－3)可以简化为

$$C_1=\frac{\varepsilon A\left(1+\frac{\Delta d}{d_0}\right)}{d_0}=C_0+C_0\frac{\Delta d}{d_0} \tag{4-4}$$

这时 C_1 与 Δd 近似成线性关系，所以改变极板距离的电容式传感器往往是设计成 Δd 在极小的范围内变化。

一般电容式传感器的起始电容在20～30 pF之间，极板距离在25～200 μm的范围内，最大位移应该小于间距的1/10。

三、变极距差动型电容传感器

在实际应用中，为了提高传感器的灵敏度和克服某些外界因素(例如电源电压、环境温度等)对测量的影响，常常把传感器做成差动的形式，其原理如图4－4所示。当动极板移动后，C_1 和 C_2 成差动变化，即其中一个电容量增大，而另一个电容量则相应减小，这样可以消除外界因素所造成的测量误差。

差动电容传感器的结构如图4－4所示，其输出特性曲线如图4－5所示。C_1 和 C_2 的初始电容相等，均为 C_0。在零点位置上设置一个可动的接地中心电极，它离两块极板的距离均为 d_0，当中心电极在机械位移的作用下发生位移 Δd 时，则传感器电容量分别为

$$C_1=\frac{\varepsilon A}{d_0-\Delta d}=\frac{\varepsilon A}{d_0}\left[\frac{1}{1-\frac{\Delta d}{d_0}}\right]=C_0\left[\frac{1}{1-\frac{\Delta d}{d_0}}\right]$$

$$C_2=\frac{\varepsilon A}{d_0+\Delta d}=C_0\left[\frac{1}{1+\frac{\Delta d}{d}}\right]$$

若位移量 Δd 很小，且 $\left|\frac{\Delta d}{d_0}\right|<1$，上两式可按级数展开，得

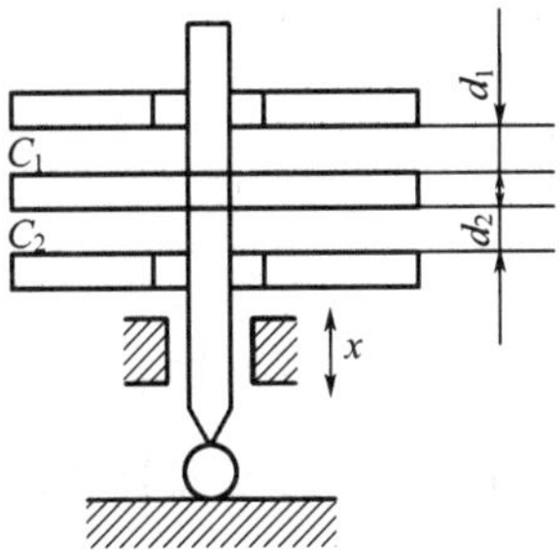

图 4-4　差动式电容传感器结构示意图

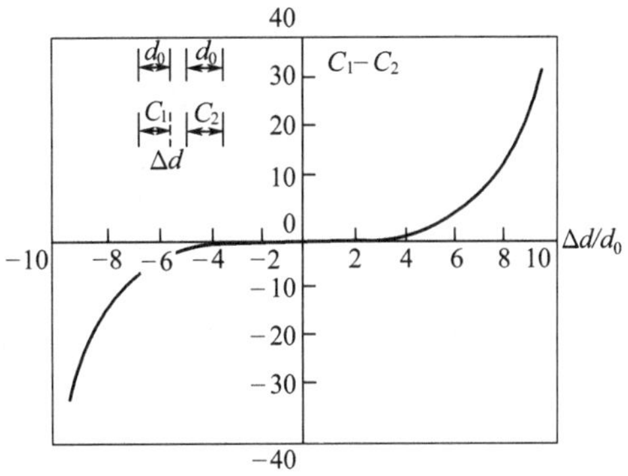

图 4-5　差动电容传感器输出特性曲线

$$C_1 = C_0\left[1 + \frac{\Delta d}{d_0} + (\frac{\Delta d}{d_0})^2 + (\frac{\Delta d}{d_0})^3 + \cdots\right]$$

$$C_2 = C_0\left[1 - \frac{\Delta d}{d_0} + (\frac{\Delta d}{d_0})^2 - (\frac{\Delta d}{d_0})^3 + \cdots\right]$$

电容量总的变化为

$$\Delta C = C_1 - C_2 = C_0\left[2\frac{\Delta d}{d_0} + 2(\frac{\Delta d}{d_0})^3 + \cdots\right]$$

电容量的相对变化为

$$\frac{\Delta C}{C_0} = 2\frac{\Delta d}{d}\left[1 + (\frac{\Delta d}{d_0})^2 + (\frac{\Delta d}{d_0})^4 + \cdots\right]$$

略去高次项,则$\frac{\Delta C}{C_0}$与$\frac{\Delta d}{d_0}$近似成线性关系:

$$\frac{\Delta C}{C_0} \approx 2\frac{\Delta d}{d_0} \tag{4-5}$$

此式可以表示为图 4-5 的曲线。

差动电容式传感器的相对非线性误差 r 近似为

$$r = \frac{\left|2(\frac{\Delta d}{d_0})^3\right|}{\left|2(\frac{\Delta d}{d_0})\right|} \times 100\% = \left(\frac{\Delta d}{d_0}\right)^2 \times 100\%$$

然而,非差动式电容传感器的非线性误差可由如下分析知道,以式(4-3)为例:

$$C = C_0\frac{1}{1 - \frac{\Delta d}{d_0}}$$

则

$$\frac{\Delta C}{C_0} = \frac{\Delta d}{d_0}\left[1 - \frac{\Delta d}{d_0}\right]^{-1}$$

也按级数展开得

$$\frac{\Delta C}{C_0} = \frac{\Delta d}{d_0}\left[1 + \frac{\Delta d}{d_0} + (\frac{\Delta d}{d_0})^2 + (\frac{\Delta d}{d_0})^3 + \cdots\right]$$

那么,近似的线性关系为

$$\frac{\Delta C}{C_0} \approx \frac{\Delta d}{d_0}$$

故单一电容传感器的非线性误差为

$$r = \frac{\left|\left(\frac{\Delta d}{d_0}\right)^2\right|}{\left|\frac{\Delta d}{d_0}\right|} \times 100\% = \left|\frac{\Delta d}{d_0}\right| \times 100\%$$

显然,差动式传感器的非线性误差 r 比单一电容传感器的非线性误差大大降低。

当与适当的测量电路配合后,它的输出特性在 $\frac{\Delta d}{d_0} = \pm 33\%$ 的范围内,偏离直线的误差不超过1%。

电容式传感器的灵敏度定义为电容变化与所引起该变化的可动部件的机械位移变化之比。平板型改变面积的线位移传感器的灵敏度为

$$\frac{\Delta C}{\Delta l} = \frac{\varepsilon b}{d} \tag{4-6}$$

式中,b 为极板宽度(cm),ε 和 d 的意义及单位同式(4-1)。

平板型改变极距的线位移传感器的灵敏度为

$$\frac{\Delta C}{\Delta d} = \frac{\varepsilon A}{d^2} \tag{4-7}$$

显然,改变极距的传感器能够用减少极距 d 来增加灵敏度,但实际上 d 受电极表面粗糙度和极距非常小时的击穿电压所限制,因此极距 d 不能无穷小。

平板型差动电容传感器的灵敏度为

$$\frac{\Delta C}{\Delta d} = 2\frac{\varepsilon d}{d^2} \tag{4-8}$$

四、变极板面积型电容式传感器

图4-6是一只电容式角位移传感器的原理图。当动极板有一个角位移 θ 时,与定极板的遮盖面积就改变,从而改变了两极板间的电容量。当 $\theta=0$ 时,则

$$C_0 = \frac{\varepsilon_1 A}{d_0} \tag{4-9}$$

式中,ε_1 为介电常数。

当 $\theta \neq 0$ 时,则

$$C_1 = \frac{\varepsilon_1 A\left(1-\frac{\theta}{\pi}\right)}{d} = C_0 - C_0\frac{\theta}{\pi} \tag{4-10}$$

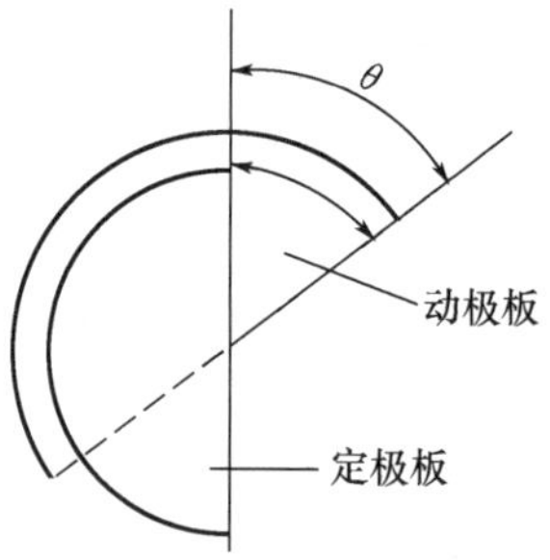

图4-6 电容式角位移传感器原理

可以看出,这种形式的传感器电容量 C 与角位移 θ 是成线性关系的。

第二节 电容式传感器测量电路

电容式传感器的检测元件将被测非电量转换为电容的变化量后,由于电容值非常小,不

能直接用现有的显示仪表来显示，更难于传输，因此还需要用测量电路把电容量的变化转换成与其成正比的电压（电流或频率）等电信号，以便显示、记录或传输。与电容式传感器配用的测量电路很多，常用的有桥式电路、调频振荡电路、运算放大器式电路和脉冲调宽型电路等几种。

一、交流电桥差动测量电路

当传感器采用差动接法时，就采用如图 4－7 所示的交流电桥差动测量电路。

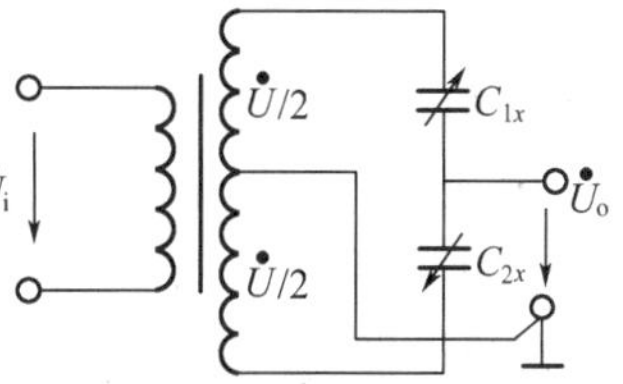

图 4－7　电容传感器的桥式转换电路

其空载输出电压 $\dot{U}_o$ 为

$$\dot{U}_o=\frac{C_{1x}}{C_{1x}+C_{2x}}\dot{U}-\frac{1}{2}\dot{U}=\frac{C_{1x}-C_{2x}}{C_{1x}+C_{2x}}\cdot\frac{\dot{U}}{2} \tag{4-11}$$

差动式电容传感器结构示意图如图 4－4 所示。

开始时　$d_1=d_2=d_0, c_1=c_2=c_0$

当活动片上移 x 时　$d_1=d_0-x$

$d_2=d_0+x$

$$C_1=\frac{\varepsilon s}{d_0-x}=C_0+\Delta c \tag{4-12}$$

$$C_2=\frac{\varepsilon s}{d_0+x}=C_0-\Delta c \tag{4-13}$$

将式（4－12）与（4－13）代入（4－11）后，有

$$\dot{U}_o=\frac{(C_0-\Delta C)-(C_0+\Delta C)}{(C_0+\Delta C)+(C_0-\Delta C)}\cdot\frac{\dot{U}}{2}=+\frac{\Delta C}{C_0}\cdot\frac{\dot{U}}{2} \tag{4-14}$$

当活动片下移 x 时

$$\dot{U}_o=\frac{-\Delta C}{C_0}\cdot\frac{\dot{U}}{2} \tag{4-15}$$

交流电桥测量电路常用于尺寸自动检测系统中。但此电路仍需后接相敏检波电路判断被测构件的移动方向。

二、调频电路转换信号

这种电路是把电容传感器作为振荡器电路的一部分，当被测量变化而使电容量发生变化时，能使振荡频率发生相应的变化。由于振荡器的频率受电容传感器的电容调制，故称为调频电路。

图 4－8 所示就是调频电路测量电路的原理框图。图中电容传感器的传感元件 C_x 被接在 LC 振荡回路中，或作为晶体振荡器中石英晶体的负载电容。当传感器的电容值发生变化（ΔC）时，其振荡频率亦改变，从而实现了由电容到频率的转换。

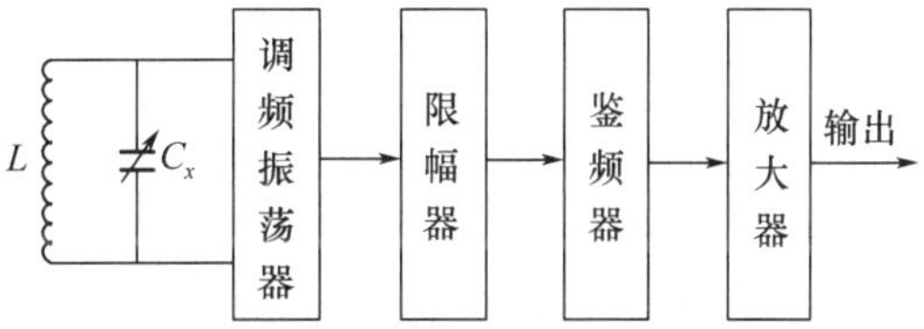

图 4－8　调频电路原理框图

设初始时（被测量 $x=0,\Delta C=0$），振荡器的频率 f_0 为

$$f_0=\frac{1}{2\pi\sqrt{LC_0}} \tag{4-16}$$

而当 $\Delta C\neq 0$，振荡频率 f 随 ΔC 而改变，其值为

$$f=f_0\pm\Delta f=\frac{1}{2\pi\sqrt{LC}} \tag{4-17}$$

式中，C 包括传感器电容 C_x（$C_x=C_0\pm\Delta C$）、振荡回路中的微调电容 C_1 和传感器电缆分布电容 C_2，即 $C=C_1+C_2+C_0\pm\Delta C$。

由于振荡器输出两个变化量，即频率 Δf 和幅值 Δu，为了限制幅值的变化，常在后面加入限幅放大器，使幅值成为定值，从而使输出量的变化只有 Δf，以此判断被测量的大小。又由于测量系统是非线性的，且不便于测量仪表显示，为此应在限幅器的后面加入鉴频器，用以补偿其他部分的非线性，使整个测量系统线性化，并将频率信号转换为电压或电流等模拟量输出至放大器，进行放大。如果欲得到数字量，再进行模－数转换等处理，将信号转换成数字信号，便于数字显示或数字控制等。

调频测量电路的特点是灵敏度高，可以测量 0.01 pF 甚至更小的电容变化量。另外，其抗干扰能力强，能获得高电平的直流信号，也可获得数字信号输出。调频电路的缺点是振荡频率受温度变化和电缆分布电容影响较大。

三、运算放大器式电路

由于运算放大器的放大倍数 K 非常大，而且输入阻抗 Z_i 很高，这一特点可以作为电容传感器的比较理想的测量电路，其电路如图 4－9 所示。图中 C_x 为电容传感器，a 点为虚地点，由于 Z_i 很高，所以 $\dot{I}\approx 0$，根据克希霍夫定律，可列出如下方程：

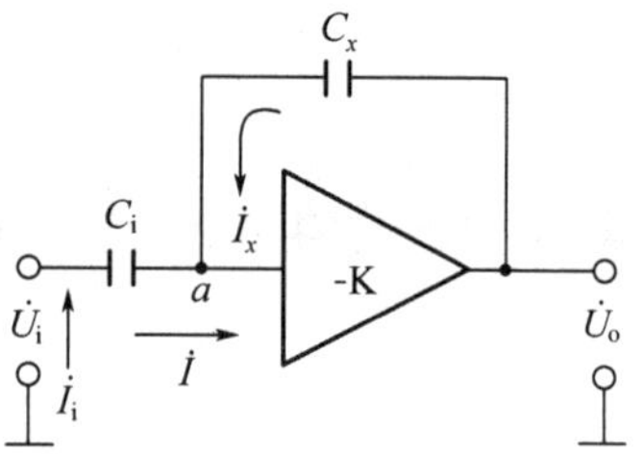

图 4－9　运算放大器测量电路

$$\dot{U}_i=\frac{\dot{I}_i}{jwC_i},\quad \dot{U}_o=\frac{\dot{I}_x}{jwC_x}$$

$$\dot{I}_i=-\dot{I}_x$$

解上面三式得

$$\dot{U}_o=-\dot{U}_i\frac{C_i}{C_x} \tag{4-18}$$

如果传感器是一只平板电容，则

$$C_x=\frac{\varepsilon_0 A}{d} \tag{4-19}$$

将式(4－19)带入式(4－18)得

$$\dot{U}_o=-\dot{U}_i\frac{C_i}{\varepsilon_0 A}d \tag{4-20}$$

从式(4－20)可知，运算放大器的输出电压与动极板机械位移 d（即极板距离）成线性关系，运算放大器电路解决了单个变极板距离式电容传感器的非线性问题。式(4－20)是在 $K\rightarrow\infty$，$Z_i\rightarrow\infty$ 的前提下得到的。由于实际使用的运算放大器的放大倍数 K 和输入阻抗 Z_i 总是一个有限值，所以该测量电路仍然存在一定的非线性误差。当 K,Z_i 足够大时，这种

误差是相当小的，可以使测量误差在要求范围之内，因此这种电路仍不失其优点。

四、脉冲调宽型电路

因为 RC 电路的时间常数 $\tau = RC$，当 $C_1 = C_0 + \Delta C_1$，$C_2 = C_0 - \Delta C_2$ 时，$\tau_1 = R(C_0 + \Delta C_1)$，$\tau_2 = R(C_0 - \Delta C_2)$，而脉冲宽度 T 是 τ 的函数，τ 是 C 的函数，C 是位移 x 的函数。通过脉宽的变化就可知 C 的变化，进而知道位移 x 的变化。如图 4－10 电路是脉冲调宽型电路，下面进行结构与工作过程分析。

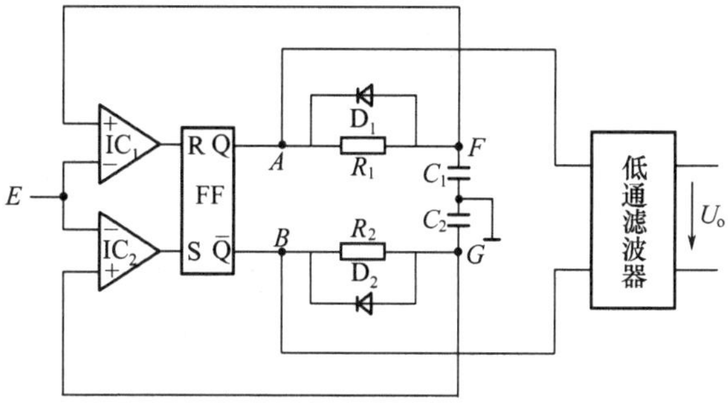

图 4－10　脉冲调宽型电路

脉冲调宽型电路中 C_1，C_2 是差动电容传感器的两个变极距式电容传感器，电路结构可分为比较器、RS 触发器、RC 充放电回路、低通滤波器。

（1）比较器 IC_1，IC_2 中，当 $U_+ > U_-$ 时，输出高电平；当 $U_+ < U_-$ 时，输出低电平；

（2）RS 触发器的功能如表 4－1 所示

（3）R_1，D_1，C_1 构成一个 RC 充放电回路；R_2，D_2，C_2 构成另一个 RC 充放电回路。

表 4－1　*RS* 触发器功能表

S	R	Q　$\overline{Q}$
0	**0**	保持原态
0	**1**	**0　1**
1	**0**	**1　0**
1	**1**	不允许出现

当 Q 为高电平，$\overline{Q}$ 为低电平时，C_1 充电回路为 $Q \to R_1 \to C_1 \to$ 地，C_2 放电回路为 $C_2 \to D_2 \to \overline{Q}$。

当 Q 为低电平，$\overline{Q}$ 为高电平时，C_1 放电回路为 $C_1 \to D_1 \to Q$，C_2 充电回路为 $\overline{Q} \to R_2 \to C_2 \to$ 地。

（4）低通滤波器：电压经低通滤波器后，获得输出电压平均值。

各部分具体的工作过程如下。

假设原态 Q 为高电平，$\overline{Q}$ 为低电平，说明此时 $U_F < E$，$R = 0$；$U_G > E$，$S = 1$。则 C_1 充电使 $U_F \uparrow$，充电回路为 $Q \to R_1 \to C_1 \to$ 地，C_2 放电使 $U_G \downarrow$，放电回路为 $C_2 \to D_2 \to \overline{Q}$。当 $U_F > E$，$R = \mathbf{1}$，$U_G < E$，$S = 0$ 时，$Q = \mathbf{0}$，$\overline{Q} = \mathbf{1}$，电路状态主要由 C_1 充电决定，因为若 C_2 放电较快，U_G 先小于 E，$S = \mathbf{0}$；而 C_1 充电较慢，U_F 仍小于 E，$R = \mathbf{0}$ 时，Q 处于保持状态，只有 $U_F > E$ 时 Q 才变化。

当 $Q = \mathbf{0}$，$\overline{Q} = \mathbf{1}$ 时，C_1 放电使 $U_F \downarrow$，C_1 放电回路为 $C_1 \to D_1 \to Q$，C_2 充电使 $U_G \uparrow$，C_2 充电回路为 $\overline{Q} \to R_2 \to C_2 \to$ 地。当 $U_F < E$，$R = 0$，$U_G < E$，$S = 1$ 时，$Q = \mathbf{1}$，$\overline{Q} = \mathbf{0}$，又进行下一轮充放电。

C_1 充电时间为

$$T_1 = R_1 C_1 \ln \frac{U_H}{U_H - E} \tag{4-21}$$

C_2 充电时间为

$$T_2 = R_2 C_2 \ln \frac{U_H}{U_H - E} \tag{4-22}$$

式中,U_H 为触发器 FF 输出的高电平值。E 为比较器 IC_1,IC_2 的参考电压。

$Q,\overline{Q}$送入低通滤波器后,输出的平均电压为

$$U_o = \frac{T_1}{T_1 + T_2}U_H - \frac{T_2}{T_1 + T_2}U_H$$

即

$$U_o = \frac{T_1 - T_2}{T_1 + T_2}U_H \tag{4-23}$$

平时 $R_1 = R_2, C_1 = C_2, T_1 = T_2, U_o = 0$

当 d 发生变化时

$$C_1 \neq C_2$$

设

$$d_1 = d_0 - \Delta x, d_2 = d_0 + \Delta x$$

则

$$C_1 = C_0 + \Delta C, C_2 = C_0 - \Delta C$$

$$U_o = \frac{T_1 - T_2}{T_1 + T_2}U_H = \frac{C_1 - C_2}{C_1 + C_2}U_H = \frac{\frac{\varepsilon S}{d_1} - \frac{\varepsilon S}{d_2}}{\frac{\varepsilon S}{d_1} + \frac{\varepsilon S}{d_2}}U_H = \frac{d_2 - d_1}{d_1 + d_2}U_H = \frac{\Delta x}{d_0}U_H \tag{4-24}$$

若

$$d_1 = d_0 + \Delta x, d_2 = d_0 - \Delta x9$$

则

$$U_o = -\frac{\Delta x}{d_0}U_H \tag{4-25}$$

脉冲宽度调制电路的各点电压波形如图 4-11 所示。

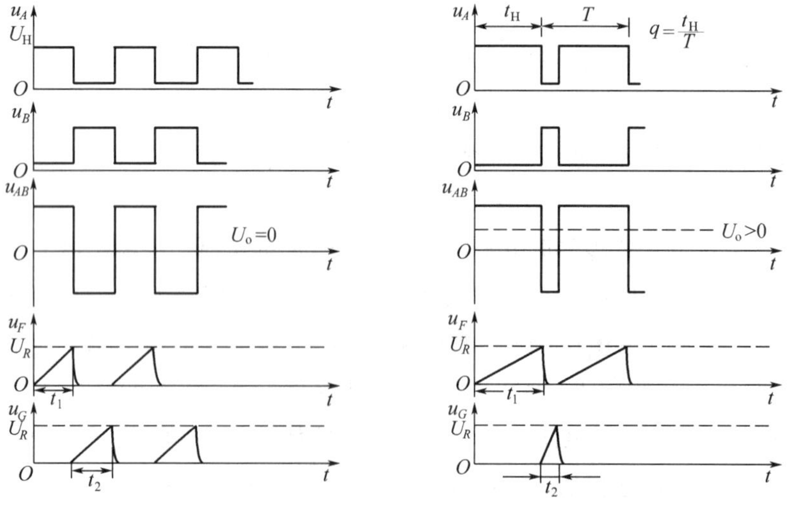

图 4-11 脉冲宽度调制电路的各点电压波形

(a) $C_1 = C_2$ 时的波形;(b) $C_1 > C_2$ 时的波形

第三节　电容式传感器的应用

电子技术的发展，成功地解决了电容传感器存在的技术问题，为电容式传感器的应用开辟了广阔的前景。它不但广泛地被应用在厚度、位移、压力、速度、浓度、物位等物理量测量中，还用于测量拉力、压力、差压、流量、成分、液位等参数。下面举几例来说明电容传感器的应用情况。

一、电容传感器在板材轧制装置中的应用——电容式测厚仪

电容式测厚仪的关键部件之一就是电容测厚传感器。在板材轧制过程中由它监测金属板材的厚度变化情况，该厚度量的变化现阶段常采用独立双电容测厚传感器来检测。它能克服两电容并联或串联式传感器的缺点。应用独立双电容传感器，通过对被测板材在同一位置、同一时刻实时取样能使其测量精度大大提高。

电容传感器组成的测厚仪的工作原理如图 4－12 所示。在被测带材的上、下两侧各置一块面积相等、与带材距离相等的极板，这样极板与带材就构成了两个电容器 C_1 和 C_2。把两块极板用导线连成一个电极，而带材就是电容的另一个电极，其总电容 $C_x = C_1 + C_2$，电容 C_x 与固定电容 C_0、变压器的次级 L_1 和 L_2 构成电桥。音频信号发生器提供变压器初级信号，经耦合作交流电桥的供桥电源。

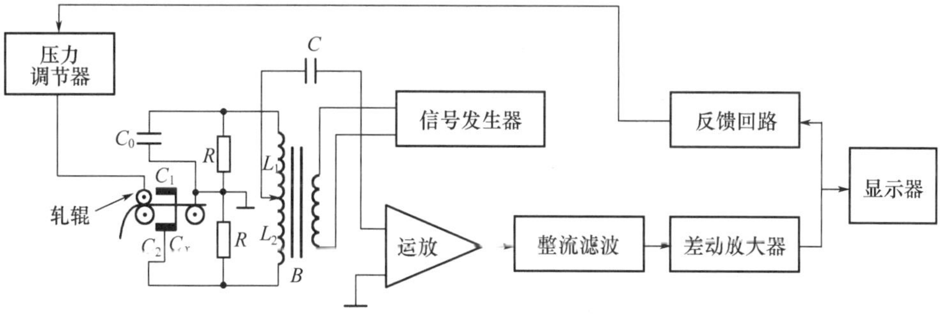

图 4－12　电容测厚系统框图

当被轧制板材的厚度相对于要求值发生变化时，则 C_x 变化。若 C_x 增大，表示板材厚度变厚；反之，板材变薄。此时电桥输出信号也将发生变化，变化量经耦合电容 C 输出给运算放大器放大整流和滤波；再经差动放大器放大后，一方面由显示仪表读出该时的板材厚度，另一方面通过反馈回路将偏差信号传送给压力调节装置，调节轧辊与板材间的距离，经过不断调节，将板材厚度控制在一定误差范围内。

二、电容式传感器测量电缆的偏心

图 4－13 绘出了测量电缆芯的偏心原理图，在实际应用中是用两对电容传感器，分别测出在 x 方向和 y 方向的偏移量，再经计算得出偏心值。

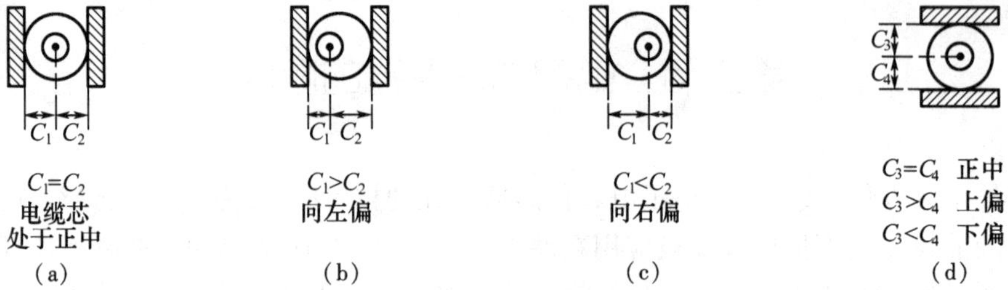

图 4－13　电缆偏心测量示意图

三、电容加速度传感器

电容加速度传感器的体积较小，核心部分只有 Φ3 mm 左右，与测量转换电路一起装在 8 脚帽型 TO－5 金属封装中或 16 脚双列直插 IC 封装中，外形酷似普通的集成电路。表面微加工电容式加速度传感器结构示意图如图 4－14 所示。

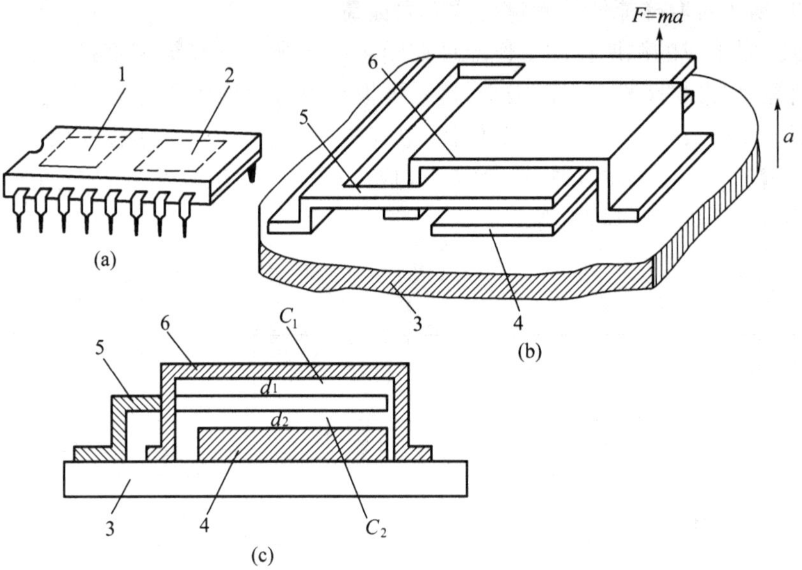

图 4－14　表面微加工电容加速度传感器结构示意图

(a)16 脚封装外形；(b) 多晶硅多层结构；(c)加速度测试单元工作原理

1—加速度测试单元；2—信号处理电路；3—衬底；4—底层多晶硅(下电极)；

5—多晶硅悬臂梁；6—顶层多晶硅(上电极)；

由于微电子技术的发展，可以将一块多晶硅加工成多层结构。图 4－14(b)是在硅衬底上，利用表面微加工技术，制造出三个多晶硅电极，组成差动电容 C_1，C_2。图中的底层多晶硅和顶层多晶硅固定不动。中间层多晶硅是一个可以上下微动的振动片，其左端固定在衬底上，所以相当于悬臂梁。

当电容加速度传感器感受到上下振动时，C_1，C_2 呈差动变化。与加速度测试单元封装在同一壳体中的信号处理电路将 ΔC 转换成直流输出电压。它的激励源也做在同一壳体内，所以集成度很高。由于硅的弹性滞后很小，且悬臂梁的质量很轻，所以频率响应可达 1 kHz以上，允许的撞击加速度可达 100g 以上。

将该加速度电容传感器安装在炸弹上，可以控制炸弹爆炸的延时时刻；安装在轿车上，可以作为碰撞传感器。当正常刹车和轻微碰擦时，传感器输出信号较小。当其测得的负加速度值超过设定值时，CPU 判断发生碰撞，启动轿车前部的折叠式安全气囊迅速充气而膨胀，托住驾驶员及前排乘员的胸部和头部。

四、湿敏电容

湿敏电容利用具有很大吸湿性的绝缘材料作为电容传感器的介质，在其两侧面镀上多孔性电极。当相对湿度增大时，吸湿性介质吸收空气中的水蒸气，使两块电极之间的介质相对介电常数大为增加（水的相对介电常数为 80），所以电容量增大。

目前，成品湿敏电容主要使用以下两种吸湿性介质：一种是多孔性氧化铝，另一种是高分子吸湿膜。多孔性硅 MOS 型 Al_2O_3 湿敏电容结构简图及特性如图 4 - 15 所示。

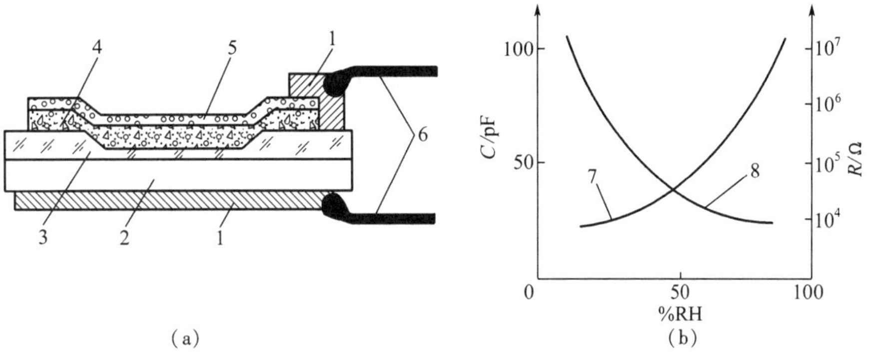

图 4 - 15　多孔性硅 MOS 型 Al_2O_3 湿敏电容结构及特性

1—铝电极；2—单晶硅基底；3—SiO_2 绝缘膜；4—多孔 Au 电极；5—吸湿层 Al_2O_3；6—引线；7—电容量与相对湿度的关系曲线；8—漏电阻与相对湿度的关系曲线

MOS 型 Al_2O_3 湿度传感器是在单晶硅上制成 MOS 晶体管。其栅极绝缘层是用热氧化法生成的厚度约 80 μm 的 SiO_2 膜。在此 SiO_2 膜上，用蒸镀或电解法制得多孔性 Al_2O_3 膜，然后再镀上多孔金（Au）膜。

由于多孔性氧化铝可以吸附及释放水分子，所以其电容量将随空气的相对湿度而改变。与此同时，其漏电电阻也随湿度的增大而降低，形成介质损耗很大的电容器。

可以将该湿敏电容作为 *LC* 振荡器中的振荡电容，通过测量其振荡频率和振荡幅度，可以换算成相对湿度值。还可以将它接到 *RC* 振荡器中。*RC* 振荡电路的形式可以有 555 多谐振荡器、CMOS 两级反相器组成的 *RC* 振荡器、施密特反相器组成的 *RC* 振荡器等。

目前市售湿敏电容中，还有一个系列是用高分子亲水薄膜作为感湿材料，在该薄膜的两面制作多孔透气金电极。在水汽压力差的作用下，空气中的水分子可以透过多孔性电极，向亲水性高分子薄膜内部扩散，其扩散速度随着湿度的升高而加剧。由于水的介电常数十分大，所以湿敏电容的电容量随湿度增大而增大。该湿敏电容也可采用 *RC* 振荡电路，但要采取温度补偿措施。

五、电容式油量表

电容式油量表示意图如图 4 - 16 所示。当油箱中无油时，电容传感器的电容量

$C_x = C_{x0}$，调节匹配电容使 $C_0 = C_{x0}$，$R_4 = R_3$；并使调零电位器 R_P 的滑动臂位于0点，即 R_P 的电阻值为0。此时，电桥满足 $C_x/C_0 = R_3/R_4$ 的平衡条件，电桥输出为零，伺服电动机不转动，油量表指针偏转角 $\theta = 0$。

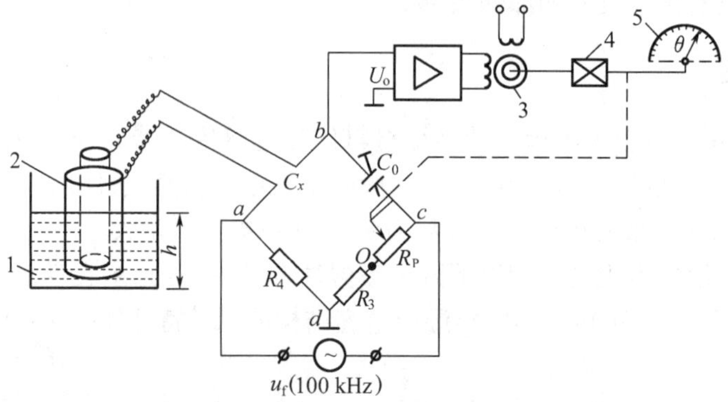

图4-16 电容式油量表示意图

1—油箱；2—圆柱形电容器；3—伺服电动机；4—减速箱；5—油量表；

当油箱中注满油时，液位上升至 h 处，$C_x = C_{x0} + \Delta C_x$，而 ΔC_x 与 h 成正比，此时电桥失去平衡，电桥的输出电压 U_o 经放大后驱动伺服电动机，再由减速箱减速后带动指针顺时针偏转，同时带动 R_P 的滑动臂移动，从而使 R_P 电阻值增大，$R_{cd} = R_3 + R_P$ 也随之增大。当 R_P 的电阻值达到一定值时，电桥又达到新的平衡状态，$U_o = 0$，于是伺服电动机停转，指针停留在转角为 θ 处。

由于指针及可变电阻的滑动臂同时为伺服电动机所带动，因此 R_P 的电阻值与 θ 间存在着确定的对应关系，即 θ 正比于 R_P 的电阻值，而 R_P 的电阻值又正比于液位高度 h，因此可直接从刻度盘上读得液位高度 h。

当油箱中的油位降低时，伺服电动机反转，指针逆时针偏转（示值减小），同时带动 R_P 的滑动臂移动，使 R_P 的电阻值减小。当 R_P 的电阻值达到一定值时，电桥又达到新的平衡状态，$U_o = 0$，于是伺服电动机再次停转，指针停留在与该液位相对应的转角 θ 处。从以上分析可知，该装置采用了类似于天平的零位式测量方法，所以放大器的非线性及温漂对测量精度影响不大。

六、电容接近开关

1. 电容接近开关的结构及工作原理

电容接近开关的核心是以电容极板作为检测端的 LC 振荡器，圆柱形电容接近开关的结构及原理框图如图4-17所示。两块检测极板设置在接近开关的最前端，测量转换电路安装在接近开关壳体内，并用介质损耗很小的环氧树脂充填、灌封。

当没有物体靠近检测极板时，上、下检测极板之间的电容量 C 非常小，它与电感 L（在测量转换电路板3中）构成高品质因数的 LC 振荡电路，$Q = 1/(\omega CR)$。

当被检测物体为导电体（例如金属、水等）时，上、下检测极板经过与导电体之间的耦合作用，形成变极距电容 C_1，C_2。LC 振荡电路中的电容 C 可以看成是 C_1，C_2 串联的结果，电容量 C 比圆柱形电容接近开关未靠近导电体时增大了许多，引起 LC 回路的 Q 值下降，输出

电压 U_o 下降，Q 值下降到一定程度时振荡器停振。

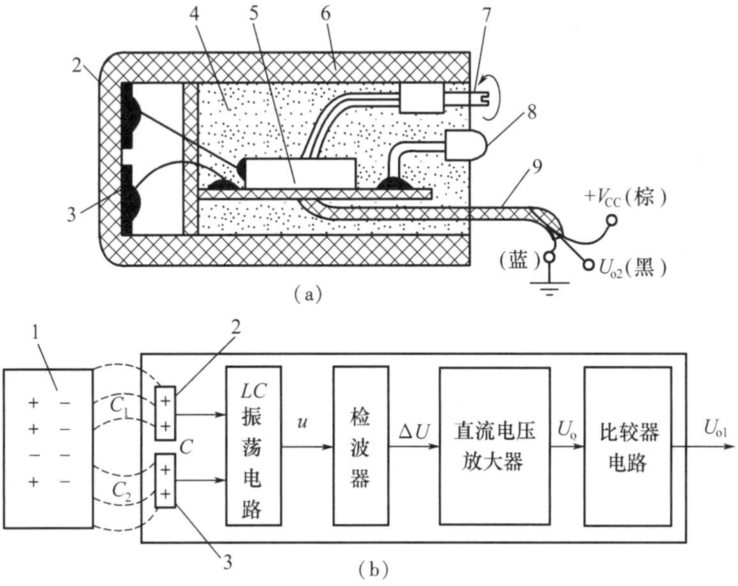

图 4－17　圆柱形电容接近开关的结构及原理框图

(a) 电容接近开关结构；(b) 原理框图

1—被测物；2—上检测极板；3—下检测极板；4—充填树脂；5—测量转换电路板；6—塑料外壳；7—灵敏度调节电位器；8—工作指示灯；9—3 线电缆；

当含水的被测物（例如饲料、人体等）接近检测极板时，由于检测极板上施加有高频电压，在它附近产生交变电场，被检测物体就会受到静电感应，而使内部分子产生极化现象，正负电荷分离，使上、下检测极板之间的等效电容量增大，从而也使 LC 回路的 Q 值降低。对介质损耗较大的介质（例如各种含水有机物）而言，它在高频交变极化过程中是需要消耗一定能量的（转为热量），该能量由 LC 振荡电路提供，必然使 LC 振荡电路的 Q 值进一步降低，振荡幅度减小。当被测物体靠近到一定距离时，振荡器的 Q 值低到无法维持 LC 振荡电路的振荡而停振。根据输出电压 U_o 的大小，可判定是否有上述被测体接近。当被测物为玻璃、陶瓷及塑料等介质损耗很小的物体，它的灵敏度就极低。

2. 电容接近开关特性及使用注意事项

如果在图 4－17(b) 所示的直流电压放大器之后设置迟滞比较器，该接近开关就具有类似于电涡流接近开关（习惯上俗称为电感接近开关）的滞差特性。如果在比较器之后再设置一级 OC 门输出电路，就能提供较大的低电平灌电流能力。

电容接近开关的位置固定后，可以根据被测物的材质，调节接近开关尾部的灵敏度调节电位器（调节至“工作指示灯”亮为止），来确定“动作距离”。例如，当被测物（例如液体）与接近开关之间隔着一层玻璃时，可以适当提高灵敏度，补偿玻璃的影响。

电容接近开关使用时必须远离金属物体。即使是绝缘体，对它仍有一定的影响。它对高频电场也十分敏感，因此两只电容接近开关也不能靠得太近，以免相互影响。

对金属物体而言应选择电涡流接近开关。只有在测量含水分较多的介质时才应选择电容接近开关。例如，可以将电容接近开关安装在饲料加工料斗上方。当谷物高度达到电容接近开关的底部时，电容接近开关就产生报警信号，关闭输送管道的阀门。

思考题与习题

1. 电容式传感器有哪三大类，各自的主要用途如何？

2. 在变极距型电容传感器中，由于其灵敏度随着极板间隙的变化而变化，从而引起非线性误差，请问设计时如何减少这一误差？

3. 当差动式极距变化型的电容传感器动极板相对于定极板位移了 $\Delta d = 0.75$ mm 时，若初始电容量 $C_1 = C_2 = 80$ pF，初始距离 $d = 4$ mm，试计算其非线性误差。若将差动电容改为单只平板电容，初始值不变，其非线性误差有多大？

4. 采用运算放大器作电容传感器的测量电路，其输出特性是否为线性的，为什么？

5. 设计一个油料液位监测系统。当液位高于 x_1 时，鸣响振铃并点亮红色 LED 灯；当液位低于 x_2 时，鸣响振铃并点亮黄色 LED 灯；当液位处于 x_1 和 x_2 之间时，点亮绿色 LED 灯。

6. 试设计电容式压差测量方案，并简述其工作原理。

第五章　电感式传感器

电感式传感器是利用电磁感应原理，将被测非电量的变化转换成线圈的自感系数 L（或互感系数 M）变化的一种机电转换装置。利用电感式传感器可以把连续变化的线位移或角位移转换成线圈的自感或互感的连续变化，经过一定的转换电路再变成电压或电流信号以供显示。它除了可以对直线位移或角位移进行直接测量外，还可以通过一定的感受机构对一些能够转换成位移量的其他非电量，如振动、压力、应变、流量等进行检测。

电感式传感器具有以下特点：

(1)结构简单，传感器无活动电触点，因此工作可靠寿命长。

(2)灵敏度和分辨率高，能测出 0.01 μm 的位移变化。传感器的输出信号强，电压灵敏度一般每毫米的位移可达数百毫伏的输出。

(3)线性度和重复性都比较好，在几十微米至数毫米位移范围内，传感器非线性误差可做到 0.05% ~0.1%，并且稳定性也较好。同时，这种传感器能实现信息的远距离传输、记录、显示和控制，它在工业自动控制系统中被广泛采用。但是它有频率响应较低，不宜快速动态测控等缺点。

电感式传感器的种类很多，按转换原理的不同，可分为自感式（电感式）、互感式（差动变压器式）及电涡流式三大类，前两类属接触型传感器，而电涡流式属于非接触型传感器，但它局限于被测物体为导体。

第一节　自感传感器

当一个线圈中电流变化时，该电流所产生的磁通也随之变化，因而在线圈本身产生感应电动势，这种现象称为自感，产生的感应电动势称为自感电动势。磁通与电流之比称为自感 L，或称为电感。

将被测量的变化按一定规律转换成电感变化的器件或装置称为自感传感器，自感式电感传感器常见的形式有变隙式、变截面式和螺线管式三种，原理示意图如图5－1(a)，(b)，(c)所示，螺线管式外形如图 5－1(d)所示。

一、变隙式电感传感器

图 5－1(a)所示为闭磁路变隙式电感传感器的结构原理图，它主要由线圈、衔铁和铁心等几部分组成。

传感器工作时，衔铁与被测体连接，当被测体按图示方向产生位移时，衔铁与其同步移动，引起磁路中气隙的磁阻发生相应的变化，从而导致线圈电感的变化。因此，只要能测出电感量的变化，就能确定衔铁（即被测体）位移量的大小和方向。

由磁路的基本知识可知，磁路的总磁阻可表示为

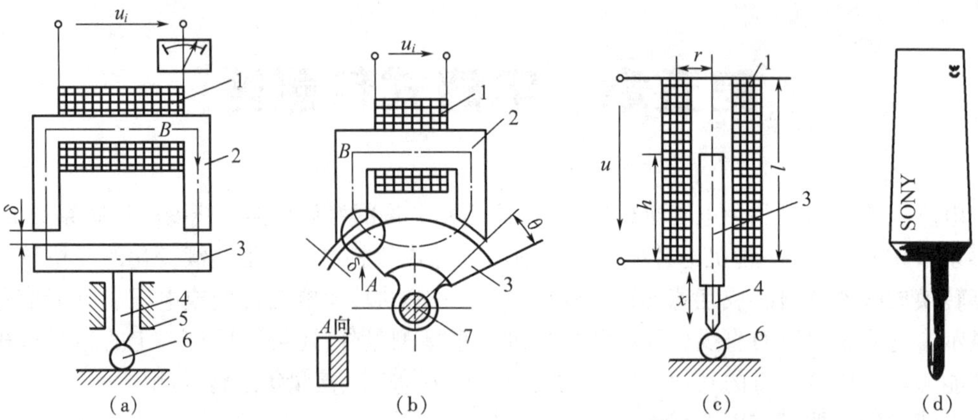

图 5-1 自感传感器原理示意图及外形

(a)变隙式;(b) 变截面式;(c)螺线管式;(d)螺线管式外形

1—线圈;2—铁心;3—衔铁;4—测杆;5—导轨;6—工件;7—转轴;

$$\sum R_m = \sum_{i=1}^{n} \frac{\delta_i}{\mu_i S_i} + \frac{2\delta}{\mu_0 S_0} \approx \frac{2\delta}{\mu_0 S_0} \tag{5-1}$$

式中 S_0——空气隙的等效截面积,cm^2;

δ——空气隙的厚度,cm;

μ_0——空气(或真空)的磁导率,$\mu_0 = 4\pi \times 10^{-9}$ H/cm;

δ_i——铁心磁路上第 i 段的长度,cm;

S_i——铁心磁路上第 i 段的截面积,cm^2;

μ_i——第 i 段磁导率,H/cm;

R_m——磁路的磁阻。

当铁心工作在非饱和状态时第一项可忽略不计。

由磁路的基本知识可知,线圈匝数为 N 时,线圈的电感量 L 为

$$L = \frac{N^2}{R_m} = \frac{N^2 \mu_0 S_0}{2\delta} \tag{5-2}$$

由式(5-2)可见,在线圈匝数 N 确定以后,若保持气隙截面积 S 为常数,则 $L=f(\delta)$,即电感 L 是气隙厚度 δ 的函数,故称这种传感器为变隙式电感传感器。

由式(5-2)可知,对于变隙式电感传感器,电感 L 与气隙厚度 δ 成反比,变隙式电感传感器的 $\delta-L$ 特性曲线如图 5-2(a)所示,输入输出是非线性关系。δ 越小,灵敏度越高。实际输出特性如图 5-2(a)中的实线所示。为了保证一定的线性度,变隙式电感传感器只能工作在很小的区域,因而只能用于微小位移的测量。

二、变截面式电感传感器

由式(5-2)可知,在线圈匝数 N 确定后,若保持气隙厚度 δ_0 为常数,则 $L=f(S)$,即电感 L 是气隙有效截面积 S 的函数,故称这种传感器为变截面式电感传感器,其结构示意图如图 5-1(b)所示。

对于变截面式电感传感器,理论上电感量 L 与气隙截面积 S 成正比,输入输出呈线性关系,变截面式电感传感器的 $S-L$ 特性曲线如图 5-2(b)中虚线所示,灵敏度为一常数。但

是，由于漏感等原因，变截面式电感传感器在 $S=0$ 时仍有较大的电感，所以其线性区较小，而且灵敏度较低。

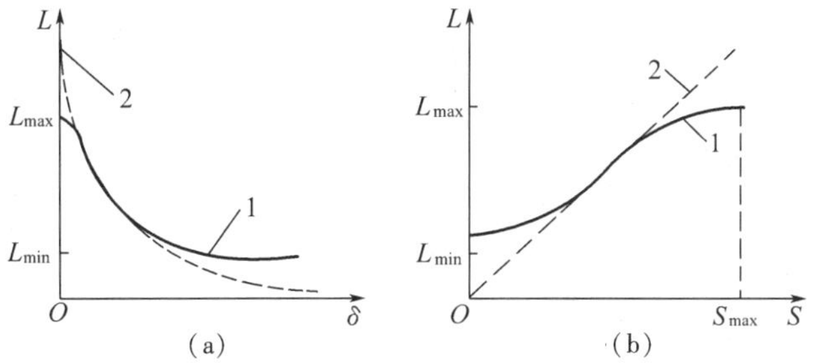

图 5－2　电感传感器的输出特性

(a)变隙式电感传感器的 $\delta-L$ 特性曲线；(b)变面积式电感传感器的 $S-L$ 特性曲线

1—实际输出特性；2—理想输出特性；

三、螺线管式电感传感器

单线圈螺线管式电感传感器的结构如图 5－1(c)所示，主要元件是一只螺线管和一根柱形衔铁。传感器工作时，衔铁在线圈中伸入长度的变化将引起螺线管电感量的变化。

对于长螺线管($l \gg r$)，当衔铁工作在螺线管的中部时，可以认为线圈内磁场强度是均匀的。此时线圈电感量 L 与衔铁插入深度大致成正比。

这种传感器结构简单，制作容易，但灵敏度稍低，且衔铁在螺线管中间部分工作时，才有希望获得较好的线性关系。螺线管式电感传感器适用于测量稍大一点的位移。

第二节　互感式传感器

前面介绍的电感式传感器基于将电感线圈的自感变化代替被测量的变化，从而实现位移、压强、荷重、液位等参数测量。本节介绍的互感式传感器则是把被测量的变化转换为变压器的互感变化。变压器初级线圈输入交流电压，次级线圈则互感应出电势。由于变压器的次级线圈常接成差动形式，故又称为差动变压器式传感器。

差动变压器结构形式较多，但其工作原理基本一样，下面介绍螺管形差动变压器。它可以测量 1 ~100 mm 的机械位移，并具有测量精度高、灵敏度高、结构简单、性能可靠等优点，因此也被广泛用于非电量的测量。

一、结构与工作原理

螺管形差动变压器结构如图 5－3 所示。它由初级线圈 P、两个次级线圈 S_1，S_2 和插入线圈中央的圆柱形铁芯 b 组成，结构形式又有三段式和两段式等之分。

差动变压器线圈连接如图 5－3 (c)所示。次级线圈 S_1 和 S_2 反极性串联。当初级线圈 P 加上某一频率的正弦交流电压 $\dot{U}_i$ 后，次级线圈产生感应电压为 $\dot{U}_1$ 和 $\dot{U}_2$，它们的大小与铁芯在线圈内的位置有关。$\dot{U}_1$ 和 $\dot{U}_2$ 反极性连接便得到输出电压 $\dot{U}_o$。

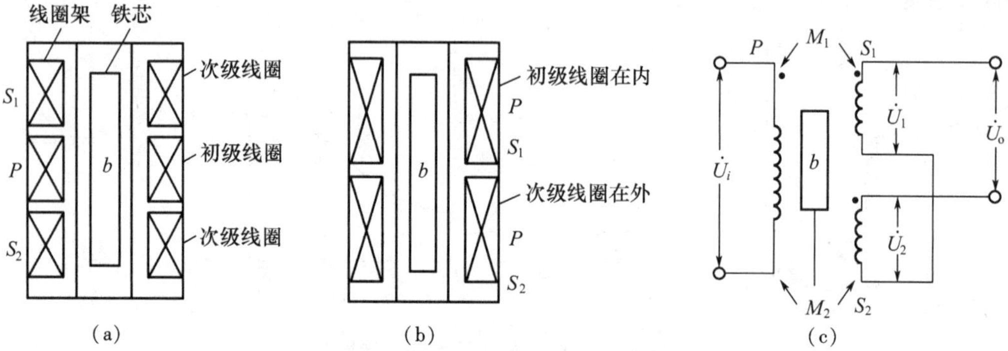

图 5-3 螺管形差动变压器结构原理

当铁芯位于线圈中心位置时

$$\dot{U}_1 = \dot{U}_2, \dot{U}_o = 0$$

当铁芯向上移动(见图(c))时

$$\dot{U}_1 > \dot{U}_2, |\dot{U}_o| > 0, M_1\text{ 大}, M_2\text{ 小}$$

当铁芯向下移动(见图(c))时

$$\dot{U}_2 > \dot{U}_1, |\dot{U}_o| > 0, M_1\text{ 小}, M_2\text{ 大}$$

铁芯偏离中心位置时,输出电压 $\dot{U}_o$ 随铁芯偏离中心位置而变化,$\dot{U}_1$ 或 $\dot{U}_2$ 逐渐加大,但相位相差 180°,如图 5-4 所示。实际上,铁芯位于中心位置,输出电压 $\dot{U}_o$ 并不是零电位,而是 U_x,U_x 被称为零点残余电压。U_x 产生的原因很多,不外乎是变压器的制作工艺和导磁体安装等问题,U_x 一般在几十毫伏以下。在实际使用时,必须设法减小 U_x,否则将会影响传感器的测量结果。

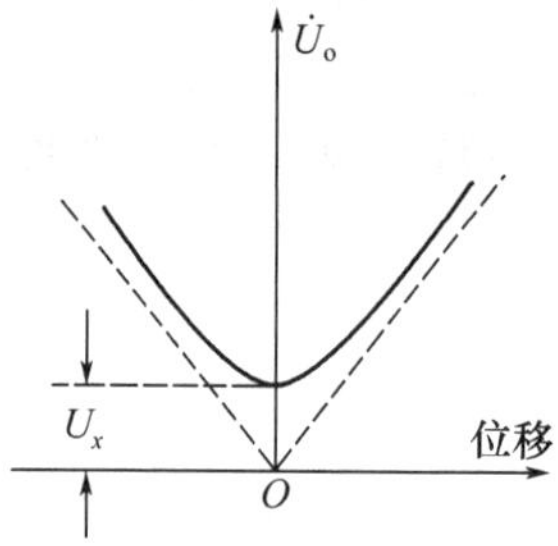

图 5-4 差动变压器输出电压的特性曲线

二、等效电路

差动变压器是利用磁感应原理制作的。在制作时,理论计算结果和实际制作后的参数相差很大,往往还要借助于实验和经验数据来修正。如果考虑差动变压器的涡流损耗、铁损和寄生(耦合)电容等,其等效电路是很复杂的,本节忽略上述因素,给出差动变压器的等效电路,如图5-5所示。图中,L_p,R_p 为初级线圈电感和损耗电阻;M_1, M_2 为初级线圈与两次级线圈间的互感系数;$\dot{U}_i$ 为初级线圈激励电压;$\dot{U}_o$ 为输出电压;L_{s1},L_{s2}为两次级线圈的电感;R_{s1},R_{s2}为两次级线圈的损耗电阻;ω 为激励电压的频率。

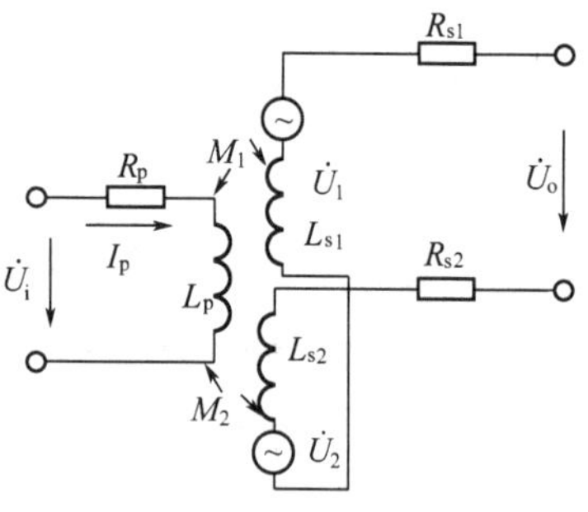

图 5-5 差动变压器等效电路

当次级开路时，初级线圈的交流电流为

$$\dot{I}_p = \frac{\dot{U}_i}{R_p + j\omega L_p} \tag{5-3}$$

次级线圈感应电势为

$$\dot{U}_1 = -j\omega M_1 \dot{I}_p \tag{5-4}$$

$$\dot{U}_2 = -j\omega M_2 \dot{I}_p \tag{5-5}$$

差动变压器输出电压为

$$\dot{U}_o = -j\omega(M_1 - M_2)\frac{\dot{U}_i}{R_p + j\omega L_p} \tag{5-6}$$

输出电压的有效值为

$$U_o = \frac{\omega(M_1 - M_2)U_i}{\sqrt{R_p^2 + (\omega L_p)^2}} \tag{5-7}$$

下面分三种情况进行分析：

①磁芯处于中间平衡位置时

$$M_1 = M_2 = M$$

$$U_o = 0 \tag{5-8}$$

②磁芯上升时

$$M_1 = M + \Delta M, M_2 = M - \Delta M$$

$$U_o = \frac{2\omega \Delta M U_i}{\sqrt{R_p^2 + (\omega L_p)^2}} \tag{5-9}$$

与 U_1 同极性。

③磁芯下降时

$$M_1 = M - \Delta M, M_2 = M + \Delta M$$

$$U_o = \frac{-2\omega \Delta M U_i}{\sqrt{R_p^2 + (\omega L_p)^2}} \tag{5-10}$$

与 U_2 同极性。

三、测量电路

差动变压器输出的是交流电压，若用交流模拟数字电压表测量，只能反映铁芯位移的大小，不能反映移动方向。另外，其测量值必定含有零点残余电压。为了达到能辨别移动方向和消除零点残余电压的目的，实际测量时常常采用两种测量电路：差动整流电路和相敏检波电路。

1. 差动整流电路

图 5－6 所示为实际的全波相敏整流电路，是根据半导体二极管单向导通原理进行解调的。如传感器的一个次级线圈的输出瞬时电压极性，在 f 点为“＋”，e 点为“－”，则电流路径是 $f \to g \to d \to c \to h \to e$（参看图 5－5(a)），反之，如 f 点为“－”，e 点为“＋”，则电流路径是 $e \to h \to d \to c \to g \to f$。可见，无论次级线圈的输出瞬时电压极性如何，通过电阻 R 的电流总是从 d 到 c。同理可分析另一个次级线圈的输出情况，输出的电压波形见图 5－5(b)，其值为

$U_{SC}=e_{ab}+e_{cd}$。

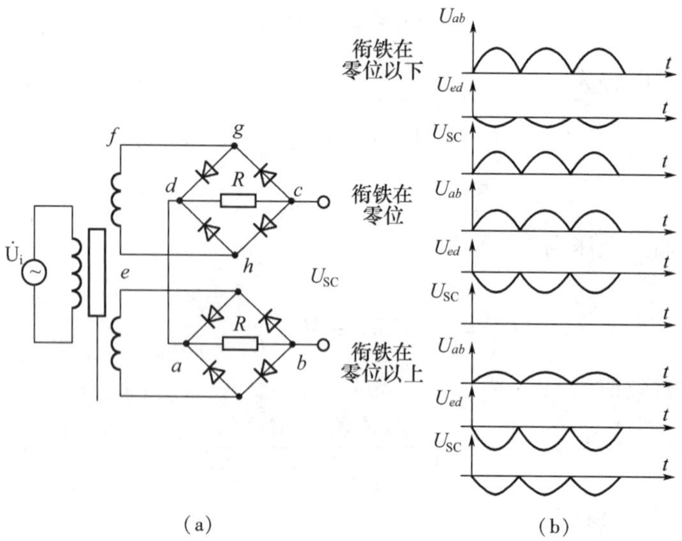

图 5－6　全波整流电路和波形图

2. 相敏检波电路

二极管相敏检波电路如图 5－7 所示。U_1 为差动变压器输入电压，U_2 为 U_1 的同频的参考电压，且 $U_2>U_1$，它们作用于相敏检波电路中两个变压器 B_1 和 B_2。

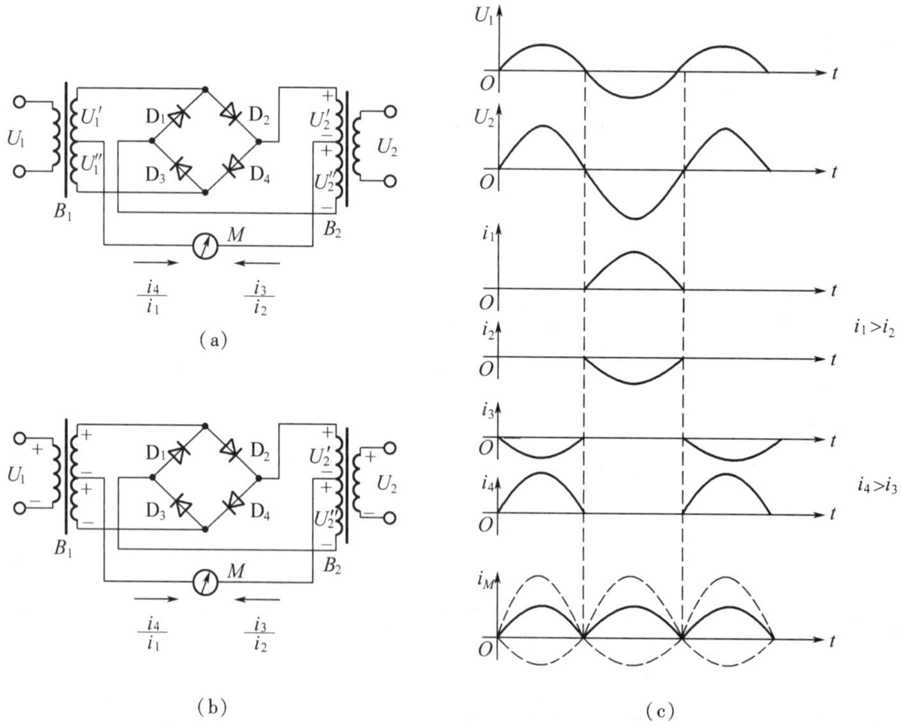

图 5－7　二极管相敏检波电路和波形

当 $U_1=0$ 时，由于 U_2 的作用，在正半周时，如图 5－7(a)所示，D_3，D_4 处于正向偏置，电流 i_3 和 i_4 以不同方向流过电表 M，只要 $U'_2=U''_2$，且 D_3，D_4 性能相同，通过电表的电流为0，所以输出为0。在负半周时，D_1，D_2 导通，i_1 和 i_2 相反，输出电流为0。

当 $U_2=0$ 时，分以下两种情况来分析。

(1)当 U_1 和 U_2 同相位，正半周时，电路中电压极性如图5－7(b)所示。由于 $U_2>U_1$，D_3，D_4 仍然导通，但作用于 D_4 两端的信号是 U_2+U_1，因此 i_4 增加，而作用于 D_3 两端的电压为 U_2-U_1，所以 i_3 减小，则 i_M 为正。在负半周时，D_1，D_2 导通，此时在 U_1 和 U_2 作用下，i_1 增加而 i_2 减小，$i_M=i_1-i_2>0$。U_1 和 U_2 同相时，各电流波形如图5－7(c)所示。

(2)当 U_1 和 U_2 反相时，在 U_2 为正半周，U_1 为负半周时，D_3 和 D_4 仍然导通，但 i_3 将增加，i_4 将减小，通过 M 的电流 i_M 不为零，而且是负的。U_2 为负半周时，i_M 也是负的。

所以，上述相敏检波电路可以由流过电表的平均电流的大小和方向来判别差动变压器的位移大小和方向。

四、应用举例

自感传感器和差动变压器传感器主要用于位移测量，凡是能转换成位移变化的参数，如拉力、压力、压差、加速度、振动、工件尺寸等均可测量。

1. 位移测量

中原量仪厂生产的轴向式电感测微器的结构如图5－8所示。测量时红宝石(或钨钢)端10接触被测物，被测物尺寸的微小变化使衔铁3在差动线圈中产生位移，造成差动线圈电感量的变化，此电感变化通过电缆接到电桥，电桥的电压输出反映了被测体尺寸的变化。测微仪器的各挡量程为 ±10 μm，±30 μm，±100 μm，相应的指示表的分度值为0.1 μm，0.5 μm，1.5 μm，2 μm，分辨力最高可达0.1 μm，精度为0.1%左右。

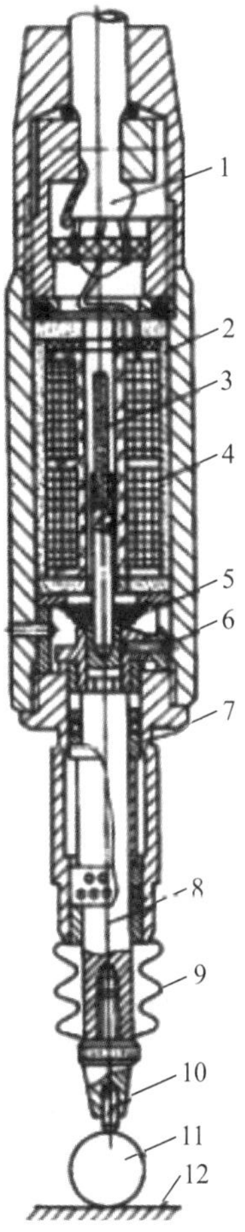

图5－8　轴向式电感测微器的结构

1—引线电缆；2—固定磁筒；3—衔铁；4—线圈；5—测力弹簧；6—防转销；7—钢球导轨(直线轴承)；8—测杆；9—密封套；10—测端；11—被测工件；12—基准面；

2. 电感式不圆度计

图5－9所示是测量轴类工件不圆度的示意图。电感测头围绕工件缓慢旋转，也可以是测头固定不动，工件绕轴心旋转。耐磨测端(多为钨钢或红宝石)与工件接触，通过杠杆，将工件不圆度引起的位移变化传递给电感测头中的衔铁，从而使差动电感有相应的输出。信号经计算机处理后给出图5－9(b)所示图形。该图形按一定的比例放大工件的不圆度，以便用户分析测量

结果。

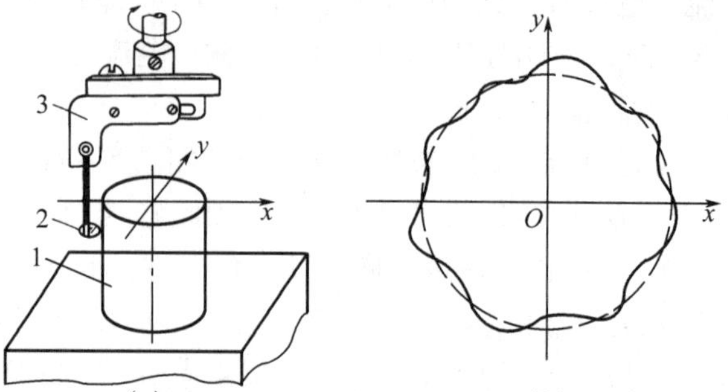

(a) (b)

图 5 - 9 不圆度的测量

(a)测量装置;(b)计算机处理结果

1—被测物;2—耐磨测端;3—电感传感器;

3. 压力测量

差动变压器式压力变送器结构、外形及电路图如图 5 - 10 所示。它适用于测量各种生产流程中液体、水蒸气及气体压力。在该图中选用膜盒作为压力转换为位移的弹性敏感元件。

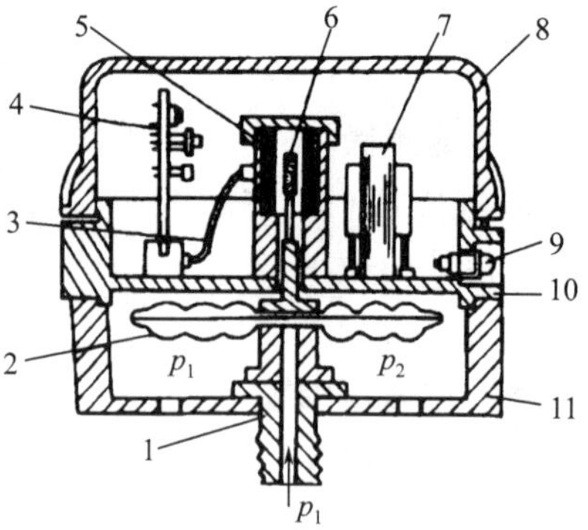

(a)

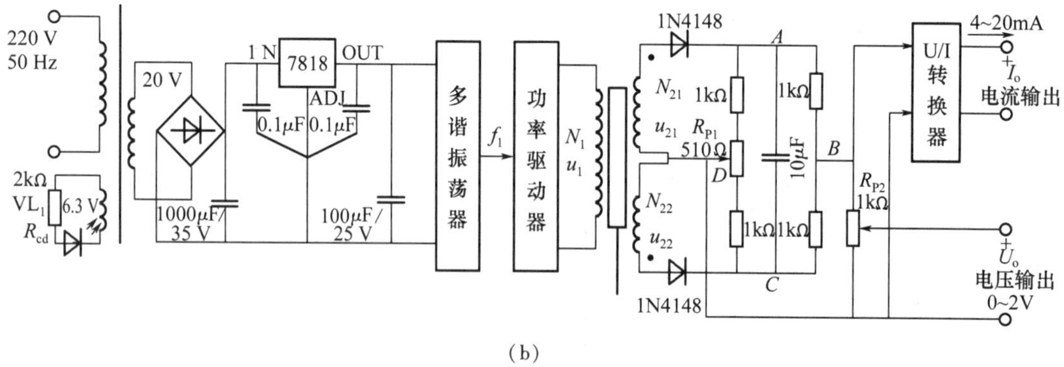

(b)

图 5 - 10 差动变压器式压力变送器的外形、结构及电路图

(a)结构示意图;(b) 电路原理框图

1—压力输入接口;2—波纹膜盒;3—电缆;4—印制电路板;5—差动线圈;6—衔铁;

7—电源变压器;8—罩壳;9—指示灯;10—密封隔板;11—安装底座;

膜盒由两片波纹膜片焊接而成。所谓波纹膜片是一种压有同心波纹的圆形薄膜。当膜片四周固定,两侧面存在压差时,膜片将弯向压力低的一侧,因此能够将压力转换为位移。波纹膜片比平膜片柔软得多,因此多用于测量较小的压力。

为了进一步提高灵敏度,常把两个膜片周边焊在一起,制成膜盒。它中心的位移量为单个膜片的两倍。由于膜盒本身是一个封闭的整体,所以密封性好,周边不需固定,给安装带来方便,它的应用比波纹膜片广泛得多。

当被测压力未导入传感器时,波纹膜盒无位移。这时,活动衔铁在差动线圈的中间位置,因而输出电压为零。当被测压力从输入口 1 导入波纹膜盒 2 时,波纹膜盒在被测介质的压力作用下,其自由端产生正比于被测压力的位移,测杆使衔铁向上移动,在差动变压器的二次绕组中产生的感应电动势发生变化而有电压输出,此电压经过安装在印制电路板 4 上的电子电路处理后,送给二次仪表,加以显示。将压力转换成位移的弹性敏感元件除了膜盒之外,还有波纹管、弹簧管、等截面薄板、薄壁圆筒、薄壁半球等,薄壁圆筒、薄壁半球的灵敏度很低,适用于较大压力的测量。

如图 5－10 所示的压力变送器,220 V 交流电通过降压、整流、滤波、稳压后,由多谐振荡器及功率驱动电路转变为 6 V、2 kHz 的稳频、稳幅交流电压,作为差动变压器的励磁源。差动变压器的二次绕组的输出电压通过半波差动整流电路、低通滤波电路后,作为变送器的输出信号,可接入二次仪表加以显示。电路中 RP_1 是调零电位器,RP_2 是调量程电位器。差动整流电路的输出也可以进一步作电压/电流变换,输出与压力成正比的电流信号,称为电流输出型变送器,它在各种变送器中占有很大的比例。

图 5－10 所示的压力变送器已经将传感器与信号处理电路组合在一个壳体中,并安装在检测现场,在工业中经常被称为一次仪表。一次仪表的输出信号可以是电压,也可以是电流。由于电流信号不易受干扰,且便于远距离传输(可以不考虑线路压降),所以在一次仪表中多采用电流输出型。

第三节　电涡流式传感器

一、电涡流传感器的工作原理

1. 电涡流效应

电涡流传感器(Eddy Current Transducer)的基本工作原理是电涡流效应。根据法拉第电磁感应定律,金属导体置于变化的磁场中时,导体表面就会有感应电流产生。电流的流线在金属体内自行闭合,这种由电磁感应原理产生的旋涡状感应电流称为电涡流,这种现象称为电涡流效应,电涡流传感器就是利用电涡流效应来检测导电物体的各种物理参数的。电涡流传感器工作原理如图 5－11 所示。当高频(200 kHz 左右)信号源产生的高频电压施加到一个靠近金属导体附近的电感线圈 L_1 时,将产生高频磁场 H_1。如

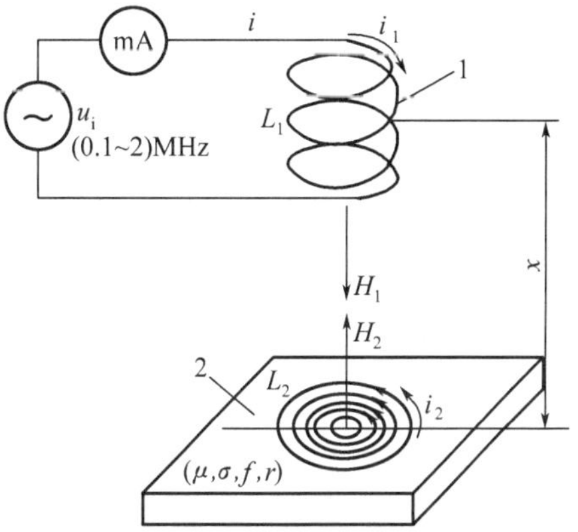

图 5－11　电涡流传感器工作原理

1—电涡流线圈;2—被测金属导体

被测导体置于该交变磁场范围之内时，被测导体就产生电涡流 i_2。i_2 在金属导体的纵深方向并不是均匀分布的，而是只集中在金属导体的表面，称为集肤效应（也称趋肤效应）。集肤效应与激励源频率 f、工件的电导率 σ、磁导率 μ 等有关。频率 f 越高，电涡流的渗透的深度就越浅，集肤效应越严重。

由于存在集肤效应，电涡流只能检测导体表面的各种物理参数。改变 f 可控制检测深度，激励源频率范围一般设定在 100 kHz ~ 1 MHz。有时为了使电涡流深入金属导体深处，或欲对距离较远的金属体进行检测，可采用十几千赫甚至几百赫兹的低频激励频率。因为涡流渗透深度与传感器线圈的激励信号频率有关，故传感器可分为高频反射式和低频透射式涡流传感器两类。

2. 等效阻抗分析

图 5 - 11 中的电感线圈称为电涡流线圈。交变激励电流 i_1 将使该线圈产生一个交变磁场 H_1，而电涡流 i_2 也将产生一个新的磁场 H_2。根据楞次定律，H_2 与 H_1 的方向必然相反，相互抵消。磁场 H_2 的反作用将使通电线圈 L_1 的等效阻抗发生变化。i_2 越大，对 L_1 的影响也越大。

将被测非磁性金属导体上形成的电涡流等效为一个短路环，它与传感器线圈磁通相耦合。电涡流传感器等效电路如图 5 - 12 所示。设电涡流线圈在高频时的等效电阻为 R_1（大于直流电阻为 R_0），电感为 L_1（无被测导体靠近电涡流线圈时的电感为 L_0）。当有被测非磁性导体靠近电涡流线圈时，则被测导体表面等效为一个耦合电感（短路环），线圈与导体之间存在一个互感系数 M。互感系数随线圈与导体之间距离的减小而增大。短路环可看作一匝短路线圈，其等效电阻为 R_2、电感为 L_2。根据基尔霍夫定律，可以写出如下方程：

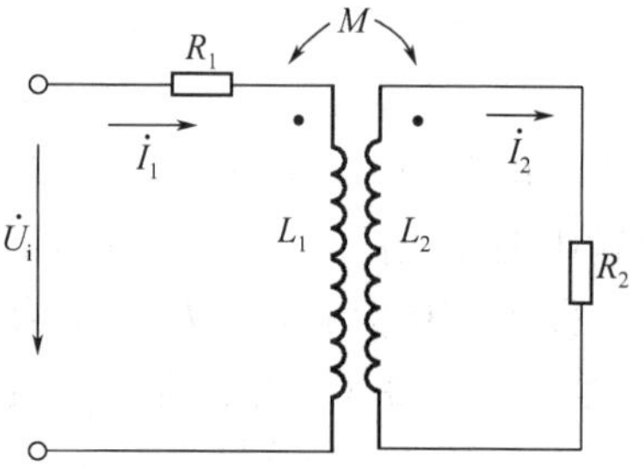

图 5 - 12　电涡流传感器的等效电路

$$R_1\dot{I}_1 + j\omega L_1\dot{I}_1 - j\omega M\dot{I}_2 = \dot{U}_i$$

$$-j\omega M\dot{I}_1 + R_2\dot{I}_2 + j\omega L_2\dot{I}_2 = 0$$

解上列方程组，可得电涡流线圈受被测金属导体影响后的等效阻抗 Z 为

$$Z = \frac{\dot{U}}{\dot{I}} = \left[R_1 + R_2\frac{\omega^2M^2}{R_2^2 + (\omega L_2)^2}\right] + j\left[\omega L_1 - \omega L_2\frac{\omega^2M^2}{R_2^2 + (\omega L_2)^2}\right] = R + j\omega L \tag{5-11}$$

式（5 - 11）中的 R，L 分别为电涡流线圈靠近被测导体时的等效电阻和等效电感。

从式（5 - 11）可知，当距离 x 减小时，互感量 M 增大，等效电感 L 减小，等效电阻 R 增大。从理论上和实测中都证明，线圈的感抗 X_L 的变化比 R 的变化大得多，此时流过线圈的电流 i_1 是增大的。从能量守恒角度来看，也要求增加流过电涡流线圈的电流，从而为被测金属导体上的电涡流提供额外的能量。

由于线圈的品质因数 Q（$Q = X_L/R = \omega L/R$）与等效电感成正比，与等效电阻（高频时的等效电阻比直流电阻大得多）成反比，所以当电涡流增大时，Q 下降很多。可以通过测量 Q

值的变化来间接判断电涡流的大小。

电涡流线圈受电涡流影响时的等效阻抗 Z 的变化比式(5－11)复杂得多。f,μ,σ 均会影响电涡流 i_2 在金属导体中的深度。线圈的阻抗变化与金属导体的 f,μ,σ 有关，与电涡流线圈的激励源频率 $f(f=\omega/(2\pi))$ 等有关。除此之外，还与金属导体的形状、表面因素（粗糙度、沟痕、裂纹等）r 有关。更重要的是与线圈到金属导体的间距（距离）x 有关，可用下面的函数表达式来表示：

$$Z = R + j\omega L = f(f,\mu,\sigma,r,x) \tag{5-12}$$

如果控制上式中的 f,μ,σ,r 不变，电涡流线圈的阻抗 Z 就成为间距 x 的单值函数，这样就成为非接触测量位移的传感器。

如果控制 x,r,f 不变，就可以用来检测与表面电导率 σ 有关的表面温度、表面裂纹等参数，或者用来检测与材料磁导率 μ 有关的材料型号、表面硬度等参数。

电涡流线圈的阻抗与 μ,σ,r,x 之间的关系均是非线性关系，必须由微机进行线性化纠正。

二、高频反射涡流传感器

1. 高频反射涡流传感器的结构

电涡流传感器主要由框架和安置在框架上的线圈组成，目前使用比较普遍的是有矩形截面的扁平线圈。线圈的导线应选用电阻率小的材料，一般选用高强度漆包线。对线圈框架要求用损耗小、电性能好、热膨胀系数小的材料，一般可选用聚四氟乙烯、高频陶瓷、环氧玻璃纤维等。在选择线圈与框架端面胶接的形式时，一般可以用粘贴应变片用的胶水粘贴。

如图 5－13 所示为国产 CZF－I 型电涡流传感器的结构图。它采用导线绕在框架上的形式，框架采用聚四氟乙烯，电涡流式传感器的线圈外径越大，线性范围越大，但灵敏度也越低。理论推导和实践都证明，细而长的线圈灵敏度高，线性范围小；扁平线圈则相反。

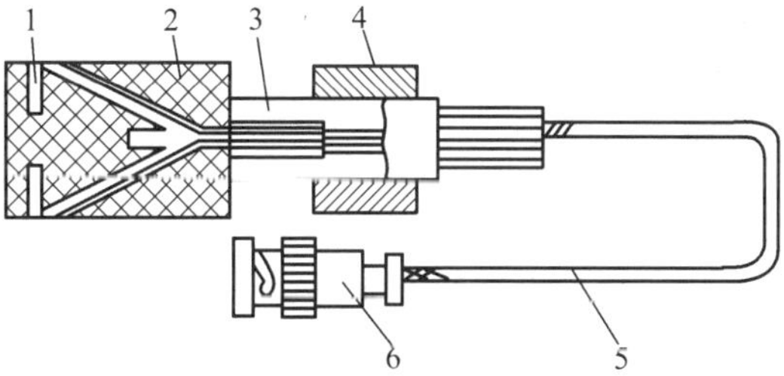

图 5－13　CZF－I 型电涡流传感器

1—线圈；2—框架；3—框架衬套；
4—支架；5—电缆；6—插头；

2. 高频反射涡流传感器的基本原理

电涡流式传感器产生涡流的基本结构形式如图 5－14 所示。当通有一定交变电流 $\dot{I}$（频率为 f）的电感线圈 L 靠近金属导体时，在金属周围产生交变磁场，在金属表面将产生电涡流 $\dot{I}_1$，根据电磁感应理论电涡流也将形成一个方向相反的磁场。此电涡流的闭合流线的圆心同线圈在金属板上的投影的圆心重合。

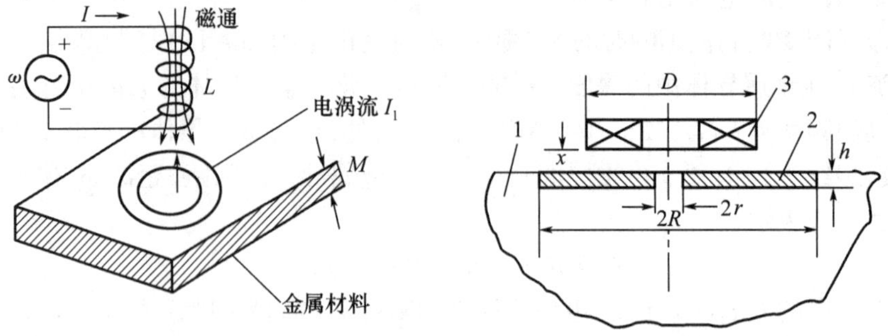

图 5－14　电涡流式传感器基本原理示意图

(a)工作原理图;(b)电涡流区域示意图

1—金属导体;2—电涡流区;3—电感线圈 L

据有关资料介绍,涡流区和线圈几何尺寸有如下关系:

$$\begin{cases}2R = 1.39D \\ 2r = 0.525D\end{cases} \tag{5-13}$$

式中　2R——电涡流区外径;

2r——电涡流区内径。

涡流渗透深度为

$$h = 5\,000\sqrt{\frac{\rho}{\mu_r f}} \quad (\text{cm}) \tag{5-14}$$

式中　ρ——导体电阻率,Ω · cm;

f——交变磁场的频率;

μ_r——相对导磁率。

在金属导体表面感应的涡流所产生的电磁场又反作用于线圈 L 上,力图改变线圈电感量的大小,其变化程度与线圈 L 的尺寸的大小、距离 x 和 ρ,μ_r 有关。

三、低频透射涡流传感器

图 5－15 所示为低频透射涡流传感器原理图,图中发射线圈 L_1 和接收线圈 L_2 是两个绕于胶木棒上的线圈,分别位于被测物体的上下方。

当振荡器产生的音频(频率较低)电压 $\dot{U}_1$ 加到 L_1 的两端,线圈中即流过一个同频率的交流电流,并在其周围产生一个交变磁场。如果两线圈间不存在被测物体 M 时,L_1 的磁场直接贯穿于 L_2,于是 L_2 的两端会产生一交变电动势 $\dot{U}_2$。

在 L_1 与 L_2 间放置一金属片 M 后,L_1 产生的磁力线必然透过 M,并在其中产生涡流 $\dot{I}$。涡流 $\dot{I}$ 损耗了部分磁场能量,使到达 L_2 上的磁力线减小,从而引起 $\dot{U}_2$ 下降。M 的厚度 d 越大,$\dot{U}_2$ 越小,U_2 和 d 关系如曲线图 5－16 所示。

一般 f 取 1 000 Hz。测量电导率较大的材料如紫铜时,f 取 500 Hz,当测量电导率较小时的材料如黄铜、铝时,f 取 2 kHz。

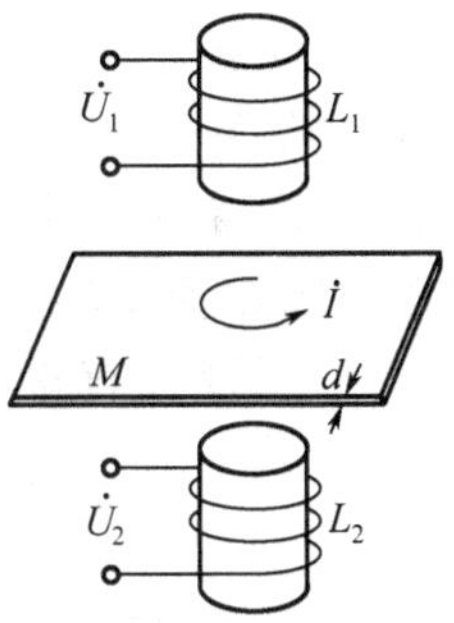

图 5－15　低频透射涡流传感器原理图

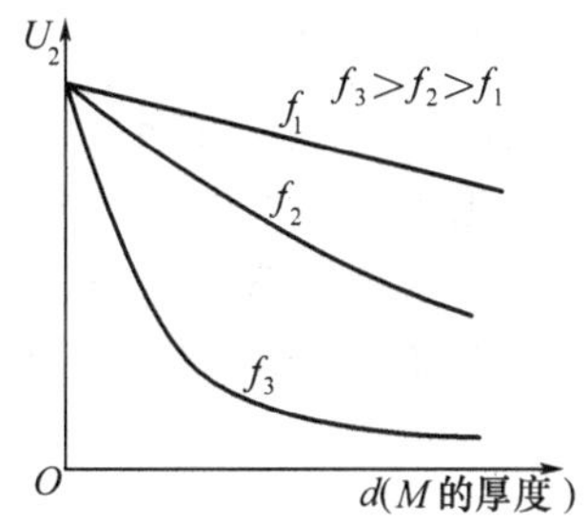

图 5－16　不同频率下 U_2 的曲线

四、测量电路

用于涡流传感器的测量电路主要有调频式、调幅式两种。

1. 调频式电路

调频式测量电路原理如图 5－17 所示。传感器线圈接入 LC 振荡回路，当传感器与被测导体距离 x 改变时，在涡流影响下，传感器的电感变化，将导致振荡频率的变化，该变化的频率是距离 x 的函数 $f=L(x)$，该频率由数字频率计直接测量，或者通过 $F-V$ 变换，用数字电压表测量对应的电压。振荡器电路如图 5－17(b) 所示。它由克拉泼电容三点式振荡器(C_2, C_3, L, C 和 BG_1)以及射极跟随器两部分组成。振荡器的频率为 $f=\dfrac{1}{2\pi\sqrt{L(x)C}}$，为了避免输出电缆的分布电容的影响，通常将 L, C 装在传感器内部。此时电缆分布电容并联在大电容 C_2, C_3 上，因而对振荡频率 f 的影响大大减小。

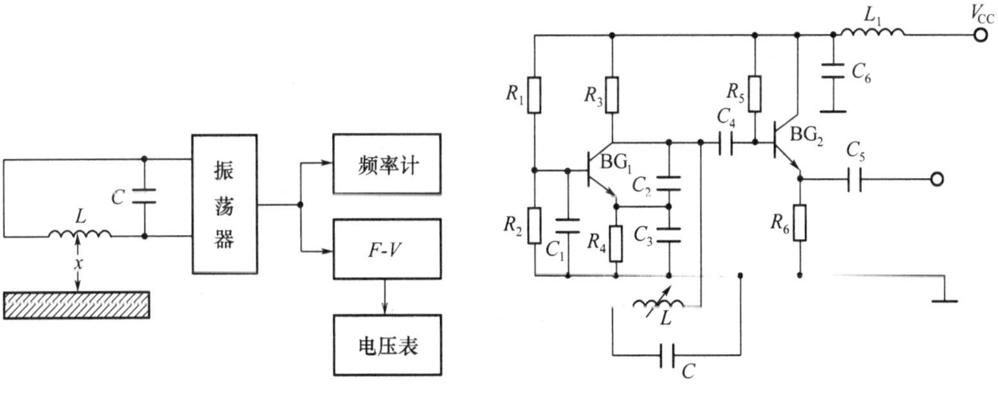

(a)　(b)

图 5－17　调频式测量电路

2. 调幅式电路

传感器线圈 L 和电容器 C 并联组成谐振回路，石英晶体组成石英晶体振荡电路，如图 5－18所示。石英晶体振荡器起一个恒流源的作用，给谐振回路提供一个稳定频率(f_0)，激励电流 i_0，LC 回路输出电压为

$$U_0=i_0f(Z) \tag{5-15}$$

式中,Z 为 LC 回路的阻抗。

当金属导体远离或被去掉时,LC 并联谐振回路谐振频率即为石英振荡频率 f_0,回路呈现的阻抗最大,谐振回路上的输出电压也最大;当金属导体靠近传感器线圈时,线圈的等效电感 L 发生变化,导致回路失谐,从而使输出电压降低,L 的数值随距离 x 的变化而变化,因此输出电压也随 x 而变化。输出电压经过放大、检波后,由指示仪表直接显示出 x 的大小。

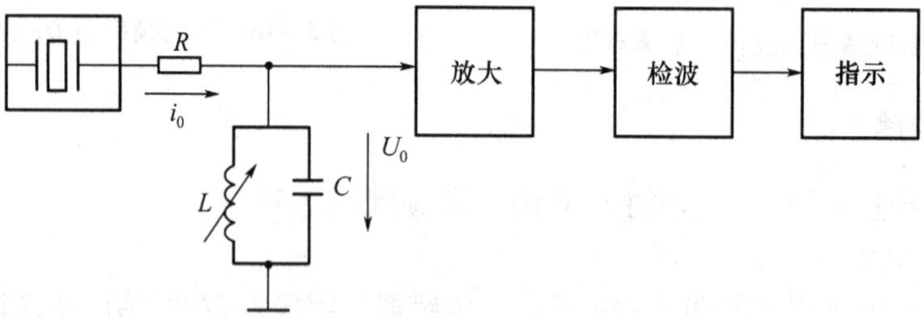

图 5－18　调幅式电路示意图

五、应用举例

1. 位移测量

由电涡流式传感器的工作原理可知,电涡流传感器的等效阻抗 Z 与被测材料的电阻率 ρ、导磁率 μ_r、激磁频率 f 及线圈与被测件间的距离 x 有关。当 ρ,μ_r,f 确定后 Z 只与 x 有关,通过适当的测量电路,可得到输出电压与距离 x 的关系,如图 5－15 所示。在曲线中部呈线性关系,一般其线性范围为扁平线圈外径的 $\frac{1}{5} \sim \frac{1}{3}$,线性误差约为 3% ~4%。

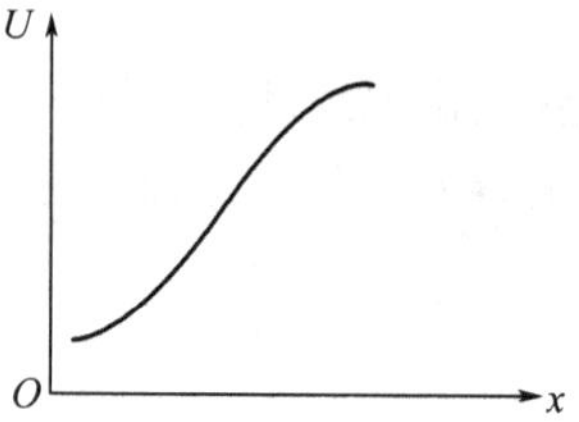

图 5－19　位移－电压关系曲线

根据上述关系,电涡流传感器可以测量位移,如汽轮机主轴的轴向窜动(见图 5－20(a)),金属材料的热膨胀系数,钢水液位等。量程范围可以从 0 ~1 mm 到 0 ~30 mm,一般分辨率为满量程的 0.1%。

2. 振幅测量

为了非接触式地测量各种振动的振幅,如机床主轴振动形状的测量,可以将多个涡流传感器安置在被测轴附近,如图 5－20(b)所示,再用多通道测量仪或记录器,测出在机床主轴振动时瞬时振动分布形状。

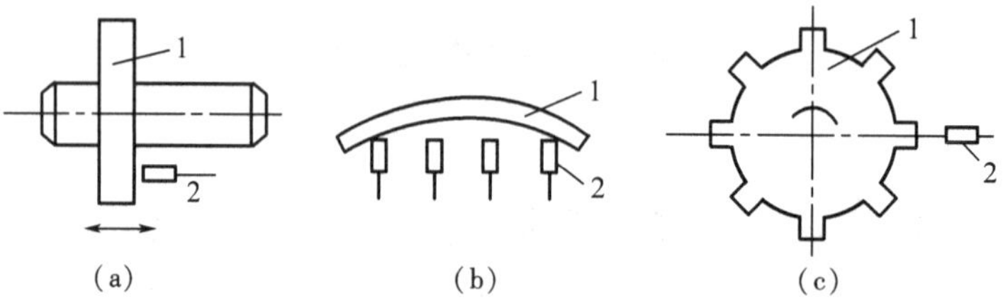

图 5－20　涡流传感器应用举例

1—被测件;2—传感器;

3. 转速测量

在一个旋转金属体上一个有 N 个齿的齿轮，旁边安装电涡流传感器（见图 5－20（c）），当旋转体转动时，齿轮的齿与传感器的距离变小，电感量变小，距离变大，电感量变大。经电路处理后传感器将周期地输出信号，该输出信号频率 f 可用频率计测出，然后换算成转速：

$$n = \frac{f}{N} \times 60 \tag{5-16}$$

式中，n 为被测转速，r/min。

4. 涡流膜厚测量

利用涡流检测法，能够检测金属表面的氧化膜、漆膜和电镀膜等膜的厚度，但是金属材料的性质不同，其膜厚检测也有很大的不同。下面介绍金属表面氧化层厚度的测量，它是各种测厚方法中较为有效的一种方法。

氧化层膜厚测定方法如图 5－21 所示。假定某金属表面有氧化膜，则电感传感器与金属表面的距离为 x；因为金属表面电涡流对传感器线圈中磁场的反作用，改变了传感器的电感量，设此时的电感量为 $L_0 - \Delta L$；当金属表面无氧化层时，传感器与其表面距离为 x_0，对应的电感量为 L_0，那么该金属表面的氧化层厚度应为 $x_0 - x$，该厚度就可通过电感量的变化而测得。

除此之外，还可用电阻率或导磁率的变化对材料进行无损伤测定。

5. 电涡流探伤仪

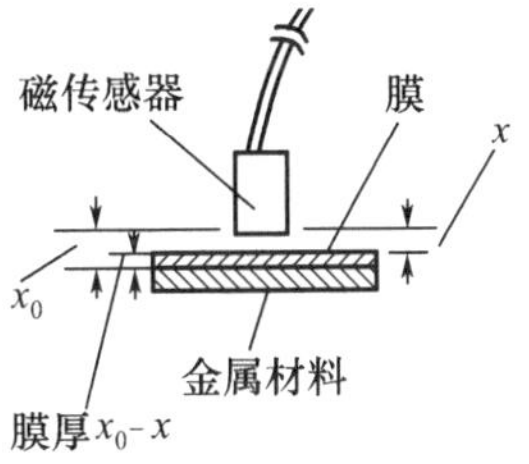

图 5－21　膜厚测量方法示意图

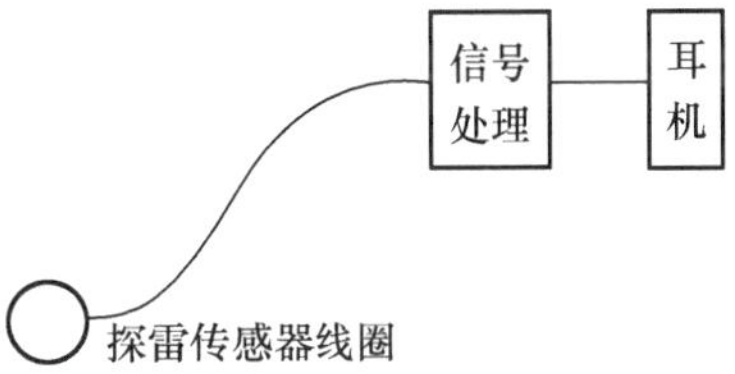

图 5－22　探雷传感器示意

涡流探伤仪常用来测试金属材料的表面裂纹、砂眼、气泡、热处理裂痕，以及焊接部的探伤等。检查时，使传感器与被测物体的距离保持不变，如有裂纹出现，所示，传感器的阻抗发生变化，从而使测量电路的输出电压改变，这样就达到了探伤的目的。电涡流传感器可以探测地下埋设的管道或金属体，包括探测带金属零件的地雷。如图 5－22 所示，探雷时，探雷者戴上耳机，平时耳机没有声音。探到金属体时，探雷传感器的 L 变化，耳机有声音报警。

思考题与习题

1. 试分析比较自感传感器、涡流传感器和差动变压器式互感传感器的工作原理。
2. 试分析差动电感传感器的相敏整流测量电路的工作过程。
3. 利用电涡流法测板材厚度，已知激励电源频率 $f = 1$ MHz，被测材料相对磁导率 $\mu_r = 1$，

电阻率 $\rho = 2.9 \times 10^{-6}\ \Omega \cdot cm$，被测板厚为 1 ± 0.2 mm，试计算采用高频反射法测量时，涡流穿透深度 h 为多少？

4. 与电涡流传感器配套使用的转换电路主要有哪几种，各自的转换目的是什么？

5. 什么是电涡流，电涡流传感器主要有哪些用途？

第六章 压电式传感器

压电式传感器是有源双向机电传感器，它的工作原理是基于压电材料的压电效应。石英晶体的压电效应早在1880年就已经发现了，但是直到1948年才制作出第一台石英晶体压电传感器。压电传感器是一种典型的自发电式力敏感传感器。它是以某些电介质的压电效应为基础，将拉力、压力、加速度、力矩等非电量转换为电量的器件。

压电式传感器具有使用频带宽、灵敏度高、信噪比高、结构简单、工作可靠、质量轻等优点。近年来由于电子技术的飞跃发展，随着与之配套的二次仪表以及低噪声、高绝缘电阻，小电容量电缆的出现，压电式传感器获得了广泛的应用。

第一节 压电效应和压电材料

一、压电效应

当某些物质沿其一定方向施加压力或拉力时，会产生变形，此时这种材料的两个表面将产生符号相反的电荷。当去掉外力后，它又重新回到不带电状态，这种现象称为压电效应。有时人们又把这种机械能转变为电能的现象，称为"正压电效应"。反之，在某些物质的极化方向上施加电场，它会产生机械变形，当去掉外加电场后，该物质的变形随之消失，把这种电能转变为机械能的现象，称为"逆压电效应"。具有压电效应的电介物质称为压电材料。在自然界中，大多数晶体都具有压电效应，然而大多数晶体的压电效应都十分微弱。随着对压电材料的深入研究，人们发现石英晶体、钛酸钡、锆钛酸铅等人造压电陶瓷是性能优良的压电材料。

二、压电材料

传统压电材料分为压电晶体和压电陶瓷。前者为单晶体，后者为极化处理的多晶体。它们都具有较好特性：具有较大的压电常数，机械性能优良（强度高，固有振荡频率稳定），时间稳定性好，温度稳定性也很好等，所以它们是较理想的压电材料。此外，高分子压电材料是近来发展很快的新型压电材料，有着广泛应用。

1. 压电晶体

常见压电晶体包括天然和人造石英晶体。石英晶体，其化学成分为SiO_2（二氧化硅），压电系数$d_{11}=2.31\times10^{-12}$ C/N。在几百度的温度范围内，其压电系数稳定不变，能产生十分稳定的固有频率f_0，能承受700～1 000 kg/cm^{2}的压力，是理想的压电传感器的压电材料。

除了天然和人造石英压电材料外，还有水溶性压电晶体，它属于单斜晶系，例如酒石酸钾钠（$NaKC_4H_4O_6\cdot4H_2O$）、酒石酸乙烯二铵（$C_6H_4N_2O_6$）等，还有正方晶系，如磷酸二氢钾（KH_2PO_4）、磷酸二氢氨（$NH_4H_2PO_4$）等。

2. 压电陶瓷

压电陶瓷是人造多晶系压电材料。常用的压电陶瓷有钛酸钡、锆钛酸铅、铌酸盐系压电陶瓷。它们的压电常数比石英晶体高，如钛酸钡（$BaTiO_3$）的压电系数 $d_{33}=190\times10^{-12}$ C/N，但介电常数、机械性能不如石英晶体好。由于它们品种多，性能各异，可根据它们各自的特点制作各种不同的压电传感器，这是一种很有发展前途的压电元件。常用的压电材料的性能列于表 6－1 中。

表 6－1　常用压电材料性能

性能 \ 压电材料	石　英	钛酸钡	锆钛酸铅 PZT－4	锆钛酸铅 PZT－5	锆钛酸铅 PZT－8
压电系数/pC/N	$d_{11}=2.31$ $d_{14}=0.73$	$d_{15}=260$ $d_{31}=-78$ $d_{33}=190$	$d_{15}\approx410$ $d_{31}=-100$ $d_{33}=230$	$d_{15}\approx670$ $d_{31}=-185$ $d_{33}=600$	$d_{15}=330$ $d_{31}=-90$ $d_{33}=200$
相对介电常数（ε_r）	4.5	1 200	1 050	2 100	1 000
居里点温度/℃	573	115	310	260	300
密度/10^3 kg/m^2	2.65	5.5	7.45	7.5	7.45
弹性模量/10^9 N/m^2	80	110	83.3	117	123
机械品质因数	$10^5\sim10^6$		≥500	80	≥800
最大安全应力/10^5 N/m^2	95～100	81	76	76	83
体积电阻率/Ω·m	$>10^{12}$	10^{10}（25 ℃）	$>10^{10}$	10^{11}（25 ℃）	
最高允许温度/℃	550	80	250	250	
最高允许温度/%	100	100	100	100	

3. 高分子压电材料

典型的高分子压电材料有聚偏二氟乙烯（PVF_2 或 PVDF）、聚氯乙烯（PVF）、改性聚氯乙烯（PVC）等，其中以 PVF_2 和 PVDF 的压电常数最高。有的材料比压电陶瓷还要高十几倍，其输出脉冲电压有的可以直接驱动 CMOS 集成门电路。

高分子压电材料是一种柔软的压电材料，可根据需要制成薄膜或电缆套管等形状，经极化处理后就显现出电压特性。它不易破碎，具有防水性，可以大量连续拉制，制成较大面积或较长的尺度，因此价格便宜。其测量动态范围可达 80 dB，频率响应范围从 0.1 Hz 至 10^9 Hz。这些优点是其他压电材料所不具备的。因此在一些不要求测量精度的场合，例如水声测量、防盗、振动测量等领域中获得应用。它的声阻抗约为 0.02 MPa/s，与空气的声阻抗有较好的匹配，因而是很有希望的电声材料。例如在它的两侧面施加高压音频信号时，可以制成特大口径的壁挂式低音扬声器。

高分子压电材料的工作温度一般低于 100 ℃。温度升高时，灵敏度将降低。它的机械强度不够高，耐紫外线能力较差，不宜暴晒，以免老化。

现在还开发出一种压电陶瓷——高聚物复合材料，它是由无机压电陶瓷和有机高分子树脂构成的压电复合材料，兼备无机和有机压电材料的性能。可以根据需要，综合两种材料的优点，制作性能更好的换能器和传感器。它的接收灵敏度很高，更适合于制作水声换能器。

三、石英晶体的压电特性

石英晶体是单晶体结构，其形状为六角形晶柱，两端呈六棱锥形状，如图 6-1 所示。石英晶体各个方向的特性是不同的。在三维直角坐标系中，z 轴被称为晶体的光轴；经过六棱柱棱线，垂直于光轴 z 的 x 轴称为电轴，把沿电轴 x 施加作用力后的压电效应称为纵向压电效应；垂直于光轴 z 和电轴 x 的 y 轴称为机械轴，把沿机械轴 y 方向的力作用下产生电荷的压电效应称为横向压电效应。沿光轴 z 方向施加作用力不产生压电效应。

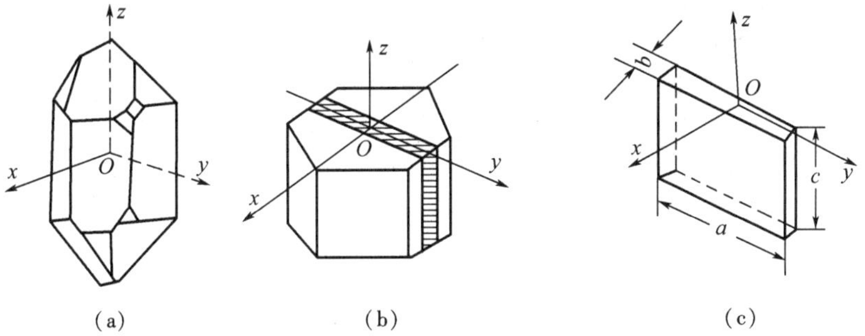

图 6-1 石英晶体

1. 石英晶体工作原理定量分析

若从石英晶体上沿 y 方向切下一块如图 6-1(c) 所示的晶体片，当在电轴 x 方向施加作用力时，在与电轴垂直的平面上将产生电荷 q_x，其大小为

$$q_x = d_{11}F_x \tag{6-1}$$

式中 d_{11}——x 轴方向受力的压电系数；

F_x——作用力。

若在同一切片上，沿机械轴 y 方向施加作用力 F_y，则在与 x 轴垂直的平面上将产生电荷，其大小为

$$q_y = d_{12}\frac{a}{b}F_y = -d_{11}\frac{a}{b}F_y \tag{6-2}$$

式中 d_{12}——y 轴方向受力的压电系数，因石英轴对称，所以 $d_{12} = -d_{11}$；

a,b——晶体片的长度和厚度。

电荷 q_x 和 q_y 的符号由受压力还是受拉力决定。由式(6-1)可知，q_x 的大小与晶体片几何尺寸无关，而 q_y 则与晶体片几何尺寸有关。

例 5-1 石英晶体 d_{11} 为 2.3×10^{-12} C/N，石英晶片的长度是宽度的 2 倍，是厚度的 3 倍。

(1) 当沿电轴施加 3×10^{6} N 的压力时，求电量 q_x。

(2) 当沿机械轴施加 3×10^{6} N 的压力时，求电量 q_y。

(3) 在石英晶体表面上标出电荷极性。

解 (1) $q_x = d_{11}F_x = 2.3\times10^{-12}\times3\times10^{6} = 6.9\times10^{-6}$ C

(2)
$$F_y = 3 \times 10^6\ \text{N}$$

$$q_x = -d_{11}\frac{a}{b}F_y = -2.3 \times 10^{-12} \times 3 \times 3 \times 10^6 = -2.07 \times 10^{-5}\ \text{C}$$

(3)石英晶体表面上的电荷极性分别见图 6-3 所示的(a)和(c)。

2. 石英晶体工作原理定性分析

为了直观地了解石英晶体压电效应和各向异性的原因,将一个单元组体中构成石英晶体的硅离子和氧离子,在垂直于 z 轴的 xy 平面上的投影,等效为图 6-2 中的正六边形排列。图中阳离子代表 Si^{+4}离子,阴离子代表氧离子 $2O^{-2}$。

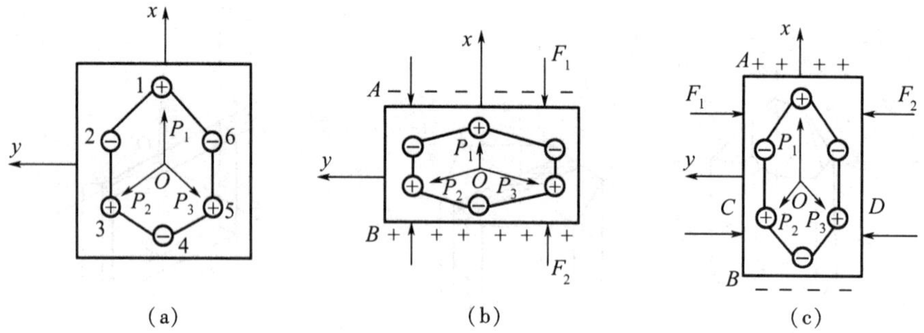

图 6-2 石英晶体压电模型

当石英晶体未受外力作用时,带有 4 个正电荷的硅离子和带有 2×2 个负电荷的氧离子正好分布在正六边形的顶角上,形成 3 个大小相等,互成 120°夹角的电偶极矩 P_1,P_2和 P_3,如图 6-2(a)所示。$P = ql$,q 为电荷量,l 为正、负电荷之间距离。电偶极矩方向从负电荷指向正电荷,此时正、负电荷中心重合,电偶极矩的矢量和等于零,即 $P_1 + P_2 + P_3 = 0$,电荷平衡,所以晶体表面不产生电荷,即呈中性。

当石英晶体受到沿 x 轴方向的压力作用时,将产生压缩变形,正、负离子的相对位置随之变动,正、负电荷中心不再重合,如图 6-2(b)所示。硅离子(1)被挤入氧离子(2)和(6)之间,氧离子(4)被挤入硅离子(3)和(5)之间,电偶极矩在 x 轴方向的分量 $(P_1 + P_2 + P_3)_x < 0$,结果表面 A 上呈负电荷,B 面呈正电荷;如果在 x 轴方向施加拉力,结果 A 面和 B 面上电荷符号与图 6-2(b)所示相反。这种沿 x 轴施加力,而在垂直于 x 轴晶面上产生电荷的现象,即为前面所说的"纵向压电效应"。

当石英晶体受到沿 y 轴方向的压力作用时,晶体变形如图 6-2(c)所示。电偶极矩在 x 轴方向的分量$(P_1 + P_2 + P_3)_x > 0$,即硅离子(3)和氧离子(2)以及硅离子(5)和氧离子(6)都向内移动同样数值;硅离子(1)和氧离子(4)向 A,B 面扩伸,所以 C,D 面上不带电荷,而 A,B 面分别呈现正、负电荷。如果在 y 轴方向施加拉力,结果在 A,B 表面上产生如图 6-2(c)所示相反电荷。这种沿 y 轴施加力,而在垂直于 x 轴的晶面上产生电荷的现象被称为"横向压电效应"。

当石英晶体在 z 轴方向受力作用时,由于硅离子和氧离子是对称平移,正、负电荷中心始终保持重合,电偶极矩在 x,y 方向的分量为零,所以表面无电荷出现,因而沿光轴(z)方向施加力,石英晶体不产生压电效应。

图 6-3 表示晶体切片在 x 轴和 y 轴方向受拉力和压力的具体情况。图 6-3 (a)是在

x 轴方向受压力，图(b)是在 x 轴方向受拉力，图(c)是在 y 轴方向受压力，图(d) 是在 y 轴方向受拉力。

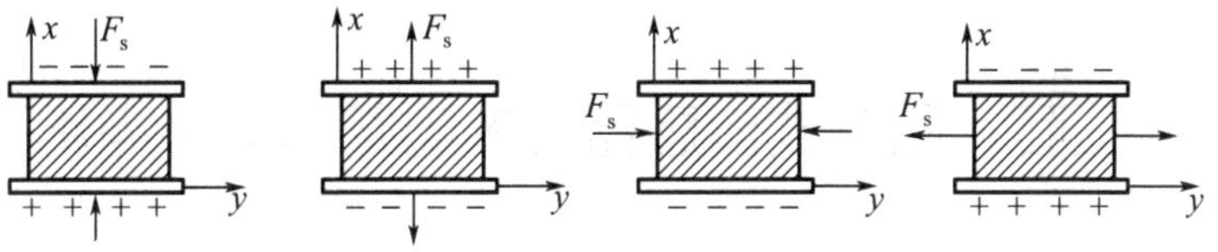

图 6－3　晶体片上电荷极性与受力方向的关系

如果在片状压电材料的两个电极面上加以交流电压，那么石英晶体片将产生机械振动，即晶体片在电极方向有伸长和缩短的现象。这种电致伸缩现象即为前述的逆压电效应。

四、压电陶瓷的压电现象

压电陶瓷是人造多晶体，它的压电机理与石英晶体并不相同。压电陶瓷材料内的晶粒有许多自发极化的电畴。在极化处理以前，各晶粒内电畴沿任意方向排列，自发极化的作用相互抵消，压电陶瓷内极化强度为零，如图 6－4(a)所示。

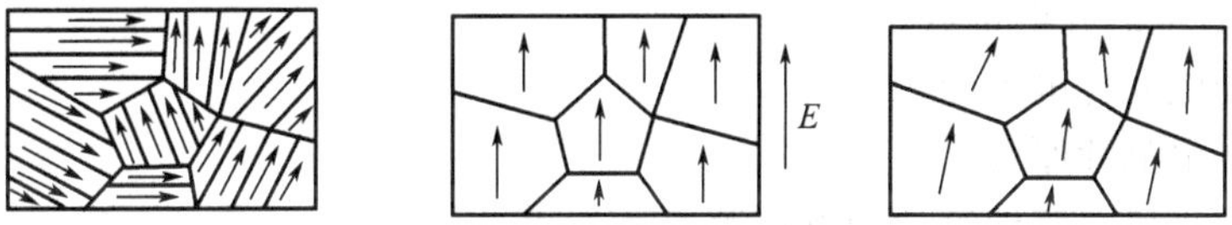

图 6－4　压电陶瓷的极化

(a)未极化；(b)正在极化；(c)极化后

在压电陶瓷上施加外电场时，电畴自发极化方向转到与外加电场方向一致，如图 6－4(b)所示。既然已极化，此时压电陶瓷具有一定极化强度。当外电场撤销后，各电畴的自发极化在一定程度上按原外加电场方向取向，陶瓷极化强度并不立即恢复到零，如图 6－4(c)所示，此时存在剩余极化强度。同时陶瓷片极化的两端出现束缚电荷，一端为正，另一端为负，如图 6－5 所示。由于束缚电荷的作用，在陶瓷片的极化两端很快吸附一层来自外界的自由电荷，这时束缚电荷与自由电荷数值相等，极性相反，因此陶瓷片对外不呈现极性。

如果在压电陶瓷片上加一个与极化方向平行的外力，陶瓷片产生压缩变形，片内的束缚电荷之间距离变小，电畴发生偏转，极化强度变小，因此吸附在其表面的自由电荷，有一部分被释放而呈现放电现象。

当撤销压力时，陶瓷片恢复原状，极化强度增大，因此又吸附一部分自由电荷而出现充电现象。

这种因受力而产生的机械效应转变为电效应，将机械能转变为电能，就是压电陶瓷的正压电效应。放电电荷的多少与外力成正比例关系，即

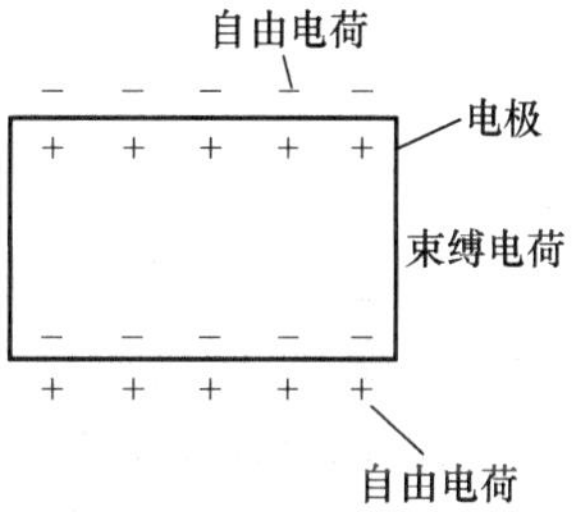

图 6－5　束缚电荷和自由电荷排列的示意图

$$q = d_{33}F \tag{6-3}$$

式中 d_{33}——压电陶瓷的压电系数；

F——作用力。

第二节 压电式传感器等效电路和测量电路

一、压电传感器的等效电路

1. 压电元件自身等效电路

将压电晶片产生电荷的两个晶面封装上金属电极后，就构成了压电元件，如图 6-6(a)所示。当压电元件受力时，就会在两个电极上产生等量的正、负电荷，因此压电元件相当于一个电荷源；两个电极之间是绝缘的压电介质，使其又相当于一个电容器，如图 6-6(b)所示。其电容量为

$$C_a = \varepsilon_r \varepsilon_0 S/h \tag{6-4}$$

式中 C_a——压电元件内部电容；

ε_r——压电材料的相对介电常数；

ε_0——真空的介电常数；

S——压电元件电极面积；

h——压电晶片厚度。

因此，可以将压电元件等效为电荷源 Q 并联电容 C_a 的电荷等效电路，如图 6-6(b)所示。根据电路等效变换原理，也可将压电元件等效为电压源 U_a 串联电容 C_a 的电压等效电路，如图 6-6(c)所示。由电容器上电压、电荷、电容三者间关系可知：

$$U_a = \frac{Q}{C_a} \tag{6-5}$$

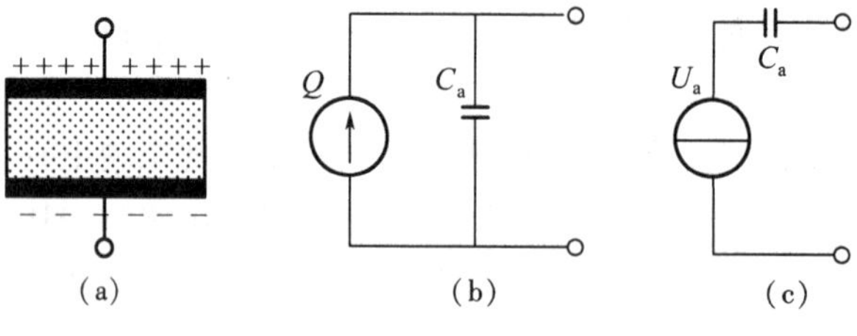

图 6-6 压电元件等效电路

(a)压电元件；(b),(c)等效电路

2. 实际等效电路

由于压电传感器必须经配套的二次仪表进行信号放大与阻抗变换，所以还应考虑转换电路的输入电阻与输入电容，以及连接电缆的传输电容等因素的影响，图 6-7 是考虑了前述因素的实际等效电路。其中有前置放大器输入电阻 R_i；输入电容 C_i；连接电缆的传输电

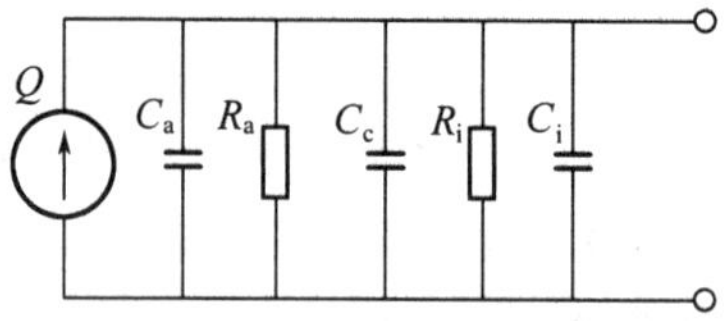

图 6-7 放大器输入端等效电路

容 C_c;压电传感器的绝缘电阻 R_a。

由图 6－7 可知,若要压电元件上的电荷长时间保存,必须使压电元件绝缘电阻与测量电路输入电阻为无穷大,以保证没有电荷泄漏。而实际上这是不可能的,所以压电传感器不能用于静态测量。压电元件在交变力的作用下,电荷量可以不断更新与补充,给测量电路提供一定的电流,故适用于动态测量。不过,随着电子技术的发展,转换电路的低频特性越来越好,目前已经可以在频率低于 1 Hz 的条件下进行测量。

二、压电式传感器测量电路

由于压电式传感器产生的电量非常小,就要求测量电路输入级的输入电阻非常大,只有这样才能减小测量误差。在压电式传感器的输出端,总是先接入高输入阻抗的前置放大器,然后再接入一般的放大电路。

前置放大器有两个作用,一是将压电传感器的输出信号放大;二是高阻抗输出变换为低阻抗输出。压电式传感器的测量电路有电荷型与电压型两种,相应的前置放大器也有电荷型与电压型两种形式。

1. 电压放大器

图 6－8(a)所示是压电式传感器与电压放大器连接后的等效电路,图 6－8(b)是进一步简化后的电路图。图中:

$$R = \frac{R_a R_i}{R_a + R_i}$$

$$C = C_a + C_c + C_i$$

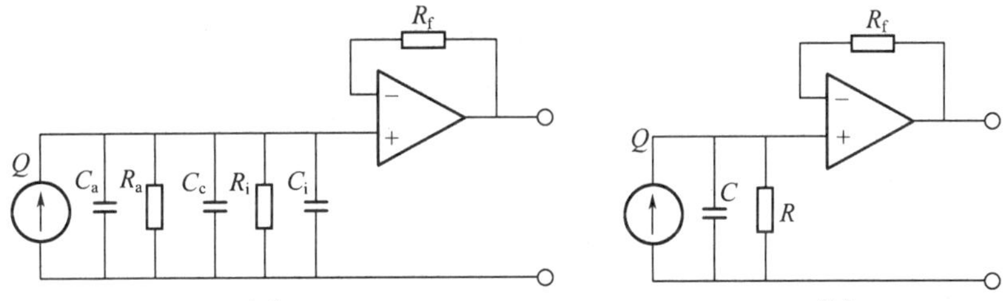

图 6－8　压电传感器电压放大器

(a)等效电路;(b)简化电路

假设作用在压电元件上的交变力为 F,其幅值为 F_m,角频率为 ω,即

$$F = F_m \sin\omega t$$

若压电元件的压电常数为 d,附在力 F 作用下,产生的电荷 Q 为

$$Q = d \times F = dF_m \sin\omega t$$

经过分析之后,可以得出送到电压放大器输入端的电压为

$$U_i = dF \frac{j\omega R}{1 + j\omega RC}$$

所以,压电传感器的电压灵敏度 S_V 等于

$$S_V = \left|\frac{U_i}{F}\right| = \frac{d\omega R}{\sqrt{1 + (\omega RC)^2}} = \frac{d}{\sqrt{\frac{1}{(\omega R)^2} + (C_a + C_c + C_i)^2}}$$

现讨论如下:

(1)当 ω 为零时，S_V 为零，所以不能测量静态信号。

(2)当$(\omega R)\gg 1$ 时，有 $S_V=\dfrac{d}{C_a+C_c+C_i}$，与输入频率 ω 无关，说明电压放大器的高频特性良好。

(3)S_V 与 C_c 有关，C_c 改变时 S_V 也改变，所以不能随意更换传感器出厂时的连接电缆长度。另外，连接电缆也不能过长，过长将降低灵敏度。

电压放大器电路简单，元件便宜；但电缆长度对测量精度影响较大，限制了其应用。随着集成运放价格的降低，20 世纪 90 年代以后生产的仪器被越来越多地使用。下面介绍电荷放大器。

2. 电荷放大器

电荷放大器实际上是一个高增益放大器，其与压电式传感器连接后的等效电路如图 6－9 所示，图中 C_c 为连接电缆的等效电容，C_i 为集成运放的输入等效电容，A 为放大器的电压放大系数，且有

$$U_o=-\frac{qA}{C_a+C_c+C_i+(A+1)C_f}$$

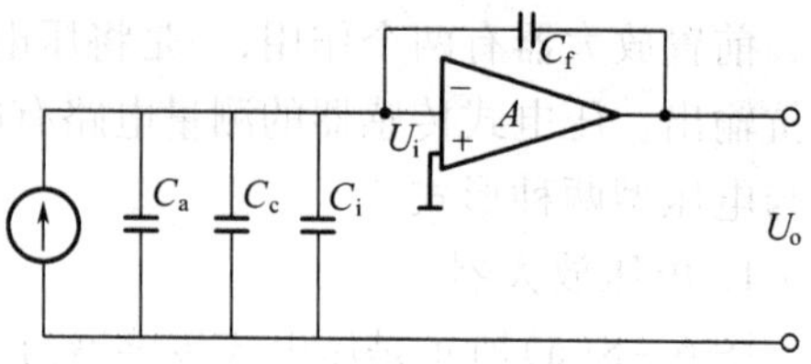

图 6－9　电荷放大器原理图

当 $A\gg 1$ 时

$$(1+A)C_f\gg C_a+C_c+C_i$$

则

$$U_o\approx\left|\frac{q}{C_f}\right| \qquad (6-6)$$

由式(6－6)可以看出，电荷放大器的输出电压只与反馈电容有关，而与连接电缆的传输电容无关，更换连接电缆时不会影响传感器的灵敏度，这是电荷放大器最突出的优点。

在实际电路中，考虑到被测物理量的不同量程，反馈电容的容量选为可调的，范围一般为 100～1 000 pF。电荷放大器的测量下限主要由反馈电容与反馈电阻决定，即 $f_L=1/(2\pi R_f C_f)$。一般 R_f 取值在 10^{10} Ω 以上，则 f_L 可小于 1 Hz。所以，电荷放大器的低频响应也比电压放大器好得多，可用于变化缓慢的力的测量。

例 6.2　压电陶瓷片 $d_{33}=5\times10^{-10}$ C/N，用反馈电容 $C_f=0.01$ μF 的电荷放大器测出输出电压幅值 $U_o=0.4$ V，求受力多少？

解　因为

$$U_o=\left|\frac{q}{C_f}\right|$$

所以

$$q=U_o\cdot C_f=0.4\times0.01\times10^{-6}=4\times10^{-9}\text{ C}$$

又因为

$$q=d_{33}F$$

所以

$$F=\frac{q}{d_{33}}=\frac{4\times10^{-9}}{5\times10^{-10}}=8\text{ N}$$

第三节　压电式力传感器的合理使用

一、压电元件的串并联

在压电传感器中，为了提高灵敏度，压电材料一般不用一片，而常将两片或两片以上组

合在一起。由于压电材料是有极性的，因此连接方法有两种，如图 6－10 所示。

在图 6－10(a)中，两压电片的负极都集中在中间电极上，正电极在两边的电极上，这种接法称为并联。其输出电容 $C_{并}$ 为单片电容 C 的两倍，但输出电压 $U_{并}$ 等于单片电压 U，极板上电荷量 $q_{并}$ 为单片电荷量 q 的两倍，即

$$q_{并}=2q, U_{并}=U, C_{并}=2C \quad (6-7)$$

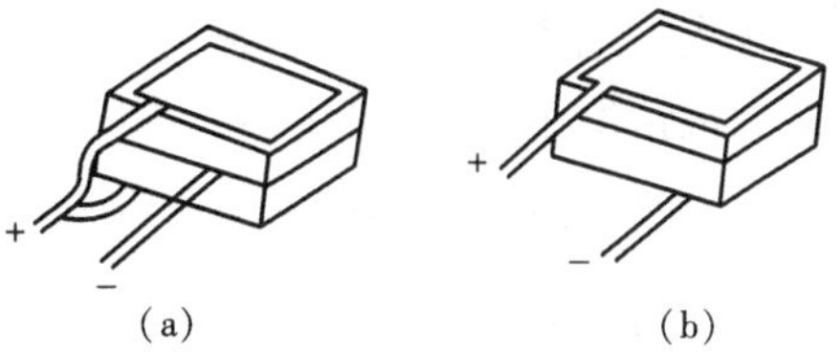

图 6－10　压电元件的串联和并联

(a)并联；(b)串联

图 6－10(b)的接法，正电荷集中在上极板，负电荷集中在下极板，而中间的极板上片产生的负电荷与下片产生的正电荷相互抵消，这种接法称为串联。从图中可知，输出的总电荷 $q_{串}$ 等于单电荷 q，而输出电压 $U_{串}$ 为单片电压 U 的两倍，总电容 $C_{串}$ 为单片电容 C 的一半，即

$$q_{串}=q, U_{串}=2U, C_{串}=\frac{C}{2} \quad (6-8)$$

在这两种接法中，并联接法输出电荷大，本身电容也大，时间常数大，宜用于测量慢变信号，并且适用于以电荷作为输出量的场合。而串联接法，输出电压大，本身电容小，适用于以电压作为输出信号，并且测量电路输入阻抗很高的场合。

二、压电片预应力

压电片在压电传感器中，必须有一定的预应力，这样可以保证在作用力变化时，压电片始终受到压力；其次是保证压电材料的电压与作用力成线性关系。这是因为压电片在加工时，即使研磨得很好，也难保证接触面的绝对平坦。如果没有足够的压力，就不能保证均匀接触。因此接触电阻在最初阶段将不是常数，而是随着压力变化的。但是，这个预应力也不能太大，否则将会影响其灵敏度。

三、压电力传感器的安装

压电式力传感器安装时应保证传感器的敏感轴与受力方向一致。安装传感器的上、下接触面要经过精细加工，以保证平行度和平面度。

当接触表面粗糙时，对环形压电力传感器可以加装应力分布环，对并联传感器可加装应力分布块。在接触面不平行时，可加装球形环，应力环、块的弹性模量均不得低于传感器外壳金属材料的弹性模量。

为牢固地安装传感器，环形传感器可在中心孔加紧固螺栓。总之，装卡牢固是非常重要的，否则不仅会降低传感器的频响，还将影响测试的结果。

四、合理选择传感器的量程和频率响应

应根据所测力的极限来选择压电力传感器的量程和频响，不要使传感器所测负荷超过额定量程。传感器的工作频带要能够覆盖待测力的频带。

五、合理选用二次仪表

测量低频力信号时，因测试系统的频率下限主要取决于传感器的电荷放大器的时间常

数，因此测准静态力信号一般要求电荷放大器输入阻抗高于10^{12} Ω，低频响应为0.001 Hz，显示仪表采用直流数字电压表。

一般情况下，压电力传感器和电荷放大器对中、高频的响应较好，后接显示仪表可用峰值电压表、瞬态记录仪、记忆示波器等。

六、选择纵、横向压电效应

在压电传感器中，一般利用压电材料的纵向压电效应较多，主要原因是纵向压电效应与压电元件几何尺寸无关。这时所使用的压电材料大多做成圆片式。也有利用其横向压电效应的。

第四节　压电传感器的应用

广义地讲，凡是利用压电材料各种物理效应做成的各种传感器，都可称为压电式传感器，它们已被广泛地应用在工业、军事和民用等领域。表6－2给出了其主要应用类型，其中力敏型应用最多。可直接利用压电传感器测量力、压力、加速度、位移等物理量。

表6－2　压电传感器的主要应用类型

传感器类型	生物功能	转换	用　途	压电材料
力敏	触觉	力→电	微拾音器、声呐、应变仪、点火器、血压计、压电陀螺、压力和加速度传感器	SiO_2, ZnO, $BaTiO_3$, PZT, PMS，罗思盐
热敏	触觉	热→电	温度计	$BaTiO_3$，PZO，TGS，$LiTiO_3$
光敏	视觉	光→电	热电红外探测器	$LiTaO_3$，$PbTiO_3$
声敏	听觉	声↗电 ↘压	振动器、微音器、超声探测器、助听器	SiO_2，压电陶瓷
		声→光	声光效应器	$PbMoO_4$，$PbTiO_3$，$LiNbO_3$

一、压电式加速度传感器

压电式加速度传感器按结构分一般有纵向效应型、横向效应型和剪切效应型三种。纵向效应是最常见的一种结构，如图6－11所示。图中压电陶瓷4和质量块2为环型，通过螺母3对质量块预先加载，使之压紧在压电陶瓷上。测量时将传感器基座5与被测对象牢牢地紧固在一起。输出信号由电极1引出。

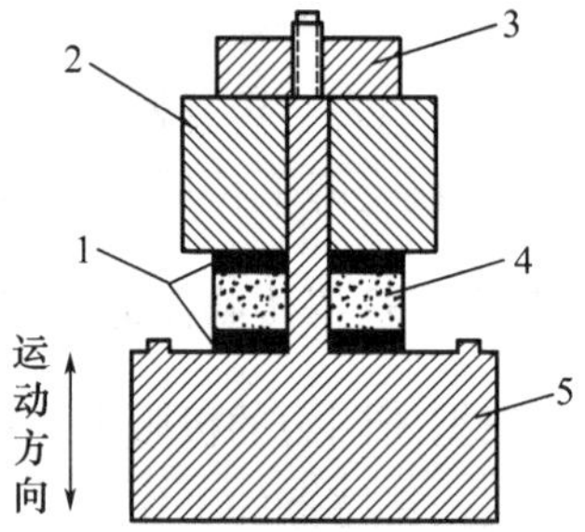

图6－11　纵向效应型加速度传感器的截面图

1—电极；2—质量块；3—螺母；4—压电陶瓷；5—传感器基座

当传感器感受振动时，因为质量块相对被测体质量较小，因此质量块感受与传感器基座相同的振动，并受到与加速度方向相反的惯性力，此力为$F=ma$。同时惯

第七章　磁电式传感器

磁电式传感器是传感器大家族中重要的一份子。在国外，古老的磁传感器如电磁感应磁传感器已被各种以高性能磁体为主要材料的新型磁传感器取而代之，它赋予磁传感器新的无限的生命力。磁电式传感器是将磁信号按一定规律转换为电信号的器件或装置。它们大都是利用半导体材料中的自由电子或空穴随磁场改变其运动方向这一特性而制成的。磁学量传感器分类如图 7－1 所示。

- 磁学量传感器
  - 体型
    - 霍尔传感器（材料：InSb，InAs，Ge，Si，GaAs）
    - 磁敏电阻（材料：InSb，InAs）
  - 结型
    - 磁敏二极管（材料：Ge，Si）
    - 磁敏三极管（材料：Ge，Si）

图 7－1　磁学量传感器分类

第一节　霍尔元件

早在 1879 年，人们就在金属中发现了霍尔效应，但是由于这种效应在金属中非常微弱，当时并没有引起重视。直到 20 世纪 50 年代，由于微电子学的发展，霍尔效应才被人们重视和利用，并开发了多种霍尔元件。我国从 20 世纪 70 年代开始研究霍尔器件，经过 30 余年的研究和开发，目前已经能生产各种性能的霍尔元件。

一、霍尔效应及霍尔元件的命名方法

如图 7－2 所示，在金属或半导体薄片相对两侧面 ab 通以控制电流 I，在薄片垂直方向上施加磁场 B，则在垂直于电流和磁场的方向上，即另两侧面 cd 会产生一个大小与控制电流 I 和磁场 B 乘积成正比的电动势 U_H，这一现象称为霍尔效应，即

$$U_H = K_H IB \tag{7-1}$$

式中，K_H 为霍尔元件的灵敏度，且有

$$K_H = \frac{R_H}{d} \tag{7-2}$$

式中，d 为霍尔元件的厚度；R_H 为霍尔系数，它反映元件霍尔效应的强弱，由材料性质决定。单位体积内导电粒子数越少，霍尔效应越强，半导体比金属导体霍尔效应强，所以常采用半导体材料作霍尔元件。

由式(7－1)可知，对于一个材料和尺寸确定的元件，K_H 保持常数，霍尔电势 U_H 仅和 I，B 的乘积成正比。利用这一特性，在恒定电流下可用霍尔元件来测量磁感应强度 B；反之，在恒定的磁场之下，也可以用来测量电流 I。当 K_H 和 B 恒定时，I 愈大，U_H 愈大；同样，

当 K_H 和 I 恒定时，B 愈大，U_H 也愈大。当磁场改变方向时，U_H 也改变方向。当磁场方向不垂直于元件平面，而是与元件平面的法线成一角度 θ 时，实际作用于元件上的有效磁场是其法线方向的分量，即 $B\cos\theta$，这时霍尔元件的输出为

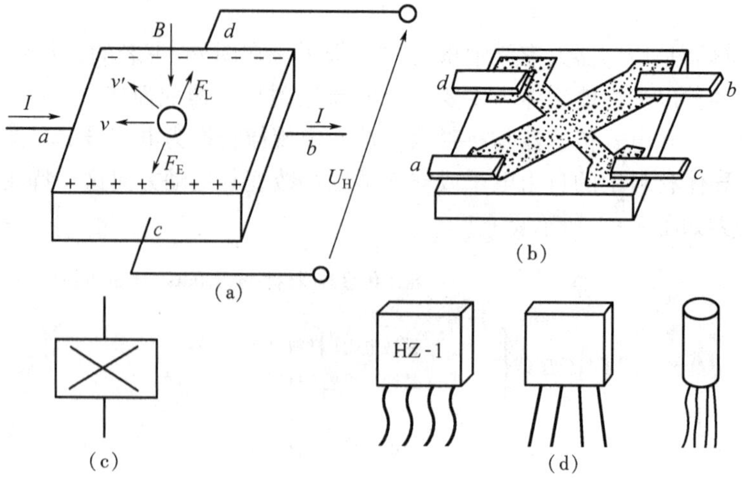

图 7－2 霍尔元件

(a)霍尔效应原理；(b)霍尔元件结构示意图；(c)图形符号；(d)外形

$$U_H = K_H IB\cos\theta \tag{7-3}$$

霍尔元件型号命名方法如图 7－3 所示。

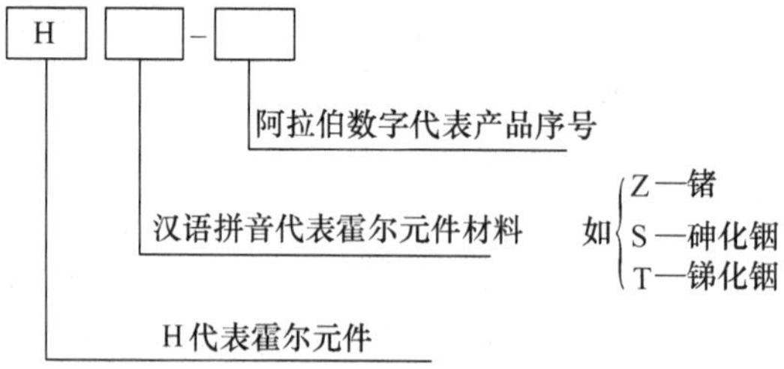

图 7－3 霍尔元件型号命名方法

二、霍尔元件的材料及结构

霍尔元件的输出与灵敏度有关，K_H 愈大，U_H 愈大。而霍尔灵敏度又取决于元件的材料性质和尺寸。材料的电阻率 ρ 和电子迁移率 μ 大，$R_H=\rho\mu$ 就大，输出的 U_H 也就大，所以在选择霍尔元件的材料时，为了提高霍尔灵敏度，要求材料的 R_H 尽可能地大。元件的厚度 d 愈小，K_H 愈大，U_H 也愈大，所以霍尔元件的厚度都比较小，但 d 太小，会使元件的输入、输出电阻增加。

霍尔元件常采用的半导体材料有 N 型锗(Ge)、锑化铟(InSb)、砷化铟(InAs)、砷化镓

(GaAs)及磷砷化铟(InAsP)、N 型硅(Si)等。锑化铟元件的输出较大,受温度的影响也较大;砷化铟和锗元件输出虽然不如锑化铟大,但温度系数小,线性度也好;砷化镓元件的温度特性和输出线性好,但价格贵。

霍尔元件的结构与其制造工艺有关。例如,体型霍尔元件是将半导体单晶材料定向切片,经研磨抛光,然后用蒸发合金法或其他方法制作欧姆接触电极,最后焊上引线并封装。而膜式霍尔元件则是在一块极薄(0.2 mm)的基片上用蒸发或外延的方法制成一种半导体薄膜,然后再制作欧姆接触电极,焊引线,并最后封装。由于霍尔元件的几何尺寸及电极的位置和大小等均直接影响它输出的霍尔电势,所以在制作时都有很严格的要求。

三、霍尔元件的技术参数

霍尔元件的主要技术参数有以下几个。

1. 输入电阻 R_i

霍尔元件两激励电流端的直流电阻称为输入电阻,它的数值从几欧到几百欧,视不同型号的元件而定。温度升高,输入电阻变小,从而使输入电流变大,最终引起霍尔电势变化。为了减小这种影响,最好采用恒流源作为激励源。

2. 输出电阻 R_o

两个霍尔电势输出端之间的电阻称为输出电阻,它的数值与输入电阻同一数量级。它也随温度改变而改变。选择适当的负载电阻 R_L 与之匹配,可以使由温度引起的霍尔电势的漂移减至最小。

3. 最大激励电流 I_M

由于霍尔电势随激励电流增大而增大,故在应用中总希望选用较大的激励电流 I_M,但激励电流增大,霍尔元件的功耗增大,元件的温度升高,从而引起霍尔电势的温漂增大,因此每种型号的元件均规定了相应的最大激励电流,它的数值从几毫安至几百毫安。

4. 灵敏度 K_H

灵敏度 $K_H = U_H/IB$,它的数值约为 10 mV/(mA·T)左右。

5. 最大磁感应强度 B_M

磁感应强度超过 B_M 时,霍尔电势的非线性误差将明显增大,B_M 的数值一般为零点几特斯拉(T)或几千高斯(Gs)(1 Gs $=10^{-4}$ T)。

6. 不等位电势

在额定激励电流的作用下,当外加磁场为零时,霍尔输出端之间的开路电压称为不等位电势,它是由于四个电极的几何尺寸不对称引起的,使用时多采用电桥法来补偿不等位电势引起的误差。

7. 霍尔电势温度系数

在一定磁场强度和激励电流的作用下,温度每变化 1 ℃时,霍尔电势变化的百分数称为霍尔电势温度系数,它与霍尔元件的材料有关。

8. 常用霍尔元件及参数

常用的国产和进口霍尔元件及参数分别如表 7-1、表 7-2 所示。

表 7－1　常用国产霍尔元件的技术参数

参数名称	符号	单位	HZ－1 型	HZ－2 型	HZ－3 型	HZ－4 型	HT－1 型	HT－2 型	HS－1 型
			材料(N 型)						
			Ge(111)	Ge(111)	Ge(111)	Ge(100)	InSb	InSb	InAs
电阻率	ρ	Ω·cm	0.8～1.2	0.8～1.2	0.8～1.2	0.4～0.5	0.003～0.01	0.003～0.05	0.01
几何尺寸	$l \times b \times d$	mm	8×4×0.2	4×2×0.2	8×4×0.2	8×4×0.2	6×3×0.2	8×4×0.2	8×4×0.2
输入电阻	R_i	Ω	110±20%	110±20%	110±20%	45±20%	0.8±20%	0.8±20%	1.2±20%
输出电阻	R_o	Ω	100±20%	100±20%	100±20%	40±20%	0.5±20%	0.5±20%	1±2%
灵敏度	K_H	mV/(mA·T)	>12	>12	>12	>4	1.8±20%	1.8±2%	1±20%
不等位电阻	r_0	Ω	<0.07	<0.05	<0.07	<0.02	<0.005	<0.005	<0.003
寄生直流电压	U_0	μV	<150	<200	<150	<100			
额定控制电流	I_c	mA	20	15	25	50	250	300	200
霍尔电势温度系数	α	1/C	0.04%	0.04%	0.04%	0.03%	－1.5%	－1.5%	
内阻温度系数	β	1/C	0.5%	0.5%	0.5%	0.3%	－0.5%	－0.5%	
热阻	R_θ	C/mW	0.4	0.25	0.2	0.1			
工作温度	T	C	－40～45	－40～45	－40～45	－40～75	0～40	0～40	－40～60

表 7－2 进口霍尔元件的技术参数

材料	额定激励电流 I_C/mA	$B=0.1$ T 时霍尔输出电势 U_H/mV	输入电阻 R_i/Ω	输出电阻 R_o/Ω	灵敏度 K_H/mV/mA·T	不等位电势 U_0/mV	U_H 的温度系数 α/%/C	R_i，R_c 的温度系数 β/%/C	厂家、型号
InAs	100	≥8.5	约 3	约 1.5	≥850	<6.5	约 －0.1	约 0.2	西门子 EA218
	150	≥12	约 2	约 1.5	≥800	<0.3	约 －0.1	约 0.2	西门子 FA22e
	400	≥30	约 1.5	约 1.1	≥750	<1	约 －0.07	约 0.2	西门子 FA24
InAsP	100	≥13	约 6.5	约 2.4	≥1 300	<0.15	约 －0.06	约 0.2	西门子 FC32
	100	≥14.5	约 5	约 3	≥1 450	<0.1	约 －0.04	约 0.2	西门子 FC33
	200	≥29.5	约 3	约 3	≥1 450	<0.2	约 －0.04	约 0.2	西门子 FC34
Ge	20	≥5	40	30	≥2 500	0.5，1.5，3.0 及 10 四种	0.02	0.5	NNEAG－1
	15	≥43	300	200	≥3 000	0.5，1.5，3.0 及 10 四种	0.02	0.5	NNEAG－4
InSb	5	250～550	240～550	240～550	$(5\sim11)\times10^4$	10	－1.0～－1.3	－1.0～－1.3	KH－400A
	10	80～300	10～30	10～30	$(8\sim30)\times10^4$	10	－2.0（最大）	－2.0（最大）	电气音响（5GF－MS－19F）
GaAs	5	15～110	200～800	200～800	$(3\sim22)\times10^4$	$<\pm20\%\ U_H$	－0.05	0.5	日胜利 VHG－110
	5	14～100	150～600	150～600	$(2.8\sim20)\times10^4$	$<\pm20\%\ U_H$	－0.06	—	东芝 THS－101
	1	10～30	150～900	450～900	$(10\sim20)\times10^4$	$<\pm20\%\ U_H$	－0.06	—	东芝 THS－102
	6	96～128	1 000	<5 000	$(16\sim21)\times10^4$	$<\pm12\%\ U_H$	－0.06	0.3	松下 OH－001

四、霍尔元件的温度补偿和不等位电势补偿

霍尔元件在实际使用时，存在着各种影响霍尔元件转换精度的因素，即在霍尔电势中叠加着各种误差电势，它们破坏了霍尔电势 U_H 与控制电流 I_c 和磁感应强度 B 之间的关系，因而造成测量误差。这些误差电势主要表现为由半导体本身特性和制造时的缺陷所造成的温差电势和不等位电势。

1. 温度补偿

霍尔材料都是半导体性质的，一般半导体元件对温度都比较敏感。因此，当霍尔元件或传感器的工作温度发生变化时，它的一些技术参数，如输入电阻、输出电阻和霍尔电势都要随之发生变化，从而使霍尔元件产生温差电势，因此在高精度或较高精度的测量中必须对其进行温度补偿。

图 7－4 所示为各种不同材料的内阻与温度的关系。由图可以看出，锑化铟对温度最敏感，其温度系数最大，特别在低温区。其次是硅，再次是锗，而砷化铟的温度系数最小。如图 7－5 所示为各种不同材料的霍尔输出电势随温度变化的情况。从图中可以看出，锑化铟的变化最显著，硅的霍尔电势温度系数最小，其次是砷化铟和锗。

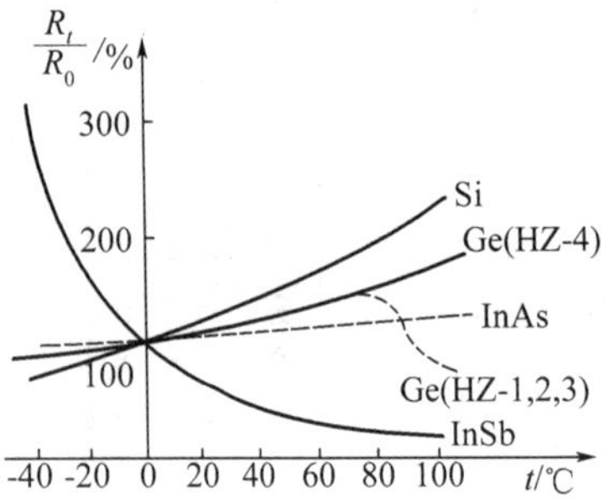

图 7－4 内阻与温度的关系

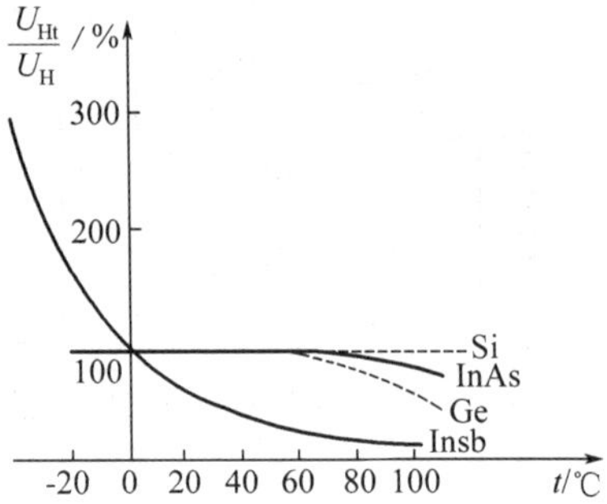

图 7－5 霍尔电势与温度的关系

为了减少由温度变化所引起的温差电势对霍尔元件输出的影响，可根据不同情况采取一些补偿方法。

（1）恒流源补偿

当负载电阻比霍尔元件输出电阻大很多时，输出电阻的变化对输出电势的影响很小，故只需考虑在输入端进行补偿。这种补偿可以采用恒流源供电，因为在恒流工作下，没有霍尔元件输入电阻的影响。也可采用在电压源供电的电路中串入一个比输入电阻大得多的电阻 R，这对霍尔元件的输入端来说，相当于恒流源供电，如图 7－6 所示。这时，当输入电阻随温度变化时，控制电流的变化很小，从而实现了对输入端的温度补偿。电阻 R 可由下式计算：

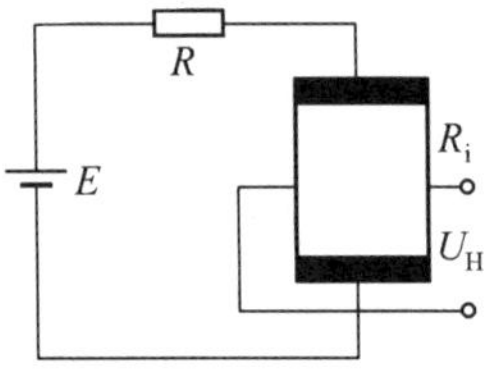

图 7－6 恒流源补偿

$$R = \frac{R_i(\beta - \alpha)}{\alpha} \tag{7-4}$$

式中 β——内阻温度系数；

α——霍尔电势温度系数；

R_i——输入电阻。

将元件的 α,β 值代入上式，根据 R_i 的值就可确定串联电阻 R 的值。例如，对于国产 HZ-1型霍尔元件，查表7-1得 α 为0.04%，β 为0.5%，$R_i = 110\ \Omega$，则 $R = 1\ 265\ \Omega$。

(2)利用输出回路的负载进行补偿

在输入端控制电流恒定，即输入电流随温度变化可以忽略的情况下，如果输出电阻随温度增高而增大则会引起负载 R_L 上的电压随温度上升而减小，而 HZ-1 型霍尔元件的输出电势却是随温度的上升而增大。利用这一关系，如图7-7所示，只要选择合适的负载电阻 R_L，就有可能补偿这种温度影响。能实现温度补偿的 R_L 可按下式计算：

$$R_L = R_0 \frac{\beta}{\alpha}$$

通常 $R_L \approx (10 \sim 50) R_0$。

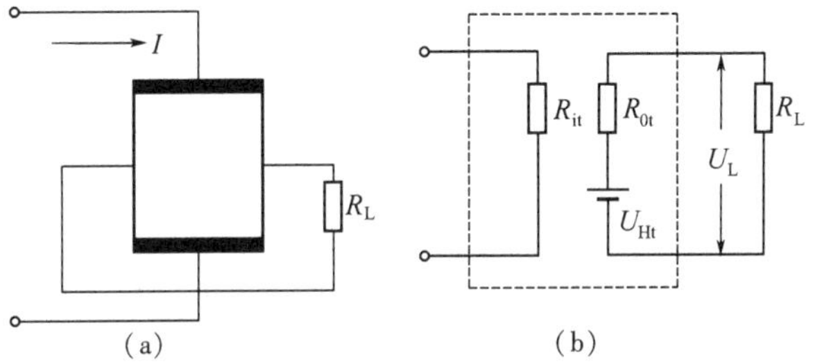

图7-7　输出回路负载补偿

(a)基本电路；(b) 等效电路

2. 不等位电势补偿

不等位电势的产生，会使霍尔元件或传感器在使用中产生零位误差，所以在高精度测量中都采用不等位电势补偿的方法来尽量排除它对霍尔输出的影响。对不等位电势进行补偿也是较为复杂的，在分析时可以将霍尔元件等效成一电桥，如图7-8所示。电桥的四个臂分别为四个极间分布电阻 $r_1 \sim r_4$。当两个霍尔电势电极在同一等位面上时，$r_1 = r_2 = r_3 = r_4$，则电桥平衡，不等位电势 $U_H = 0$。当两电极不在同一等位面上时(如 $r_1 > r_2$)，则电桥失去平衡，$U_H \neq 0$，此时就需进行补偿，其补偿电路如图7-9所示。图中外接电阻 R 的值应大于霍尔元件的内阻，调整可变电阻 R_P 就可人为地消除不等位电势，使 U_H 等于零。

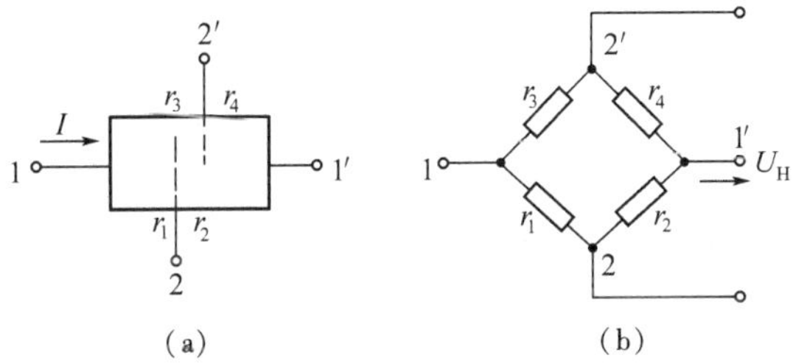

图7-8　霍尔元件的等效电路

(a)不等位电势；(b)等效电路

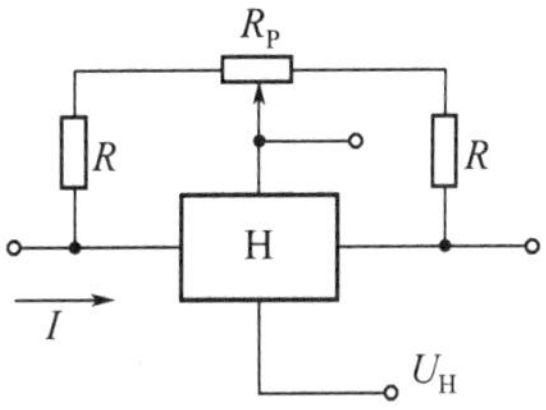

图7-9　不等位电势的补偿电路

五、霍尔元件的基本测量电路

图 7－10 中示出了霍尔元件的基本测量电路。激励电流 I 由电压源供给，其大小可用可变电阻 R_P 来调节，霍尔电压 U_H 加在负载电阻 R_L 上（R_L 代表显示仪表、记录装置或放大器的输入电阻）。由于建立霍尔效应所需时间很短，因此当激励电流采用交流时，其频率可达几千 MHz。

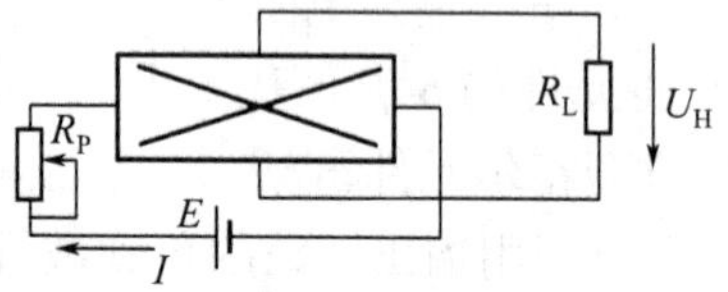

图 7－10 霍尔元件的基本测量电路

为了获得较大的霍尔输出，可采用输出叠加的连接方式。如图 7－11 所示，图(a)为直流供电情况，控制电流端并联，调节 R_{P1}，R_{P2} 可使两元件输出的霍尔电压相等。c，d 为输出端，它的输出电压值为单个元件的 2 倍。图(b)为交流供电情况，控制电流串联，各元件的输出端接至输出变压器的初级绕组，变压器的次级 c，d 端便得到霍尔输出信号的叠加值。

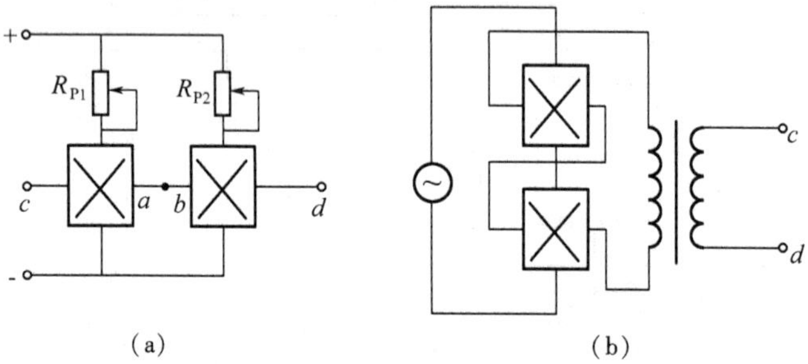

图 7－11 霍尔元件输出的叠加连接

(a)直流供电；(b)交流供电

六、霍尔元件使用注意事项

1. 驱动方式

霍尔元件的驱动方式有恒压和恒流两种，其电路如图 7－12 所示。

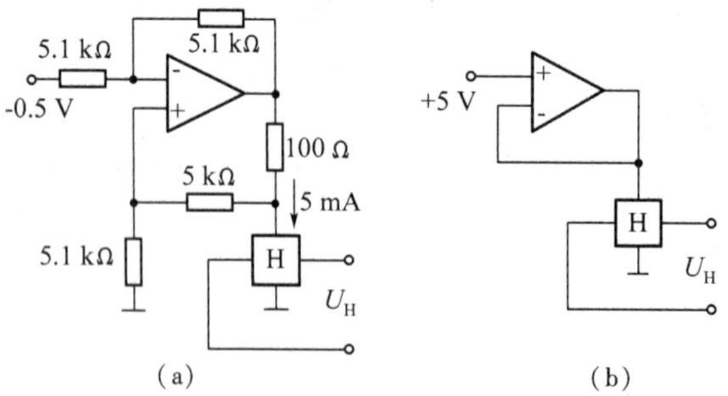

图 7－12 霍尔元件驱动电路

(a)恒流驱动；(b)恒压驱动

恒压工作的最大优点是电路简单，但它的性能较差，仅用于精度要求不太高的场合。恒流工作与恒压工作相比，具有温度影响小、精度高、线性好等特点。

2. 散热

霍尔元件工作时必须有良好的散热条件，以降低温升，特别是希望选用较大的控制电流时更应注意。

3. 安装

霍尔元件对安装工艺要求很高，主要有两点：①安装应坚实牢固；②不可有扭曲现象。这是因为霍尔元件的输出电势受应力影响也较大，即使应力很小，也会使其输出电势发生变化，并且会很不稳定。另外，应力稍大，有可能使基片碎裂。

第二节　霍尔集成传感器

由霍尔元件及有关电路组成的传感器称为霍尔传感器。随着微电子技术的发展，目前霍尔传感器都已集成化，即把霍尔元件、放大器、温度补偿电路及稳压电源或恒流电源等集成在一个芯片上，由于其外形与集成电路相同，故又称为霍尔集成电路。

一、霍尔集成传感器分类

霍尔传感器的霍尔材料仍以半导体硅作为主要材料，按其输出信号的形式可分为线性型和开关型两种。当霍尔元件作线性测量时，最好选用灵敏度低一点、不等位电势小、稳定性和线性度优良的霍尔元件。

例如，选用 $K_H = 5\ \text{mV}/(\text{mA} \cdot \text{kGs})$，控制电流为 5 mA 的霍尔元件作线性测量元件，若要测量 1 Gs ~ 10 kGs 的磁场，则霍尔器件最低输出电势 U_H 为

$$U_H = 5\ \text{mV}/(\text{mA} \cdot \text{KGs}) \times 5\ \text{mA} \times 10^{-3}\ \text{kGs} = 25\ \mu\text{V}$$

最大输出电势为

$$U_H = 5\ \text{mV}/(\text{mA} \cdot \text{KGs}) \times 5\ \text{mA} \times 10\ \text{kGs} = 250\ \text{mV}$$

应用时，要选择低噪音的放大器作为前级放大。

当霍尔元件作开关使用时，要选择灵敏度高的霍尔器件。

例如，$K_H = 20\ \text{mV}/(\text{mA} \cdot \text{kGs})$，如果采用 $2 \times 3 \times 5\ \text{mm}^3$ 的钐钴磁钢的器件，控制电流为 2 mA，施加一个离器件 5 mm 的 300 Gs 的磁场，则输出霍尔电势为

$$U_H = 20\ \text{mV}/(\text{mA} \cdot \text{KGs}) \times 2\ \text{mA} \times 300\ \text{Gs} = 12\ \text{mV}$$

这时选用一般的放大器即可满足要求。

二、线性型霍尔集成传感器

线性型霍尔集成传感器是将霍尔元件和恒流源、线性放大器等做在同一芯片上，其输出电压较高，使用非常方便。

例如，UGN3501M 是具有双端差动输出特性的线性霍尔器件，UGN－3501M 的外形、内部电路框图见图 7－13，其输出的特性曲线见图 7－14。当其感受的磁场为零时，第一脚相对于第八脚的输出电压等于零；当感受的磁场为正向（磁钢的 S 极对准 3501M 的正面）时，输出为正；磁场为反向时，输出为负。因此使用起来非常方便。它的第 5，6，7 脚外接一只微调电位器后，就可以微调并消除不等位电势引起的差动输出零点漂移。

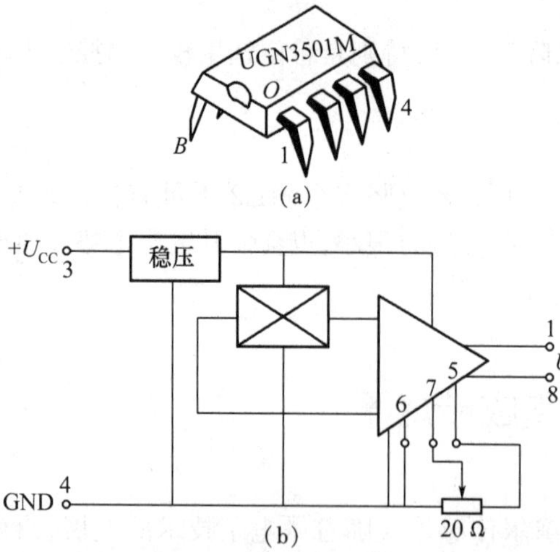

图 7－13 差动输出线性霍尔集成电路

(a)外形;(b)内部电路框图

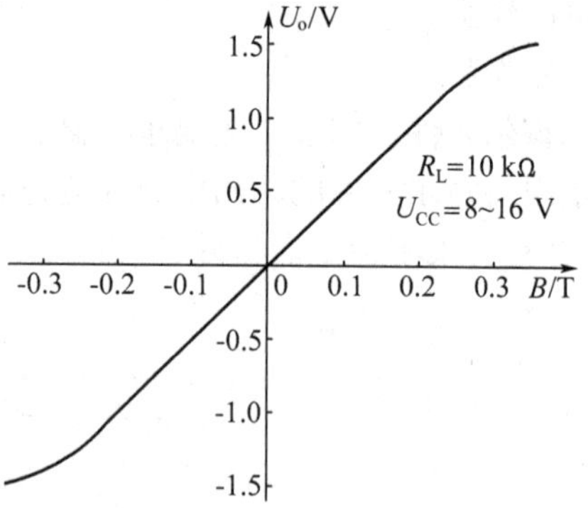

图 7－14 差动输出线性霍尔集成电路输出线性

三、开关型霍尔集成传感器

开关型霍尔集成传感器是将霍尔元件、稳压电路、放大器、施密特触发器、OC 门等电路做在同一芯片上。当外加磁场强度超过规定的工作点时,OC 门由高阻态变为导通状态,输出变为低电平,当外加磁场强度低于释放点时,OC 门重新变为高阻态,输出为高电平。

常用的产品有美国 SPR 公司的 UGN(S)－3019T,UGN(S)－3020T,UGN(S)－3030T,UGN(S)－3075T;日本松下公司的产品 DN－837,DN－839,DN－6837,DN－6839 等。开关型霍尔集成电路 UGN－3019,其外形与内部电路框图如图 7－15 所示。

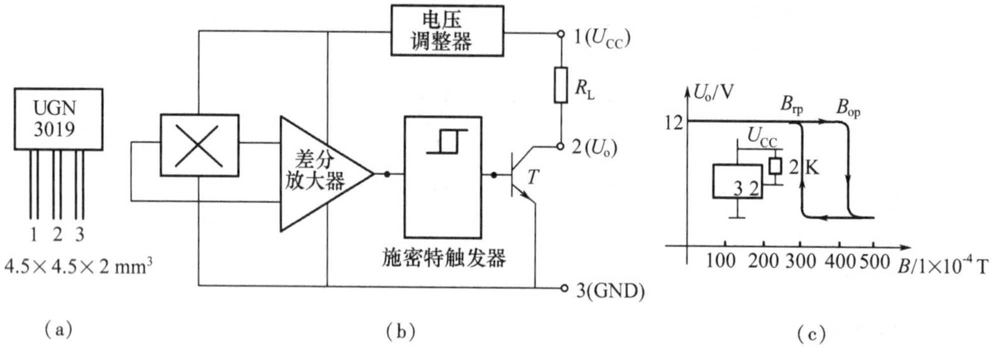

图 7－15 开关型霍尔集成电路

(a)外形尺寸;(b)内部电路框图;(c)输出特性

霍尔效应片产生的电势由差分放大器进行放大,随后被送到施密特触发器。当外加磁场 B 小于霍尔元件磁场工作点 B_{op}(0.03～0.48 T)时,差动放大器的输出电压不足以开启施密特电路,故驱动晶体管 T 截止,霍尔器件处于关闭状态。

当外加磁场 B 大于或等于 B_{op} 时,差分放大器输出增大,启动施密特电路,使 T 导通,霍尔元件处于开启状态。若此时外加磁场逐渐减弱,霍尔开关并不立即进入关闭状态,而是减弱至磁场释放点 B_{rp},使差分放大器的输出电压降到施密特电路的关闭阈值,晶体管才由导通变为截止。

霍尔元件的磁场工作点 B_{op} 和释放点 B_{rp} 之差 ΔB 为磁感应强度的回差宽度。B_{op} 和 ΔB 是霍尔元件的两个重要参数。B_{op} 愈小，器件灵敏度愈高；ΔB 愈大，器件抗干扰能力愈强。霍尔元件所具备的回差特性使其抗干扰能力显著提高，外来杂散磁场干扰不易使其产生误动作。

UGN(S) -3019T 内部还设置了电压调整电路。除晶体管 T 的工作电压外，其他电路的电源均由电压调整器供给，电压为 3.4 V，而与器件外加电源电压高低无关。这样可使外加电源电压的范围很宽，为 4.5 V ~24 V，为不同的应用带来很多的方便。USN(S) -3019T 的输出晶体管 T 采用集电极开路结构形式，便于器件与其他集成电路或负载直接接口。

UGN(S) -3019T 主要参数和特点如下：

B_{op}：0.03 T ~0.048 T	B_{rp}：0.015 T ~0.042 T
ΔB：0.012 T	工作温度：0 ℃ ~70 ℃
灌入电流：>15 mA	开关频率：100 kHz

UGN(S) -3019T 和 UGN(S) -3020T 均属于单稳开关型霍尔器件，而 UGN(S) -3030 和 UGN(S) -3075T 为双稳开关型霍尔器件。双稳型霍尔开关的特点是：当外加磁场的磁感应强度达到器件的 B_{op} 时，开关接通，磁场消失后器件仍保持导通状态，只有在施加反向极性的磁场，而且磁感应强度达到 B_{op} 时，器件才翻转回到关闭状态。

第三节　霍尔传感器的应用

霍尔元件及霍尔传感器的应用十分广泛。在测量领域，可用于测量磁场、电流、位移、压力、振动、转速等；在通信领域，可用于测量放大器、振荡器、相敏检波、混频、分频以及微波功率等；在自动化技术领域，可用于测量无刷直流电机、速度传感、位置传感、自动记数、接近开关、霍尔自整角机构成的伺服系统和自动电力拖动系统等。下面举几个应用实例。

一、简易高斯计

霍尔元件及传感器广泛用于磁场测量。图 7 -16 为一个简易高斯计电路，它直接采用线性型霍尔传感器 UGN -3501M，因此外围电路十分简单。在磁感应强度为 0.1 T 时，UGN -3501M 的典型输出为 1 400 mV，因此该电路可用于制作 0.1 T 的高斯计。

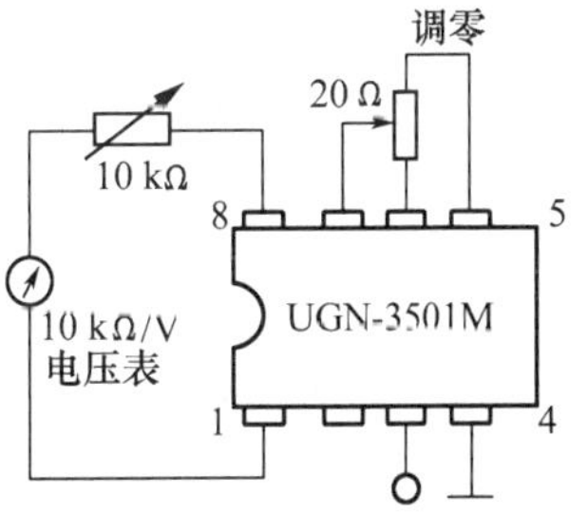

图 7 -16　简易高斯计电路

电路电源采用 8 ~16 V，在 UGN -3501M 的⑤，⑥，⑦脚接一个 20 Ω 的电位器，通过调整电位器，使电压表在无磁场情况下指示为零。在①，⑧脚接一个调整灵敏度的 10 kΩ电位器与一个最小 10 kΩ/V 电压表串联，通过调整电位器，使磁感应强度与输出的霍尔电压成线性比例关系。这样，把传感器置于 0.1 T 以内的磁场中时，电压表指针即能显示磁感应强度的大小。

二、计数装置

UGN -3501T 具有较高的灵敏度，能感受到很小的磁场变化，利用这一特性可以制成一种钢球计数装置。本装置实际上是通过检测物体的有无来实现计数的。

用霍尔传感器检测有无物体时，要和永久磁铁一起使用。在分析磁系统时，有两种情况，一种是检测无磁性物体时要借助于接近装在被测物体上的磁铁来产生磁场；另一种是检测强磁性物体时可将磁铁固定并检测到因强磁性物体的接近而产生的磁场变化。霍尔传感器检测到磁场或磁场的变化时，便输出霍尔电压，从而实现检测有无物体的目的。

图 7－17 是一个应用霍尔传感器对钢球进行计数的装置及其电路图。钢球为强磁性物体，在装置中将永久磁铁固定，当有钢球滚过时，磁场就发生一次变化，传感器输出的霍尔电压也变化一次，这相当于输出一个脉冲。该脉冲信号经运算放大器 μA741 放大后，送入三极管 2N5812 的基极，三极管便导通一次。如在该三极管的集电极接上一个计数器，即可对滚过传感器的钢球进行计数。

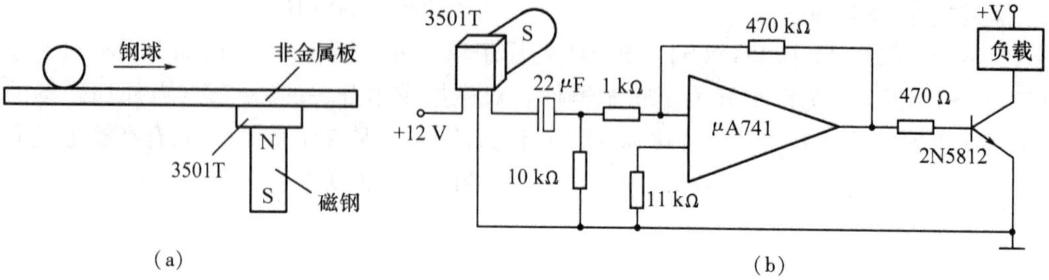

图 7－17 钢球计数装置及电路图

(a) 钢球计数装置；(b) 钢球计数装置电路图

三、霍尔接近开关

利用开关型霍尔集成电路制作的接近开关具有结构简单、抗干扰能力强的特点，如图 7－18 所示。运动部件 3 上装有一块永久磁铁 2，它的轴线与霍尔传感器 1 的轴线处在同一直线上。当磁铁随运动部件 3 移动到距传感器几毫米到十几毫米（此距离由设计确定）时，传感器的输出由高电平变为低电平，经驱动电路使继电器吸合或释放，运动部件停止移动。

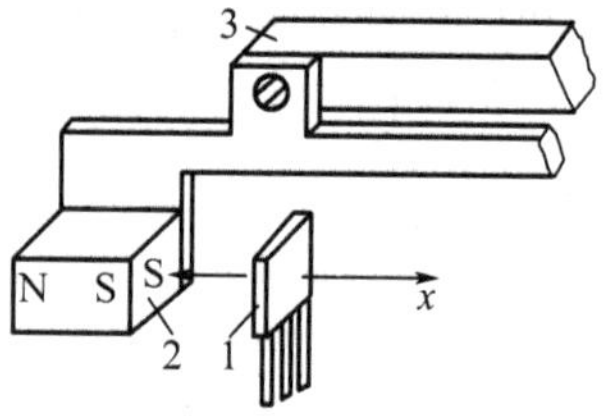

图 7－18 霍尔式接近开关结构图

四、霍尔转速表

霍尔转速表如图 7－19 所示。在被测转速的转轴上安装一个齿盘，也可选取机械系统中的一个齿轮，将霍尔器件及磁路系统靠近齿盘，随着齿盘的转动，磁路的磁阻也周期性地变化，测量霍尔器件输出的脉冲频率就可以确定被测物的转速。

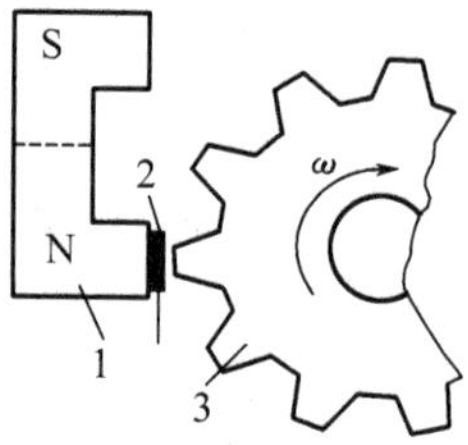

图 7－19 霍尔转速表

1—磁铁；2—霍尔器件；3—齿盘

五、汽车霍尔点火器

图 7－20 是霍尔电子点火器结构示意图。将霍尔元件（图 7－20 中 3）固定在汽车分电

器的白金座上，在分火点上装一个隔磁罩1，罩的竖边根据汽车发动机的缸数，开出等间距的缺口2。当缺口对准霍尔元件时，磁通通过霍尔器件而成闭合回路，所以电路导通，如图7－20(a)所示，此时霍尔电路输出低电平≤0.4 V；当罩边凸出部分挡在霍尔元件和磁体之间时，电路截止，如图7－20(b)所示，霍尔电路输出高电平。

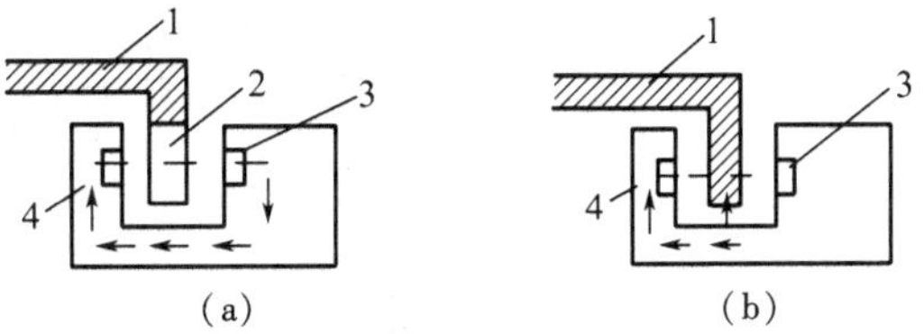

图7－20　霍尔传感器磁路示意图

1—隔磁罩；2—隔磁罩缺口；3—霍尔元件；4—磁钢

霍尔电子点火器原理如图7－21所示。当霍尔传感器输出低电平时，BG_1 截止，BG_2，BG_3 导通，点火线圈的初级有一恒定电流通过。当霍尔传感器输出高电平时，BG_1 导通，BG_2，BG_3 截止，点火器的初级电流截断，此时储存在点火线圈中的能量，由次级线圈以高压放电形式输出，即放电点火。

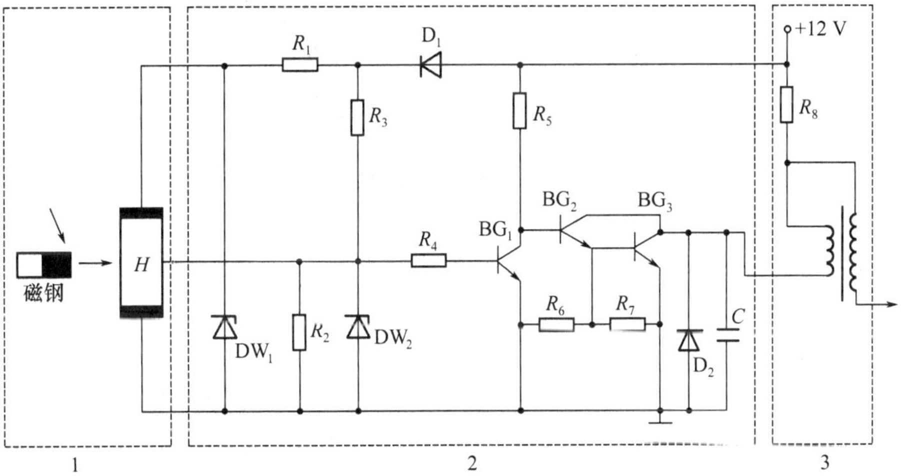

图7－21　霍尔电子点火器原理图

1—带霍尔传感器的分电器；2—开关放大器；3—点火线圈

汽车霍尔电子点火器，由于它无触点、节油，能适用于恶劣的工作环境和各种车速，冷起动性能好等特点，目前已被国外广泛采用。

六、纱线定长和自停装置

图7－22中为利用霍尔开关的纱线定长和自停装置的电路图。图中霍尔元件 H_1 和 H_2 分别作为断线和定长的检测元件，它们的实际安装位置如图7－23所示。该装置同样适用于毛线、制线、化纤、丝线等线状生产机械的定长或断头自停装置。

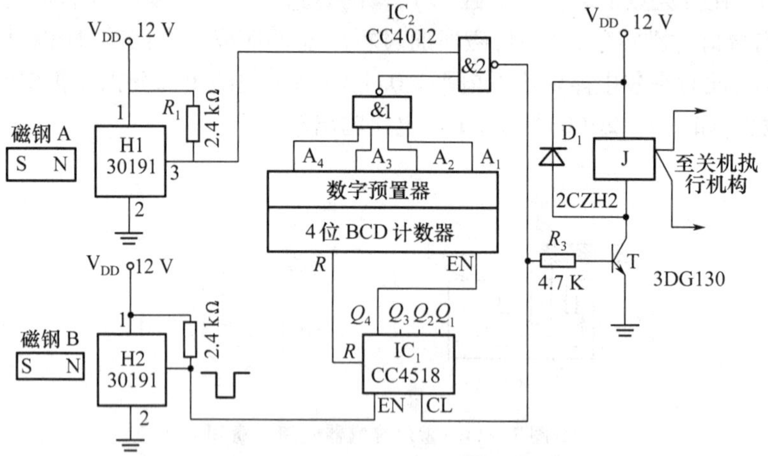

图 7－22 纱线定长和自停装置电路

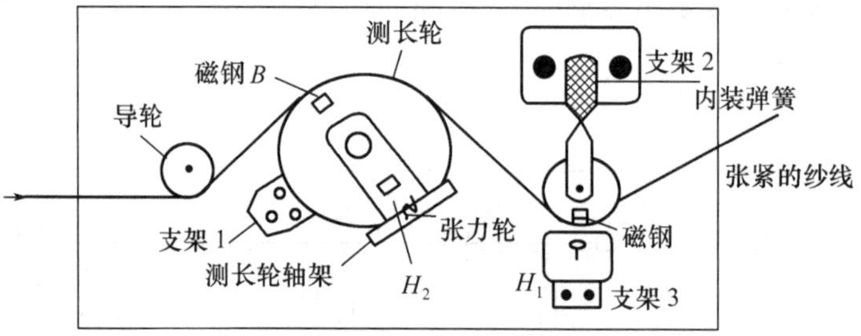

图 7－23 安装示意图

当被测纱线由机械带动运行时，测长轮随之转动，粘贴在测长轮上的磁钢 B 每掠过霍尔元件 H_2 一次，H_2 便导通一次，输出一个低电平。随着纱线和测长轮之间没有滑移现象，被测纱线的长度便等于测长轮边缘的线位移，测长轮每转一圈，即 H_2 每输出一个脉冲所对应的纱线长度就是 $2\pi R$（R 为测长轮半径）。H_2 输出的脉冲被送至计数器 EN 端，然后由 4 位 BCD 计数器进行计数。当计到预先设定的纱线长度值时，A_1，A_4 均为高电平，于是控制门打开，输出低电平，使控制门 2 的输出为高电平，三极管 T 导通，继电器吸合，推动执行机构将机器停下，完成定长控制过程。如果纱线在运行中突然断裂，张力轮便因失去纱线的张力而下落，轮上的磁钢 A 紧靠霍尔元件 H_1 使 H_1 由平时的关状态转为通态，引脚 3 输出低电平。该低电平作用于控制门 2 后，同样会使继电器及关机执行机构动作，机器关停后等待操作人员处理断线。电路中，控制门 2 的输出端还与 IC_1 的 CL 端连接，这样一旦发生断线，门 2 输出的高电平立即将 IC_1 封住，不让计数器计数，从而避免了因测长轮惯性转动而产生的误差计数现象。

霍尔传感器的用途还有许多，例如，可利用廉价的霍尔元件制作电子打字机和电子琴的按键；可利用低温漂的霍尔集成电路制作霍尔式电压传感器、霍尔式电流传感器、霍尔式电度表、霍尔式高斯计、霍尔式液位计、霍尔式加速度计等。

思考题与习题

1. 一个霍尔元件在一定的电流控制下,其霍尔电势与哪些因素有关?

2. 简述霍尔元件各种特性参数的物理意义。

3. 若一个霍尔器件的 $K_H = 4\ \mathrm{mV/(mA \cdot kGs)}$,控制电流 $I = 3\ \mathrm{mA}$,将它置于 1 Gs ~ 5 kGs变化的磁场中,它输出的霍尔电势范围多大?

4. 如图 7－24 是霍尔式钳型电流表结构图,试分析它的工作原理。

5. 霍尔位移传感器如图 7－25 中所示,试说明其工作原理。

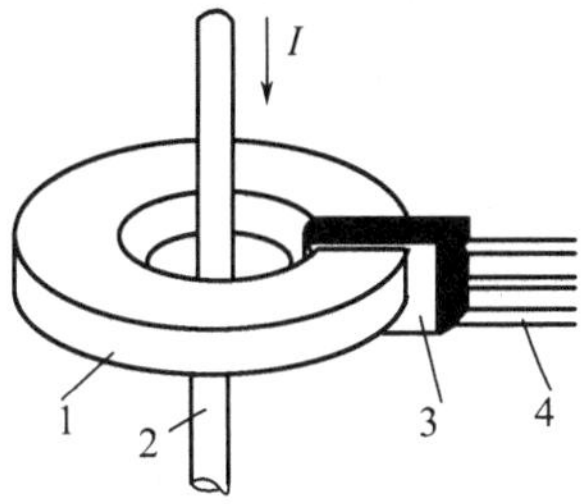

图 7－24　霍尔式钳型电流表结构图

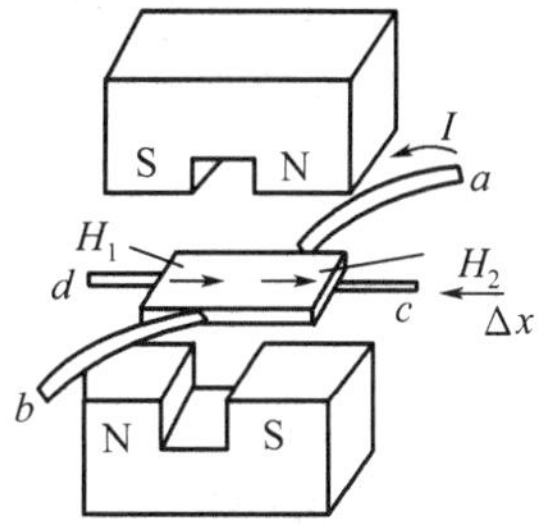

图 7－25　霍尔位移传感器

第八章　热电式传感器

热电式传感器是一种将温度变化转换为电量变化的装置。它利用传感元件的电磁参数随温度变化的特性来达到测量的目的。例如将温度转化为电阻、磁导或电势等的变化，通过适当的测量电路，就可由这些电参数的变化来表达所测温度的变化。

在各种热电式传感器中，以把温度量转换为电势和电阻的方法最为普遍。其中将温度转换为电势大小的热电式传感器叫做热电偶，将温度转换为电阻值大小的热电式传感器叫做热电阻。这两种热电式传感器目前在工业生产中已得到广泛的应用。另外利用半导体 PN 结伏安特性与温度的关系所研制的 PN 结型温度传感器在窄温场中也得到了十分广泛的应用。

第一节　热电偶传感器

热电偶传感器是一种能将温度转换成电势的装置，目前在工业生产和科学研究中已得到广泛的应用，并且已经可以选用标准的显示仪表和记录仪表来进行显示和记录。

一、热电偶工作原理

1. 热电效应

当两种不同材料的金属导体 A 和 B 组成闭合回路，且两个结点温度不同时，回路中将产生电动势，这一现象称作热电效应或赛贝克效应。利用热电效应制成的将温度信号转换为电信号的器件称为热电偶，工作原理如图 8－1 所示。

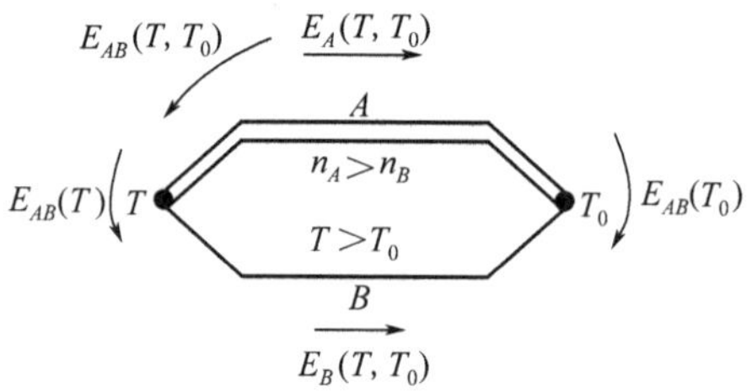

图 8－1　热电偶原理图

组成热电偶的导体 A，B 称为热电极。热电偶的两个结点中，置于温度为 T 的被测对象中的结点称为测量端（工作端或热端）；置于参考温度为 T_0 的另一结点称为参考端（自由端或冷端）。

热电偶产生的热电势 $E_{AB}(T,T_0)$ 由接触电动势和温差电动势两部分组成。接触电动势（又称珀尔帖电动势）是由于两种不同导体的自由电子密度不同而在接触处形成的电动势。自由电子从密度大的金属（如 A 金属）扩散到密度小的金属（如 B 金属），则 A 失去电子带正电，B 得到电子带负电，这样在 AB 接触表面便形成了一个电场，阻止电子进一步扩散而达到平衡。接触电动势 $E_{AB}(T)$，$E_{AB}(T_0)$ 的方向如图 8－1 所示，其数值取决于两种导体的性质和接触点的温度，而与导体的形状及尺寸无关。

温差电动势（又称汤姆逊电动势）是在同一根导体中，由于两端温度不同而产生的一种电动势。导体内的自由电子将从高温端向低温端扩散，并在温度较低端积聚起来，使棒内建立起一电场。当该电场对电子的作用力与扩散相平衡时，扩散作用即停止。此时形成的电场产生的电势称为温差电动势，$E_A(T,T_0)$，$E_B(T,T_0)$ 方向如图 8－1 所示，其数值是导体两

端温度的函数，且有

$$E_{AB}(T,T_0) = E_{AB}(T) - E_{AB}(T_0) + E_B(T,T_0) - E_A(T,T_0) \quad (8-1)$$

式中，T 可以是绝对温度，也可以是摄氏温度。

如果使冷端温度 T_0 固定，则对一定材料的热电偶，其总电动势就只与温度 T 成单值关系，如图 8-2 所示。若测量出回路总电动势 $E_{AB}(T,T_0)$，通过查热电偶分度表，再经计算就可知温度 T，即热电偶将温度 T 信号转换成了总电动势。

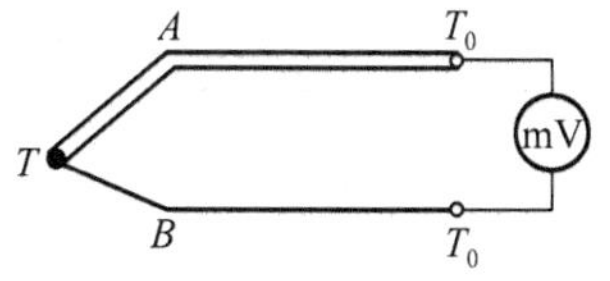

图 8-2 热电偶测量回路示意图

若热电偶两电极 A 和 B 材料相同，其接触电势 $E_{AB}(T)$ 和 $E_{AB}(T_0)$ 皆为零；当两种材料接触点温度不同时，每种材料温差电势 $E_A(T,T_0)$，$E_B(T,T_0)$ 大小相等，方向相反，所以整个回路中不会产生热电势。若热电偶两接点温度相同，则无温差电势；两电极材料不同时，接触电势大小相等方向相反，回路中也不会产生热电势。

实践证明，在热电偶回路中起主要作用的是两个接点的接触电动势，因而将单一导体的温差电动势忽略不计，则

$$E_{AB}(T,T_0) \approx E_{AB}(T) - E_{AB}(T_0) \quad (8-2)$$

2. 热电偶分度表

为了便于使用，我们将自由端温度 T_0 取为℃，将热电偶工作端温度与热电动势的对应关系列成表格，该表称为热电偶的分度表，镍铬—镍硅（镍铝）热电偶分度表如表 8-1 所示，其中，EU-2 为我国旧的分度号，K 为新的分度号。没有特殊说明，我们以新的分度号为准。

如果镍铬—镍硅热电偶 T_0 为 0 ℃，测量某被测物的温度，得出其热电动势为 4.508 mV，则通过查表便可知道被测物的温度为 110 ℃。

表 8-1 镍铬—镍硅（镍铝）热电偶分度表（自由端温度为 0 ℃）

工作端温度/℃	热电动势/mV		工作端温度/℃	势电动势/mV	
	EU-2	K		EU-2	K
-50	-1.86	-1.889	300	12.21	12.207
-40	-1.50	-1.527	310	12.62	12.623
-30	-1.14	1.156	320	13.04	13.039
-20	-0.77	-0.777	330	13.45	13.456
-10	-0.39	-0.392	340	13.87	13.874
-0	-0.00	-0.000	350	14.30	14.292
+0	0.00	0.000	360	14.72	14.712
10	0.40	0.397	370	15.14	15.132
20	0.80	0.798	380	15.56	15.552
30	1.20	1.203	390	15.99	15.974
40	1.61	1.611	400	16.40	16.395
50	2.02	2.022	410	16.83	16.818
60	3.43	2.436	420	17.25	17.241

表 8 -1(续)

工作端温度/℃	热电动势/mV		工作端温度/℃	势电动势/mV	
	EU -2	K		EU -2	K
70	2. 85	2. 850	430	17. 67	17. 664
80	3. 26	3. 266	440	18. 09	18. 088
90	3. 68	3. 681	450	18. 51	18. 513
100	4. 10	4. 095	460	18. 94	18. 938
110	4. 51	4. 508	470	19. 37	19. 363
120	4. 92	4. 919	480	19. 79	19. 788
130	5. 33	5. 327	490	20. 22	20. 214
140	5. 73	5. 733	500	20. 65	20. 640
150	6. 13	6. 137	510	21. 08	21. 066
160	6. 53	6. 539	520	21. 50	21. 493
170	6. 93	6. 939	530	21. 93	21. 919
180	7. 33	7. 338	540	22. 35	22. 346
190	7. 73	7. 737	550	22. 78	22. 772
200	8. 13	8. 137	560	23. 21	23. 198
210	8. 53	8. 537	570	23. 63	23. 624
220	8. 93	8. 938	580	24. 05	24. 050
230	9. 34	9. 341	590	24. 48	24. 476
240	9. 74	9. 745	600	24. 90	20. 902
250	10. 15	10. 151	610	25. 32	25. 327
260	10. 56	10. 560	620	25. 72	25. 751
270	10. 97	10. 969	630	26. 18	26. 176
280	11. 38	11. 381	640	26. 60	26. 599
290	11. 80	11. 793	650	27. 03	27. 022
660	27. 45	27. 445	1 040	42. 83	42. 817
670	27. 87	27. 867	1 050	43. 21	43. 202
680	28. 29	28. 288	1 060	43. 59	43. 585
690	28. 71	28. 709	1 070	43. 97	43. 968
700	29. 13	29. 128	1 080	44. 34	44. 349
710	29. 55	29. 547	1 090	44. 72	44. 729
720	29. 97	29. 965	1 100	45. 10	45. 108
730	30. 39	30. 383	1 110	45. 48	45. 486
740	30. 81	30. 799	1 120	45. 85	45. 863

表 8－1(续)

工作端温度/℃	热电动势/mV		工作端温度/℃	势电动势/mV	
	EU－2	K		EU－2	K
750	31. 22	31. 214	1 130	46. 23	46. 238
760	31. 64	31. 629	1 140	46. 60	46. 612
770	32. 06	32. 042	1 150	46. 97	46. 935
780	32. 46	32. 455	1 160	47. 34	47. 356
790	32. 87	32. 866	1 170	47. 71	47. 726
800	33. 29	33. 277	1 180	48. 08	48. 095
810	33. 69	33. 686	1 190	48. 44	48. 462
820	34. 10	34. 095	1 200	48. 81	48. 828
830	34. 51	35. 502	1 210	49. 71	49. 192
840	34. 91	34. 909	1 220	49. 53	49. 555
850	35. 32	35. 314	1 230	49. 89	49. 916
860	35. 72	35. 718	1 240	50. 25	50. 276
870	36. 13	36. 121	1 250	50. 61	50. 633
880	36. 53	36. 524	1 260	50. 96	50. 990
890	36. 93	36. 925	1 270	51. 32	51. 344
900	37. 33	37. 325	1 280	51. 67	51. 697
910	37. 73	37. 724	1 290	52. 02	52. 042
920	38. 13	38. 122	1 300	52. 37	52. 398
930	38. 53	38. 519	1 310		52. 747
940	38. 93	38. 915	1 320		53. 039
950	39. 32	39. 310	1 330		53. 439
960	39. 72	39. 703	1 340		53. 782
970	40. 10	40. 096	1 350		54. 125
980	40. 49	40. 488	1 360		54. 466
990	40. 88	40. 897	1 370		54. 807
1 000	41. 27	41. 264			
1 010	41. 66	41. 657			
1 020	42. 04	42. 045			
1 030	42. 43	42. 432			

二、热电偶定律

1. 中间导体定律

若在热电偶回路中插入中间导体，无论插入导体的温度分布如何，只要中间导体两端温度相同，则对热电偶回路的总电动势无影响，这就是中间导体定律。

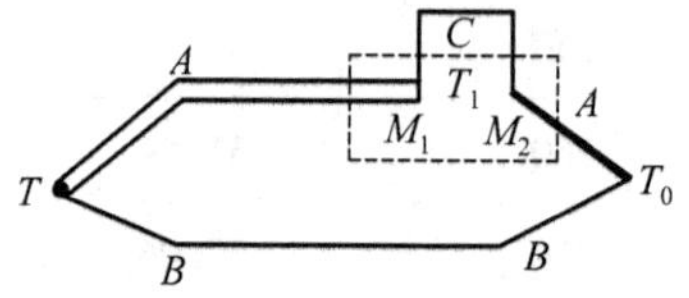

图 8-3 热电偶中间导体定律示意图

如图 8-3 所示，只要 M_1，M_2 端的温度相同，则总电动势在插入 C 与未插入 C 时一样，即

$$E_{ABC}(T,T_0) = E_{AB}(T,T_0) \tag{8-3}$$

这是因为导体 C 与导体 A 接触，两个接触点 M_1，M_2 的温度都为 T_1，因而它们没有温差电动势，只有接触电动势 $E_{AC}(T_1)$，$E_{CA}(T_1)$，且

$$E_{AC}(T_1) = -E_{CA}(T_1)$$

故

$$\begin{aligned} E_{ABC}(T,T_0) &= E_{AB}(T) - E_{AB}(T_0) + E_{AC}(T_1) + E_{CA}(T_1) \\ &= E_{AB}(T) - E_{AB}(T_0) = E_{AB}(T,T_0) \end{aligned}$$

中间导体定律的使用价值在于：利用热电偶实际测温时，可以将连接导线和显示仪表看成是中间导体，只要保证中间导体两端温度相同，则对热电偶的热电动势没有影响。

2. 中间温度定律

如图 8-4 所示，热电偶在结点温度为 T，T_0 时的热电动势 $E_{AB}(T,T_0)$ 等于该热电偶在 (T,T_n) 及 (T_n,T_0) 时的热电动势 $E_{AB}(T,T_n)$ 与 $E_{AB}(T_n,T_0)$ 之和，这就是中间温度定律。其中 T_n 称为中间温度。

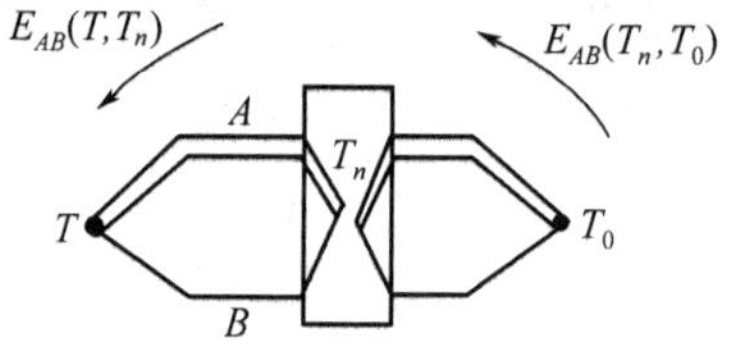

图 8-4 热电偶中间温度定律示意图

中间温度定律的实用价值在于：当自由端温度不为 0 ℃时，可利用该定律及分度表求得工作端温度 T，另外热电偶中补偿导线的使用也依据了以上定律。

例 8.1 用镍铬—镍硅热电偶测炉温时，其冷端温度 $T_n = 30$ ℃，在直流电位计上测得的热电势 $E_{AB}(T,30\ ℃)$ 为 30.839 mV，试求炉温为多少？

分析
$$E_{AB}(T,T_0) = E_{AB}(T,T_n) + E_{AB}(T_n,T_0)$$

$E_{AB}(T,T_n)$ 已知，$E_{AB}(T_n,T_0)$ 已知，先求 $E_{AB}(T,T_0)$ 再查分度表即可得出炉温。

解 (1) 查镍铬—镍硅热电偶 K 分度表，得

$$E_{AB}(T_n,0\ ℃) = E_{AB}(30\ ℃,0\ ℃) = 1.203\ \text{mV}$$

(2)
$$\begin{aligned} E_{AB}(T,0\ ℃) &= E_{AB}(T,T_n) + E_{AB}(T_n,0\ ℃) \\ &= E_{AB}(T,30\ ℃) + E_{AB}(30\ ℃,0\ ℃) \\ &= 30.839 + 1.203 = 32.042\ \text{mV} \end{aligned}$$

(3) 再查分度表，得 $E_{AB}(T,0\ ℃) = 32.042$ mV 的温度值为 770 ℃。

3. 参考电极定律(也称组成定律)

如图 8－5 所示,已知热电极 A,B 与参考电极 C 组成的热电偶在结点温度为(T, T_0)时的热电动势分别为 $E_{AC}(T,T_0)$ 与 $E_{BC}(T,T_0)$,则相同温度下,由 A,B 两种热电极配对后的热电动势 $E_{AB}(T,T_0)$ 可按下面的公式进行计算:

$$E_{AB}(T,T_0) = E_{AC}(T,T_0) - E_{BC}(T,T_0) \quad (7-5)$$

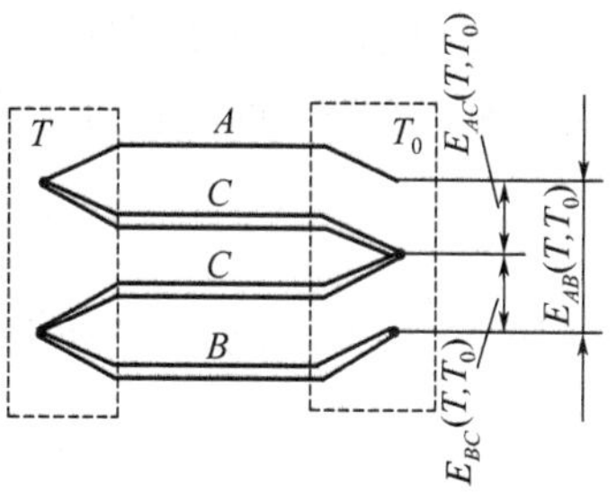

图 8－5　热电偶参考电极定律示意

参考电极定律的使用价值是:大大简化了热电偶选配电极的工作,只要获得有关热电极与参考电极配对的热电动势,那么任何两种热电极配对时的电动势均可利用该定律计算,而不需逐个进行测定。

例 8.2　当 T 为 100 ℃,T_0 为 0 ℃时,铬合金—铂热电偶的 E(100 ℃,0 ℃) = +3.13 mV,铝合金—铂热电偶 E(100 ℃,0 ℃)为 －1.02 mV,求铬合金—铝合金组成热电偶材料的热电势 E(100 ℃,0 ℃)。

解　设铬合金为 A,铝合金为 B,铂为 C,即

$$E_{AC}(100\ ℃,0\ ℃) = 3.13$$

$$E_{BC}(100\ ℃,0\ ℃) = -1.02$$

则

$$E_{AB}(100\ ℃,0\ ℃) = E_{AC}(100\ ℃,0\ ℃) - E_{BC}(100\ ℃,0\ ℃) = 3.13 - (-1.02) = 4.15\ \text{mV}$$

三、热电偶的测温电路

图 8－6(a)所示为基本测温电路,它是一支热电偶配一台显示仪表直接测量温度的电路。图 8－6(b)所示为测量温差电路,它是将两支型号相同的热电偶反向串联,直接测量温差电势的电路,且有

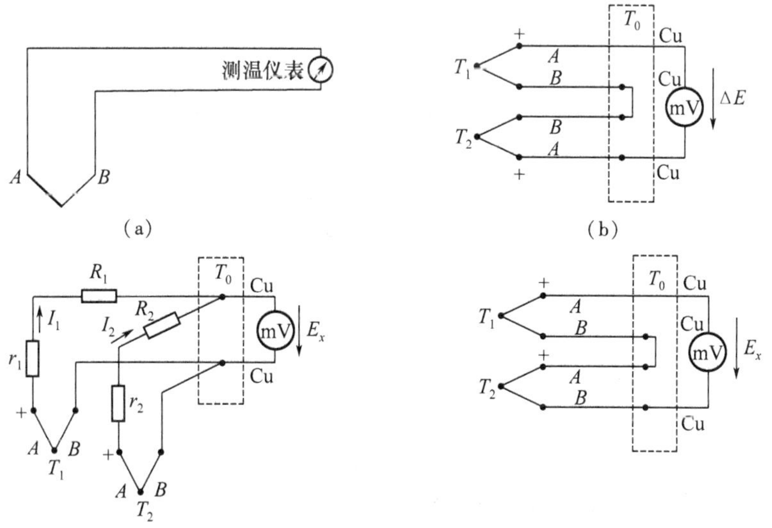

图 8－6　热电偶的测温电路

$$E_{AB}(T,T_0) = E_{AB}(T_1,T_0) - E_{AB}(T_2,T_0) \tag{8-6}$$

图 8-6(c)为测量平均温度的电路。它是利用同型号的热电偶并联,测量各点的平均电势。R_1,R_2 为均衡电阻,其作用是为了减少热电偶内阻 r_1,r_2 不相等的影响。且有

$$E_{AB}(T,T_0) = \frac{E_{AB}(T_1,T_0) + E_{AB}(T_2,T_0)}{2} \tag{8-7}$$

图 8-6(d)为求温度和的电路。它是利用同类型的热电偶相串联来测量几点温度之和,即

$$E_{AB}(T,T_0) = E_{AB}(T_1,T_0) + E_{AB}(T_2,T_0) \tag{8-8}$$

四、热电偶的结构、种类和特点

1. 热电偶的结构

工程上实际使用的热电偶大多是由热电极、绝缘套管、保护套管和接线盒等部分组成,如图 8-7 所示。

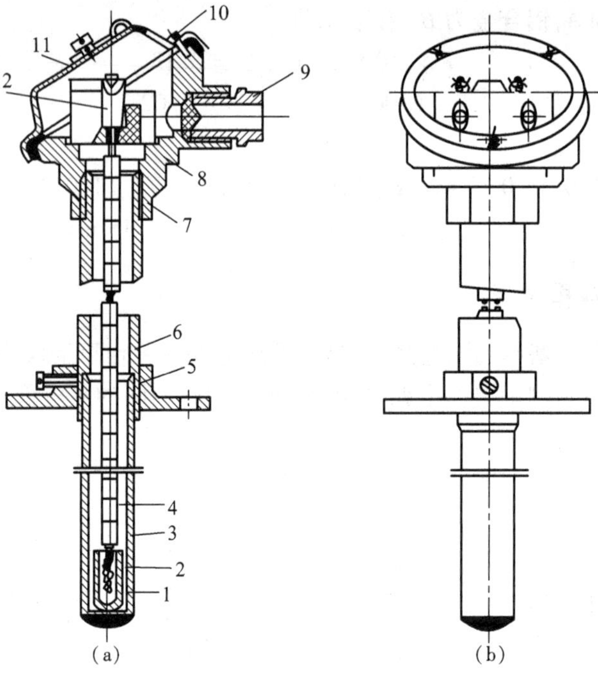

图 8-7　普通热电偶结构

(a)结构图;(b)外形图

1—热电偶热端;2—绝缘套;3—下保护套管;4—绝缘珠管;5—固定法兰;6—上保护套管;7—接线盒底座;8—接线绝缘座;9—引出线套管;10—固定螺钉;11—接线盒外接;12—接线柱

现将各部分的构造和要求说明如下:

(1)热电极

热电偶常以热电极材料种类来定名,例如铂铑—铂热电偶,镍铬—镍硅热电偶等,热电极的直径由材料的价格、机械强度、电导率以及热电偶的用途和测量范围等来决定。贵金属热电偶的热电极多采用直径为 0.35 ~ 0.65 mm 的细导线。非贵金属热电极的直径一般是 0.5 ~ 3.2 mm。热电偶的长度由安装条件,特别是由工作端在介质中的插入深度来决定,通

常为 350 ~ 2 000 mm，最长的可达 3 500mm。热电极的工作端是焊在一起的。

(2)绝缘套管

绝缘套管又叫绝缘子，用来防止两根热电极短路。绝缘子一般做成圆形或椭圆形，中间有一个、两个或四个小孔，孔的大小由热电极的直径而定，绝缘材料主要根据测温范围及绝缘性能要求来选择。通常用陶瓷、石英等作绝缘套管。

(3)保护管

保护管的作用是使热电极与被测介质隔离，使之免受化学侵蚀或机械损伤。热电极在套上绝缘套管后再装入保护管内。对保护管的要求是：经久耐用与传热良好。前者指的是能耐高温，耐急冷急热，耐腐蚀，不分解出对电极有害的气体，有足够的机械强度；后者指的是有良好的导热性，以改善热电极对被测温度变化的响应速度，减少滞后。常用的保护管材料分为金属和非金属两大类，一般根据热电偶类型、测温范围等因素来选择保护管材料。

(4)接线盒

接线盒供连接热电偶和测量仪表之用，多用铝合金制成。为了防止灰尘及有害气体进入内部，接线盒出线孔和接线盒都装有密闭垫片和垫圈。

2. 热电偶的主要特性

(1)稳定性

热电偶的热电特性(即输出温差电势 - 温度的关系)通常会随着测温时间的长短而变化，如果变化显著则失去使用意义。热电偶的稳定性就是描述热电偶的特性的相对稳定的重要参数。热电偶的稳定性有长期稳定性和短期稳定性之分。

(2)均匀性

热电偶的均匀性是指热电极的均匀程度。若热电极材料不均匀，而热电极又处于温度不均匀中，则会产生附加的不均匀电势。不均匀电势的存在会使热电偶的热电特性发生变化，因而降低了测温的准确度，使得有时引起的附加误差可到 30 ℃左右，严重影响到热电偶的稳定性和互换性，所以均匀性也是评定热电偶质量的重要参数之一。

(3)时间常数(热惰性)

热电偶的时间常数是指被测介质从一温度跃变到另一温度时，热电偶测量端的温度上升到整个阶跃温度的 63% 所需的时间。工业用热电偶的时间常数分类见表 8 - 2。对丁特殊用途的热电偶的时间常数可由具体情况来决定。

表 8 - 2 时间常数分类

热电偶的惰性级别	时间常数/ms
Ⅰ	≤20
Ⅱ	20 ~ 90
Ⅲ	90 ~ 240
Ⅳ	>240

(4)绝缘电阻

①常温下的绝缘电阻。当环境空气温度为 20 ± 5 ℃，相对湿度不大于 80% 时，热电偶保护管与热电极之间以及两热电极之间(测量端开路时)的绝缘电阻应大于 2 MΩ。

②高温下的绝缘电阻。热电极与保护管之间以及两热电极测量端开路时，按 1 m 长计算在高温下的绝缘电阻应符合表 8－3 的要求。

表 8－3 高温绝缘电阻表

连续使用的最高温度/℃	试验温度/℃	绝缘电阻/Ω
<600	规定的连续使用最高温度	>70 000
600～800	600	>7 000
800～1 000	800	>25 000
>1 000	1 000	>5 000

(5)热偶丝电阻率

热偶丝电阻率应符合表 8－4 的要求。

表 8－4 热偶丝电阻率

热偶丝名称	20 ℃时电阻率/$\Omega \cdot mm^2/m$
铂铑$_{10}$	0.196
铂	0.098
镍铬	0.68
镍硅(镍铝)	0.25
考铜	0.47
铁	0.13
康铜	0.45

3. 热电偶的种类

(1)普通型热电偶

普通型热电偶主要用于测量气体、蒸气和液体等介质的温度。这类热电偶已做成标准形式，其中包括棒形、角形、锥形等，并且做成无专门固定装置、有螺纹固定装置及法兰固定装置等各种形式。图 8－7 所示即为棒形、无螺纹、法兰固定的普通型热电偶。表 8－5 列出了几种常用普通型热电偶的测温范围及特点。

表 8－5 常用热电偶

名　称	型号	分度号	测温范围℃	100℃时热电动势/mV	特　点
铂铑$_{30}$—铂铑$_6$	WRR	B(LL－2)$_{(1)}$	0～1 800	0.033	使用温度高，范围广，性能稳定，精度高，易在氧化和中性介质中使用；但价格贵，热电动势小，灵敏度低，适用于高温域的测量。

表 8－5(续)

名　称	型号	分度号	测温范围℃	100℃时热电动势/mV	特　点
铂铑$_{10}$—铂	WRP	S(LB－3)	0～1 600	0.645	使用温度范围广,性能稳定,精度高,复现性好。但热电势较小,高温下铑易升华,污染铂极,价格贵,一般用于较精密的测温。
镍铬—镍硅	WRN	K(EU－2)	－200～1 300	4.095	热电动势大,线性好,价廉,但材质较脆,焊接性能及抗辐射性能较差,多用于工业测量。
镍铬—考铜	WRK	EA－2	0～800	6.95	热电动势大,线性好,价廉,测温范围小,考铜易受氧化而变质,多用于工业测量。

注:括号内为我国旧的分度号。

(2)铠装热电偶

铠装热电偶是由金属保护管、绝缘材料和热电极三者组合成一体的特殊结构的热电偶。它可以做得很细很长,而且可以弯曲。热电偶的套管外径最细能达0.25 mm,长度可达100 m以上。双芯与单芯结构断面示于图8－8中。

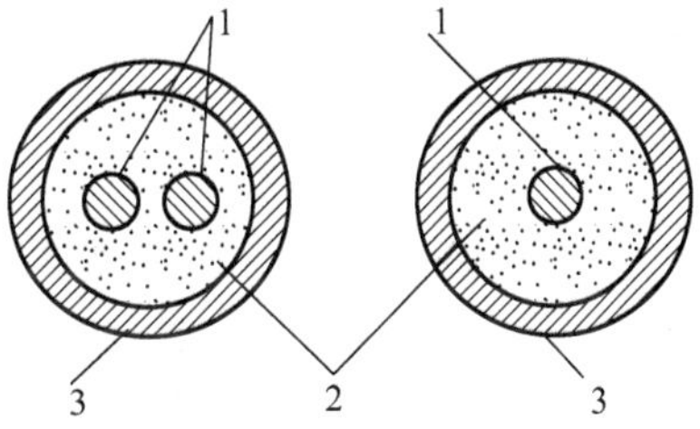

图8－8　铠装热电偶截面图

(a)双芯结构;(b)单芯结构

1—内电极;2—绝缘材料;3—套管

铠装热电偶具有体积小,精度高,响应速度快,可靠性好,耐振动,耐冲击,比较柔软,可挠性好,便于安装等优点,因此特别适用于复杂结构(如狭小弯曲管道内)的温度测量,在航空及原子能工业中使用较多。

(3)薄膜热电偶

薄膜热电偶如图8－9所示。它是把热电极材料用真空蒸镀的方法在绝缘基板上制成一薄膜。测量端既小又薄,厚度可达0.01～10 μm,热容量小,响应速度快,适用于测量微小面积上的瞬变温度。我国研制成功的铁镍薄膜热电偶,其灵敏度为0.032 mV/℃,时间常数$\tau < 0.01$ s,薄膜厚度在3～6 μm之间,测温范围在0～300 ℃之间。

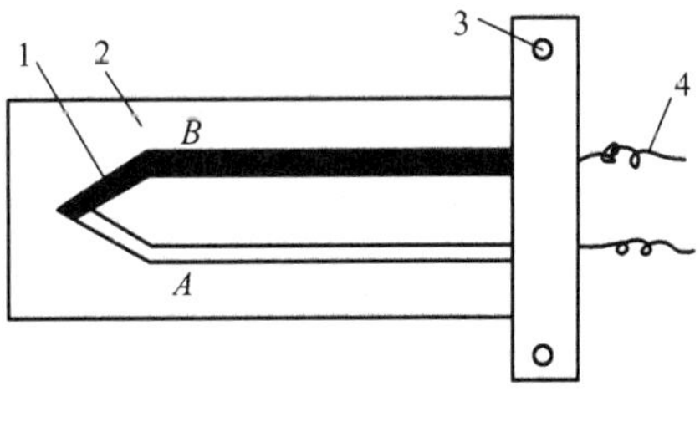

图8－9　薄膜热电偶

1—工作端;2—绝缘基板;3—接头夹;4—引线

除以上所述,尚有专门用来测量各种固体表面温度的表面热电偶,专门为测量钢水和其他熔融金属温度而设计的快速热电偶等。

4. 热电偶的特点

热电偶虽然是一种古老的传感器,但因有如下优点,至今仍在测温领域里得到广泛应用。

(1)结构简单,制造容易,使用方便,热电偶的电极不受大小和形状的限制,可按照需要进行配制。

(2)因为它的输出信号为电动势,因此测量时,可不要外加电源。输出灵敏度一般为μV/℃,室温下的典型输出电压为毫伏数量级。

(3)测量范围广,可从 -269 ℃ ~1 800 ℃。

(4)测量精度高,热电偶与被测对象直接接触,不受中间介质的影响。

(5)便于远距离测量、自动记录及多点测量。

五、应用热电偶的注意事项

1. 采用补偿导线

实际测量时,如图 8-10 所示,为了让自由端免受被测介质温度和周围环境的影响,往往采用补偿导线,将热电偶的自由端延引到远离高温区的地方,从而使新的自由端温度相对稳定。同时当测量端与工作端距离较远时,利用补偿导线可以节约大量贵金属,减少热电偶回路的电阻,而且便于铺设安装。

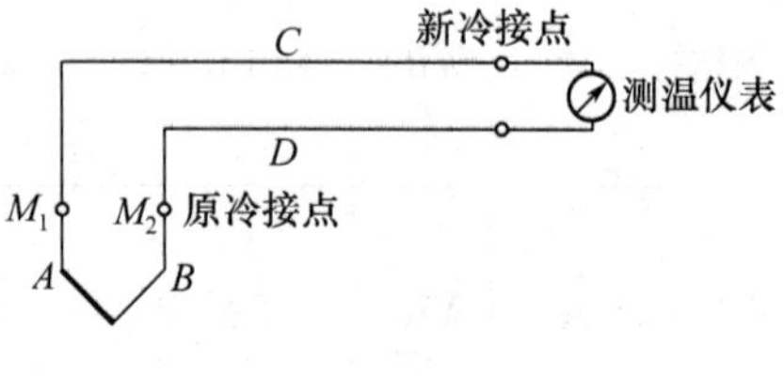

图 8-10 补偿导线示意图

所谓补偿导线,是指在一定的温度范围内(0 ℃ ~100 ℃),其热电性能与相应热电偶的热电性能相同的廉价导线。它仅能延长热电偶的自由端,但不起任何温度补偿的作用。

接补偿导线后的热电偶回路可以看作仅由热电极 A,B 组成的回路。使用补偿导线应注意以下两点:

(1)两根补偿导线与热电偶两个热电极的接点 M_1,M_2 必须具有相同的温度。

(2)各种补偿导线只能与相应型号的热电偶配用,而且必须在规定的温度范围内使用,极性切勿接反,使用时可查表 8-6。

表 8-6 常用热电偶补偿导线的特性

配用热电偶 正—负	补偿导线 正—负	导线外皮颜色		100 ℃热电势 /mV	150 ℃热电势 /mV	20 ℃时的 电阻率/Ωm
		正	负			
铂铑$_{10}$—铂	铜—铜镍①	红	绿	0.643 ±0.023	$1.029^{+0.024}_{-0.055}$	<0.048 4 ×10^{-6}
镍铬—镍硅	铜—康铜	红	蓝	4.095 ±0.15	6.137 ±0.020	<0.634 ×10^{-6}
镍铬—考铜	镍铬—考铜	红	黄	6.95 ±0.30	10.59 ±0.38	<1.25 ×10^{-6}
钨铼$_5$—钨铼$_{20}$	铜—铜镍②	红	蓝	1.337 ±0.045	—	—

注:①99.4% Cu、0.6% Ni;
②98.2% ~98.3% Cu,1.7 ~1.8% Ni。

2. 冷端温度补偿的方法

(1)冷端恒温法

将热电偶的冷端置于冰水混合物的恒温容器中,使冷端的温度保持 0 ℃不变。

(2)计算修正法

利用中间温度定律计算修正。此时应使冷端维持在某一恒定(或变化较小)的温度上。

可以将热电偶的冷端置于电热恒温器中，恒温器的温度略高于环境温度的上限。或将热电偶的冷端置于大油槽或空气不流动的大容器中，利用其热惯性，使冷端温度变化较为缓慢。

(3)仪表机械零点调整法

当热电偶与动圈式仪表配套使用时，若热电偶的冷端温度比较恒定，对测量精度要求又不太高时，可将动圈式仪表的机械零点调至热电偶冷端所处的温度 T_0 处，这相当于在输入热电偶的热电动势前就给仪表输入一个热电动势 $E(T_0, 0\ ℃)$。

(4)电桥补偿法

如图 8－11 所示，R_1，R_2，R_3 和限流电阻 R_g 由温度系数很小的锰铜丝做成，R_{cu} 由电阻温度系数较大的铜线或镍线绕制而成，且有

$$U_o = E(T, T_0) + U_{ad} \tag{8-9}$$

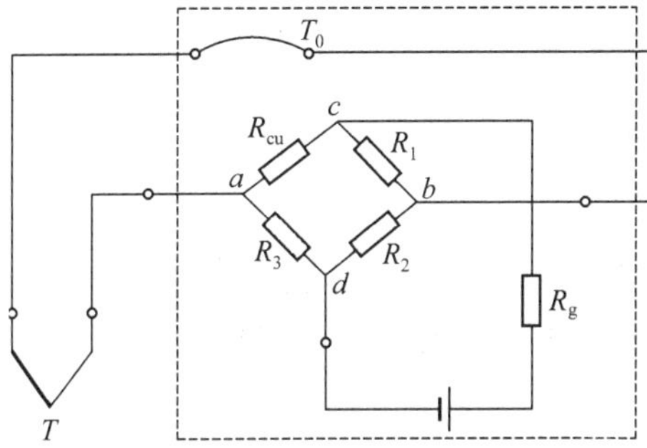

图 8－11　电桥补偿法示意图

当环境温度为 20 ℃ 时，设计电桥处于平衡状态，此时 $U_{ab}=0$，电桥无补偿作用。当环境温度升高，热电偶冷端温度也随之升高，此时热电偶的热电动势就有所降低。这时 R_{cu} 的阻值随环境温度升高而增大，电桥失去平衡，U_{ab} 上升并与 $E_{AB}(T, T_0)$ 叠加，若适当选择桥臂电阻和电流的数值，可以使 U_{ab} 正好补偿热电偶冷端温度升高所降低的热电动势值。由于电桥设计在 20 ℃时平衡，则测温仪表的机械零点要预先调到 20 ℃处。

六、应用举例

1. 热电偶测金属表面温度

表面温度测量是温度测量的一大领域。金属表面温度的测量对于机械、冶金、能源、国防等部门来说是非常普通的问题，例如热处理的锻件、铸件，气体水蒸气管道，炉壁面等表面温度的测量，测温范围从几百摄氏度到一千多摄氏度，而测量方法通常利用直接接触测温法。

一般在 200～300 ℃以下温度时，可采用黏接剂将热电偶的结点黏附于金属壁面，工艺比较简单。在温度较高且测量精度高和时间常数小的情况下，常采用焊接的方法，将热电偶头部焊于金属壁面。

2. 测控应用

如图 8－12 所示为常用炉温测量采用的热电偶测量系统图。图中由毫伏定值器给出设定温度的相应毫伏值，如热电偶的热电势与定值器的输出(毫伏)值有偏差，说明炉温偏离给定值，此偏差经放大器送入调节器，再经过晶闸管触发器去推动晶闸管执行器，从而调整

炉丝的加热功率，消除偏差，达到温控的目的。

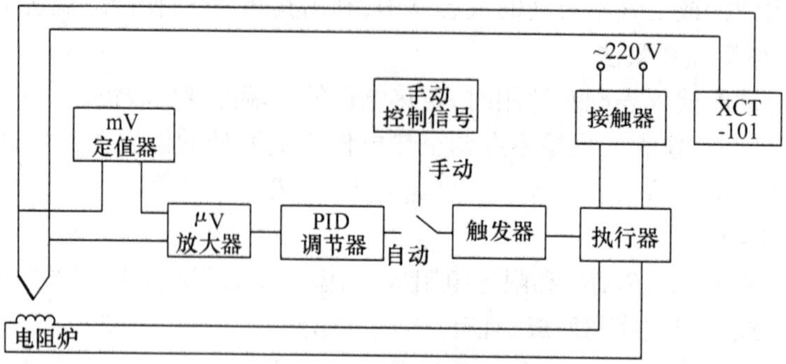

图 8－12 热电偶测量系统图

第二节 热电阻传感器

利用电阻随温度变化的特性制成的传感器叫做热电阻传感器，主要用于对温度和与温度有关的参量的检测。通常将热电阻传感器分为金属热电阻和半导体热电阻，有时前者称为热电阻，后者称为热敏电阻。

一、金属热电阻

金属热电阻是利用金属导体的电阻与温度成一定函数关系的特性而制成的感温元件。当被测温度变化时，导体的电阻随温度而变化，通过测量电阻值的变化而得出温度变化的情况，这就是热电阻测温的基本工作原理。热电阻材料主要是铂、铜、镍、铟、锰等，用得最多的是铂和铜。要求电阻温度系数大，线性好，性能稳定，使用温度范围宽，加工容易等。

1. 铂电阻

铂电阻的电阻体是用直径为 0.02 mm ~ 0.07 mm 的铂丝，按一定规律绕在云母、石英或陶瓷支架上而制成的。铂丝绕组的端头与银线相焊，并套以瓷管加以绝缘保护。铂电阻是目前公认的制造热电阻的最好材料，它性能稳定，重复性好，测量精度高，其电阻值与温度之间有很近似的线性关系；缺点是电阻温度系数小，铂的电阻温度系数在 0 ~ 100 ℃之间的平均值为 3.9×10^{-1} Ω/℃，价格较高（铂是贵重金属）。铂电阻主要用于制成标准电阻温度计，其测量范围一般为 －200 ~ 650 ℃。

当温度 t 为 0 ℃ ~ 650 ℃时

$$R_t = R_0(1 + At + Bt^2) \tag{8-10}$$

当温度 t 在 －200 ℃ ~ 0 ℃时

$$R_t = R_0[1 + At + Bt^2 + Ct^3(t - 100)] \tag{8-11}$$

式中 A——常数（$A = 3.968\,47 \times 10^{-3}$ Ω/℃）；

B——常数（$B = -5.847 \times 10^{-7}$ Ω/℃）；

C——常数（$C = -4.22 \times 10^{-12}$ Ω/℃）；

R_t——温度为 t ℃时的电阻值；

R_0——温度为 0 ℃时的电阻值。

工业用标准铂热电阻的 R_0 值有 100 Ω,46 Ω,50 Ω 等几种。

2. 铜电阻

铜电阻的电阻体是一个铜丝绕组,绕组是由 0.1 mm 直径的漆包绝缘铜丝分层双向绕在圆形骨架上。为了防止松散,整个元件要经过酚醛树脂浸渍后,在温度为 120 ℃的烘箱内保持 24 小时,然后自然冷却至常温才能使用。绕组的线端与镀银丝应该焊接牢固以作为引出线,并套以绝缘套管。铜电阻的特点是价格便宜,纯度高,重复性好,电阻温度系数大,其测温范围为 -50 ~ +150 ℃,当温度再高时,裸铜就氧化了。在上述测温范围内,铜的电阻值与温度呈线性关系,可表示为

$$R_t = R_0(1 + \alpha t) \tag{8-12}$$

式中 R_t——温度为 t ℃时的电阻值;

R_0——温度为 0 ℃时的电阻值;

α—— 铜电阻温度系数,且有 $\alpha = (4.25 \sim 4.28) \times 10^{-3}$ Ω/℃。

铜热电阻国家标准的 R_0 有 100 Ω,50 Ω,53 Ω 等几种。常用铜热电阻为 WZG 型,分度号为 G,R_0 =53 Ω。用铜热电阻的主要缺点是电阻率小,所以制成一定电阻值时与铂材料相比,铜电阻丝要细,造成机械强度不高,如果增加长度则体积较大,而且铜电阻容易氧化,测温范围小。因此,铜电阻常用于介质温度不高、腐蚀性不强、测温元件体积不受限制的场合。

3. 其他热电阻

镍和铁的电阻温度系数大,电阻率高,可制成体积大、灵敏度高的热电阻。但由于其容易氧化,化学稳定性差,不易提纯,重复性和线性度差,目前应用还不多。

近年来在低温和超低温测量方面,开始采用一些较为新颖的热电阻,例如铑铁电阻、铟电阻、锰电阻、碳电阻等。铑铁电阻是以含 0.5% 克铑原子的铑铁合金丝制成的,常用于测量 0.3 ~20 K 范围内的温度,具有较高的灵敏度和稳定性,重复性较好等优点。铟电阻是一种高精度低温热电阻,铟的熔点约为 429 K,在 4.2 ~15 K 温域内其灵敏度比铂高 10 倍,故可用于铂电阻不能使用的测温范围。

锰电阻在 63 ~2 K 温度范围内,电阻随温度变化大,灵敏度高;缺点是材料脆,难拉成丝。碳电阻适合作液氦温域的温度测量,价廉,对磁场不敏感,但热稳定性较差。

总之,只要测得热电阻 R_t 值,根据计算或查分度表便可求得与 R_t 相对应的温度值 T。各种材料的 α 值如表 8-7 所示。

表 8-7 各种材料的 α 值

材料	α(0 ℃ ~100 ℃)	材料	α(0 ℃ ~100 ℃)
铜	0.004	铅	0.004
铁	0.005	水银	0.000 9
铝	0.004	钨	0.004 5
镍	0.006	锌	0.003 5
金	0.003 5	镍铬合金	0.000 2
白金	0.003	锰	0.000 1

4. 测温电路

电阻温度计由热电阻与测量电路组成，它是一种接触式测温计，当与被测介质相接触，最后达到热平衡时的温度值即为被测对象的温度。最常用的测温电路是电桥电路，如图8－13所示，其中R_1，R_2，R_3和R_t（R_q，R_m）组成电桥的四个桥臂，其中R_t是热电阻，R_q和R_m是锰铜电阻，分别为调零和调满刻度的调整电位器。测量时，先将切换开关S扳到"1"位置，调节R_0使仪表指示在刻度的下限，然后将S扳到"3"位置，调节R_P使仪表指示到满刻度。作这种调整后再将S扳到"2"位置，则可进行正常测量。在进行测量时，热电阻R_t总是被安装在测温点上，与被测对象相接触，然后用连接导线连接到电桥的接线端子上，直到表头指针平稳后，其指示值即为所测温度值。

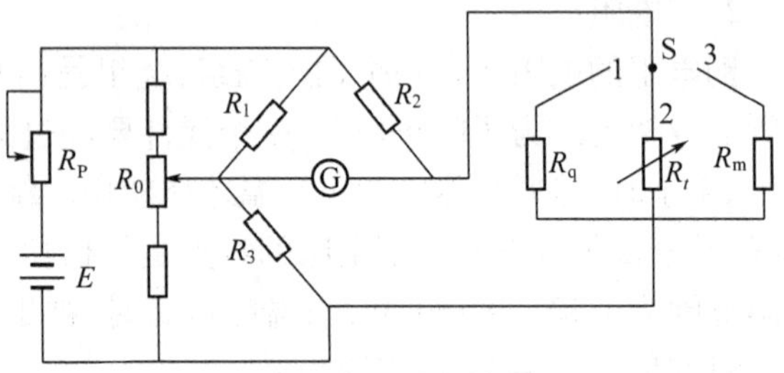

图8－13 热电阻测温电路

若热电阻安装的地方与指示仪表相距甚远时，则其连线的导线电阻r也要受到温度的影响而发生改变，这样测得的温度就存在误差。为了减小这个误差，可采用三线或四线连接法（如图8－14所示），由于将两根引线分别接入两个相邻的桥臂中，从而使温度影响被抵消，如图8－14（a）所示。热电阻R_t用三根导线引至测温电桥，其中两根引线的内阻（r_1，r_4）分别串入测量电桥相邻两臂的R_1，R_4上，引线的长度变化不影响电桥的平衡，所以可以避免因连接而引起的测量误差。r_i与激励源E_i串联，不影响电桥的平衡，可通过调节R_{P2}来微调电桥的满量程输出电压。为了减小环境电、磁场的干扰，最好采用三芯屏蔽线，并将屏蔽线的金属网状屏蔽层接大地，如图8－14（a）所示。而图8－14（b）是采用四线制的接法，调零电阻R_q分为两部分，分别接在两个桥臂上，其接触电阻与检流计G串联，接触电阻的不稳定还会影响电桥的平衡和正常工作状态，其测量电路常配用双电桥或电位差计。

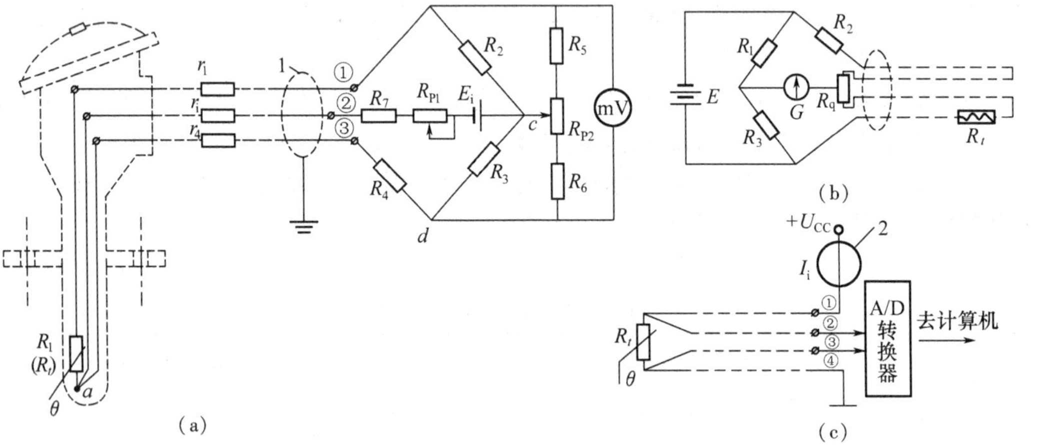

8－14 热电阻测量的转换电路

（a）三线制单臂电桥测量电路；（b）四线制接线法；（c）四线制恒流源测量电路

1—屏蔽层；2—恒流源；R_{P1}—调零电位器；R_{P2}—调满度电位器

恒流源测量电路由于单臂电桥存在非线性误差，特别是当温度变化范围较大时，电阻相对变化率$\Delta R/R$与U_0间的非线性误差将十分严重。例如，Pt100从0 ℃变为400 ℃时，其电阻值将从 100 Ω 跃升到 247.09 Ω，使用电桥测量将造成很大的误差，因此可选择以下介绍的恒流源测量电路。热电阻 R_t 与精密恒流源 I_i 相串联，如图 8－14（c）中所示。恒流源 I_i 流经 R_t，产生压降 $U_0 = I_i R_t$，可将 U_0 引至高输入阻抗的 A/D 转换器，由计算机根据热电阻的分度表计算出被测温度值。

利用热电阻的高灵敏度进行液体、气体、固体、固熔体等方面的温度测量，是热电阻的主要应用。工业测量中常用三线制接法，标准或实验室测量中常用四线制接法。

二、热敏电阻

1. 热敏电阻类型

热敏电阻是一种新型的半导体测温元件，按温度系数可分为负温度系数热敏电阻（NTC）和正温度系数热敏电阻（PTC）两大类。NTC 热敏电阻以 MF 为其型号，PTC 热敏电阻以 MZ 为其型号。

NTC 热敏电阻研制得较早，也较成熟，最常见的是由金属氧化物组成的，如锰、钴、铁、镍、铜等多种氧化物混合烧结而成。

根据不同的用途，NTC 又可分为两大类：第一类用于测量温度，它的电阻值与温度之间成负的指数关系；另一类为负的突变型，当其温度上升到某设定值时，其电阻值突然下降，多用于各种电子电路中抑制浪涌电流，起保护作用。负指数型和负突变型的温度－电阻特性曲线分别如图 8－15 中的曲线 2 和曲线 1 所示。

典型的 PTC 热敏电阻通常是在钛酸钡陶瓷中加入施主杂质以增大电阻温度系数。它的温度－电阻特性曲线成非线性，如图 8－15 中的曲线 4 所示，属突变型曲线，它在电子线路中多起限流、保护作用。当流过 PTC 的电流超过一定限度时，其电阻值突然增大。

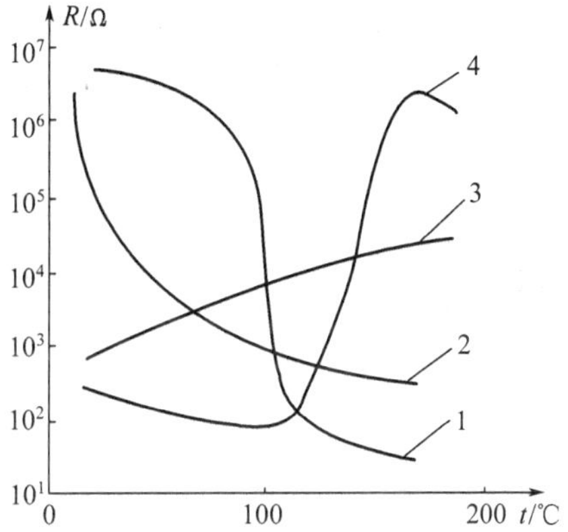

图 8－15　各种热敏电阻的特性曲线

1—突变型 NTC；2—负指数型 NTC；
3—线性型 PTC；4—突变型 PTC

近年来，还研制出了用本征锗或本征硅材料制成的线性型 PTC 热敏电阻，其线性度和互换性均较好，可用于测温，其温度－电阻特性曲线如图 8－15 中的曲线 3 所示。

热敏电阻除按温度系数区分外，还有以下三种分类方法：按结构形式可分为体型、薄膜型、厚膜型三种；按工作形式可分为直热式、旁热式、延迟电路三种；按工作温区可分为常温区[（－60 ~ +200）℃]、高温（>200 ℃）、低温区热敏电阻三种。热敏电阻可根据使用要求封装加工成各种形状的探头，如珠状、片状以及杆状、锥状、针状等，如图 8－16 所示。

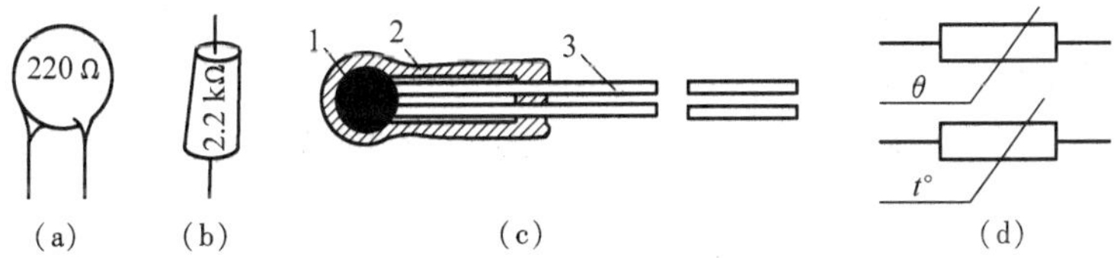

图 8－16　热敏电阻的结构外形及符号

（a）圆片形热敏电阻；（b）柱形热敏电阻；（c）珠形热敏电阻；（d）热敏电阻符号

1—热敏电阻；2—玻璃外壳；3—引出线

2. 热敏电阻的特点

(1)热敏电阻上的电流随电压的变化不服从欧姆定律。

(2)电阻温度系数绝对值大,灵敏度高,测试线路简单,甚至不用放大器也可以输出几伏电压。

(3)体积小,质量轻,热惯性小。

(4)本身电阻值大,适用于远距离测量。

(5) 制作简单,寿命长。

(6)热敏电阻是非线性电阻,但用微机进行非线性补偿,可得到满意效果。

3. 热敏电阻的应用

热敏电阻在工业上的用途很广,根据产品型号不同,其适用范围也各不相同,具体有以下三方面。

(1)热敏电阻测温

作为测量温度的热敏电阻一般结构较简单,价格较低廉。没有外面保护层的热敏电阻只能应用在干燥的地方。密封的热敏电阻不怕湿气的侵蚀,可以使用在较恶劣的环境下。由于热敏电阻的阻值较大,故其连接导线的电阻和接触电阻可以忽略,因此热敏电阻可以在长达几千米的远距离温度测量中应用,测量电路多采用桥路。图 8－17 是热敏电阻温度计的原理图。

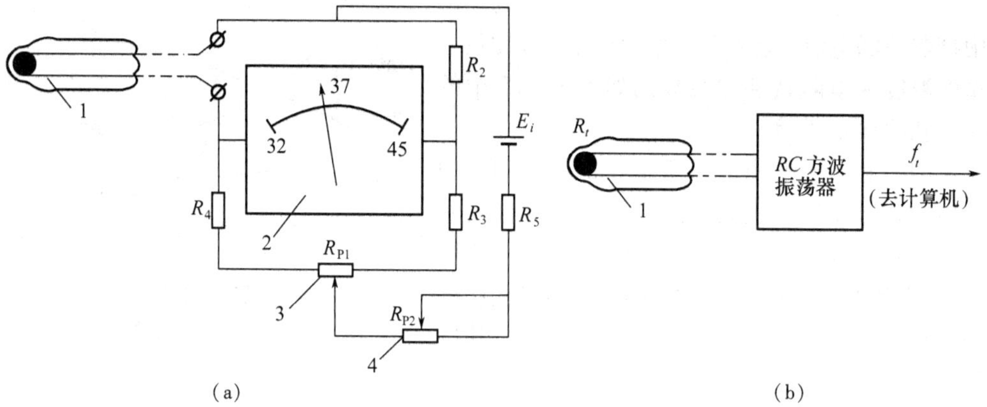

图 8－17 热敏电阻温度计原理图

(a)桥式电阻;(b)调频式电路

1—热敏电阻;2—指针式显示器;3—调零电位器;4—调满度电位器

(2)热敏电阻用于温度补偿

热敏电阻可在一定的温度范围内对某些元件进行温度补偿。例如,动圈式表头中的动圈由铜线绕制而成,温度升高,电阻增大,引起测量误差。可在动圈回路中串入由负温度系数热敏电阻组成的电阻网络,从而抵消由于温度变化所产生的误差。在三极管电路、对数放大器中也常用热敏电阻补偿电路,补偿由于温度引起的漂移误差。

(3)热敏电阻用于温度控制

将突变型热敏电阻埋设在被测物中,并与继电器串联,给电路加上恒定电压。当周围介质温度升到某一数值时,电路中的电流可以由十分之几毫安变为几十毫安,因此继电器动作,从而实现温度控制或过热保护。

热敏电阻在家用电器中用途也十分广泛，如空调与干燥器、热水取暖器、电烘箱体温度检测等都用到热敏电阻，例如，热敏电阻传感器组成的热敏继电器作为电动机过热保护，如图 8－18 所示。

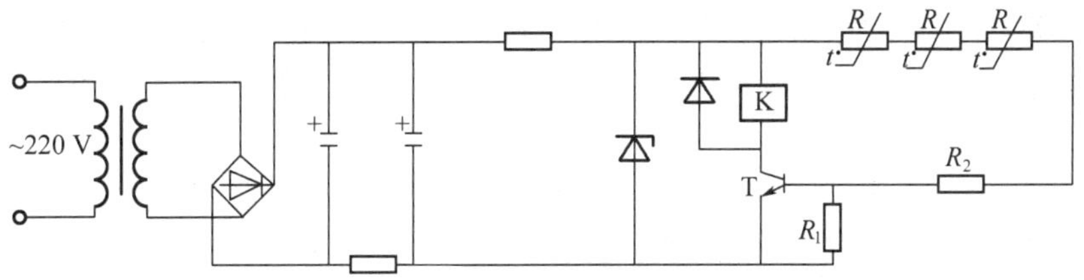

图 8－18　热继电器

把三只特性相同的 RRC6 型热敏电阻（经测试阻值在 20 ℃时为 10 kΩ，100 ℃时为 1 kΩ，110 ℃时为 0.6 kΩ，放在电机三相绕组中，紧靠绕组，每组各放一只，滴上万能胶固定。当电机正常运行时，温度较低，热敏电阻阻值大，T 截止，继电器 K 不动作。当电机过负荷或断相或一相通地时，电机温度急剧升高，热敏电阻阻值急剧减小，小到一定值，三极管 T 完全导通或饱和，继电器 K 吸合，断开电动机控制电路，起到保护电动机作用。

三、热电阻传感器的应用举例

啤酒杀菌机温度自控装置是由铠装铂热电阻、STB－38S 型智能调节器和气动薄膜调节阀组成的。本杀菌机温控系统由检测、调节、执行机构三大部分组成，分 6 个回路对杀菌机 8 个温区的喷淋水温度进行定值控制。

如图 8－19 所示，用蒸汽作为调节介质的回路采用气开式的调节法，调节形式为反作用。当喷淋水温度高于（或低于）给定值时，调节器根据给定值与测量值的偏差情况，输出相应的 4～20 mA 标准信号，电/气转换器把 4～20 mA 电流信号转换成 0.02～0.1 MPa 的标准气压信号推动气动薄膜调节阀，使蒸汽阀门关小（或开大），以达到把喷淋水温度控制在给定值的目的，系统的组成及其特点如下。

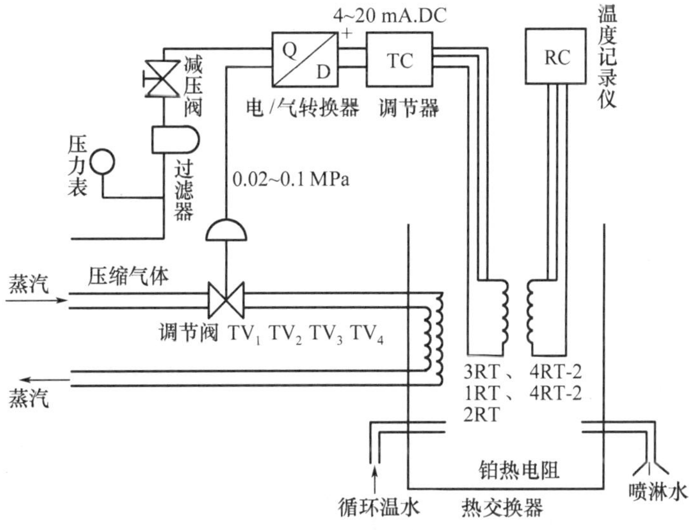

图 8－19　啤酒杀菌机温度自控装置

(1)检测部分采用铠装铂热电阻测温，测量精度高，稳定性能好，密封性好。信号传送采用三线制接线方法，以补偿远距离传送误差，提高测量精度。

(2)调节部分采用 DDZ－S 系列 STB－138 S 型智能调节器。该调节器是智能控制仪表，它采用8031A－P 单片机作控制主机，输入隔离、交直流开关电源供电，最大限度地减小接插件，有完善的受扰后自动复位电路，无死机现象，有效地增强了该仪表的抗干扰性能的可靠性。

(3)执行机构可选用国产各种型号的 4～20 mA 电/气转换器(注意其各项参数要与整个系统要求相符)；选用0.02～0.1 MPa 气动薄膜调节阀作为执行机构。薄膜阀为 ZMAP－16K 型直线式，最好用双座阀，因其泄漏量低，控制平稳。气动阀具有结构简单，动作安全可靠，性能稳定，价格低廉，维修方便等优点。

选用气开式阀的作用是当压缩空气压力不足或停机时，阀门会自动关闭，阻止蒸汽继续进入加热器。

(4)本系统设有温度记录功能，用于对杀菌区喷淋水温度的实时记录。

第三节　集成温度传感器

集成温度传感器是将感温器件(如温敏晶体管)及其外围电路，集成在同一基片上制成的。集成温度传感器按输出量不同可分为电流型、电压型和频率输出型三大类。电流输出型的输出阻抗极高，可以简单地使用双股绞线进行数百米远的精密温度遥感或遥测，而不必考虑传输线上引起的信号损失和噪声，也可用于多点温度测量系统中，且不必考虑选择开关或多路转换器引入的接触电阻造成的误差；电压输出型的优点是直接输出电压，且输出阻抗低，易和读出、控制电路接口；频率输出型的优点是易于与微机接口。按引出端个数集成温度传感器可分为三端式和两端式两大类。

一、工作原理

集成温度传感器是利用 PN 结的伏安特性与温度之间的关系而制成的一种固态传感器。根据晶体管原理，晶体管基－射结结电压为

$$U_{be} = \frac{KT}{q}\ln(I_e/I_{es}) \tag{8-13}$$

式中 K——波尔兹曼常数；

q——电子电荷；

T——绝对温度；

I_e——发射极电流；

I_{es}——发射极反向饱和电流，它与发射区面积成正比。

只要通过 PN 结上的正向电流 I_e 恒定，选用适当的工艺，可使反向饱和电流 I_{es} 近似为常数，则 PN 结的正向压降 U_{be} 与温度 T 成线性关系。PN 结作为温敏器件，工艺简单，但线性差，因而常把 NPN 晶体管的 bc 结短接，利用 be 结作为集成化温度传感器的感温器件，并采用对管差分电路。下面以 AD590 集成温度传感器为例进行具体介绍。

(1)原理

AD590是电流型集成温度传感器,是一个两端器件,其输出电流与温度成正比,即

$$I_o = \frac{3KT}{q(R_6 - 2R_5)}\ln 8 \qquad (8-14)$$

式中,R_5,R_6 为内部电路的可调电阻,调整 R_5,R_6 可改变 I_o 与 T 的比例系数。

把AD590与一个1 kΩ电阻串联,即得基本温度检测电路,如图8-20所示。在1 kΩ电阻上得到正比于绝对温度的电压输出 U_o,其灵敏度为1 mV/K,这种电路可用一般双胶合线进行远距离测量。通过测 U_o 可知 I,进而可知 T。

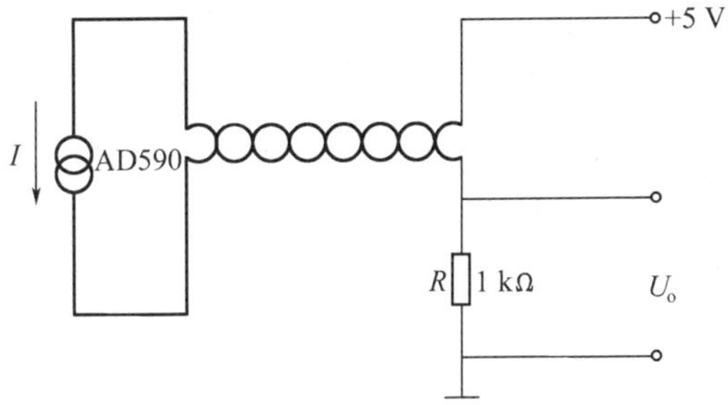

图8-20　AD590基本温度检测电路

AD590两端电压在4~30 V范围内,该器件为一个温控电流源。

(2)特点

①使用简便,不需外接线性补偿和零点补偿器件。

②精度高,互换性好,在-55 ℃ ~ +150 ℃范围内,误差小于±0.1 ℃。

③线性度好,在-75 ℃ ~ +150 ℃范围内,误差仅±0.5 ℃,具有标准化输出。

④输出阻抗高,在10 MΩ以上,能很好地消除电源变动和交流纹波对器件产生的影响。

⑤耐用,正向电源可高达44 V,反向耐压达20 V,即使接反也不易损坏。

⑥输出电流可用于远距离传送,不会因线路压降而影响测量精度。

⑦若将几块AD590串联使用,测得的温度是几个被测温度中的最低温度。将几块AD590并联使用时,可测得几块被测温度的平均值。

(3)应用

①AD590温度检测电路

AD590温度检测电路如图8-21所示,这是一个实际的测温电路,它由基本电压源AD580输出一个标准的+10.000伏电压,通过 R_1 和 R_{w1} 加到AD590上。AD590的输出电流在 R_1 和 R_{w1} 上产生压降,从而使运算放大器的输入端的电压随温度而变化。该电压经过运算放大 $(R_2+R_{w2})/(R_1+R_{w1})$ 倍后输出。图中 R_{w1} 用来调零,R_{w2} 用来调满刻度。该测量电路还可大大改善由传感器本身非线性误差而引起的误差。

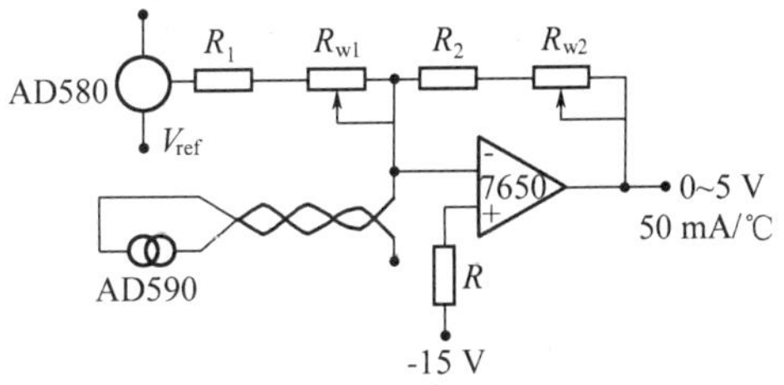

图8-21　AD590温度测量电路

②XSW－1 型数字温度计

XSW－1 型数字式温度计工作原理图如图 8－22 所示。

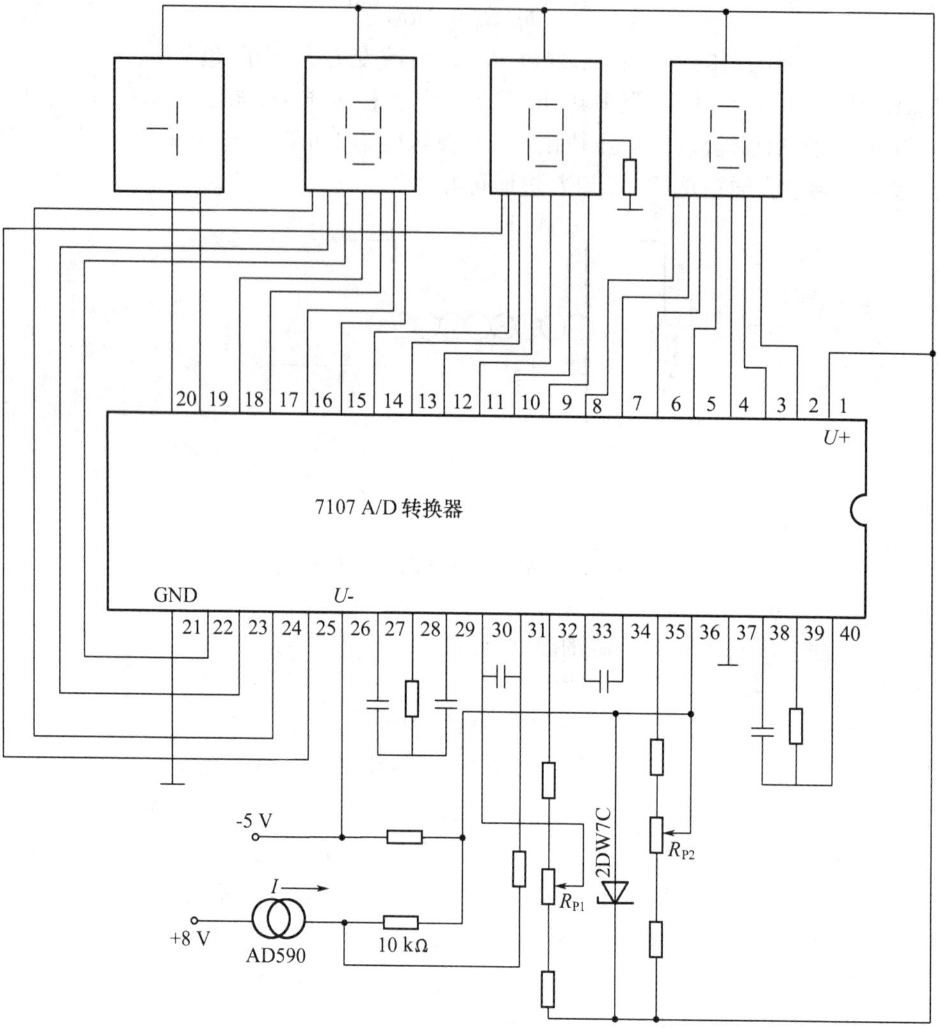

图 8－22　XSW－1 型数字式温度计工作原理图

7106、7107 包括模/数转换器、时钟发生器、参考电压源、BCD 的七段译码器和显示驱动器等。它与 AD590 和几个电阻及液晶显示器构成了一个数字温度计，而且能实现两种标定制的温度测量和显示。

AD590 上接入一个大于 +4 V 的电压后，其输出电流将正比于绝对温度，即 0 ℃时输出电流 273.2 μA，温度每变化 1 ℃，输出电流变化 1 μA。AD590 的输出电流通过 10 kΩ 电阻变为电压信号，其单位为 10 mV/℃。因 0 ℃时 10 kΩ 电阻上已有 2.732 V 的电压输出，所以必须设置一偏置电压(由 R_{P1} 上取出)，使 0 ℃时输出电压为零。这样当 AD590 的环境温度大于 0 ℃时，显示正的温度数值；环境温度小于 0 ℃时，显示负的温度数值。经零点和满量程点校准后，精度优于 0.5 级。整个仪表结构简单、可靠性高、体积小、质量轻、功耗低、测量精度高、维护使用方便。

③筒状电炉内部恒温控制

图 8－23 是 AD590 型传感器用于筒状电炉内部恒温控制的实际应用电路。图 8－23 中 A_1 左侧的电路为可变脉宽调制器，以形成无开关控制的平滑响应特性。AD590 的输出电流在反相运算放大器 A_1 的负输入端与基准电流比较；A_2 构成滤波器；A_3 将电流作加法运算，放大误差信号，根据温度值，调节脉冲宽度驱动加热器。为了获得最稳定的动态响应，将 AD590 用硅脂粘贴在加热器上。由于 AD590 电流输出型传感器与温度的比例关系（灵敏度）为 1 μA/K，可调整芯片上的薄膜电阻，使温度为 298.2 K（25 ℃）时，输出电流为 298.2 μA。这样可很方便地控制电炉的温度。

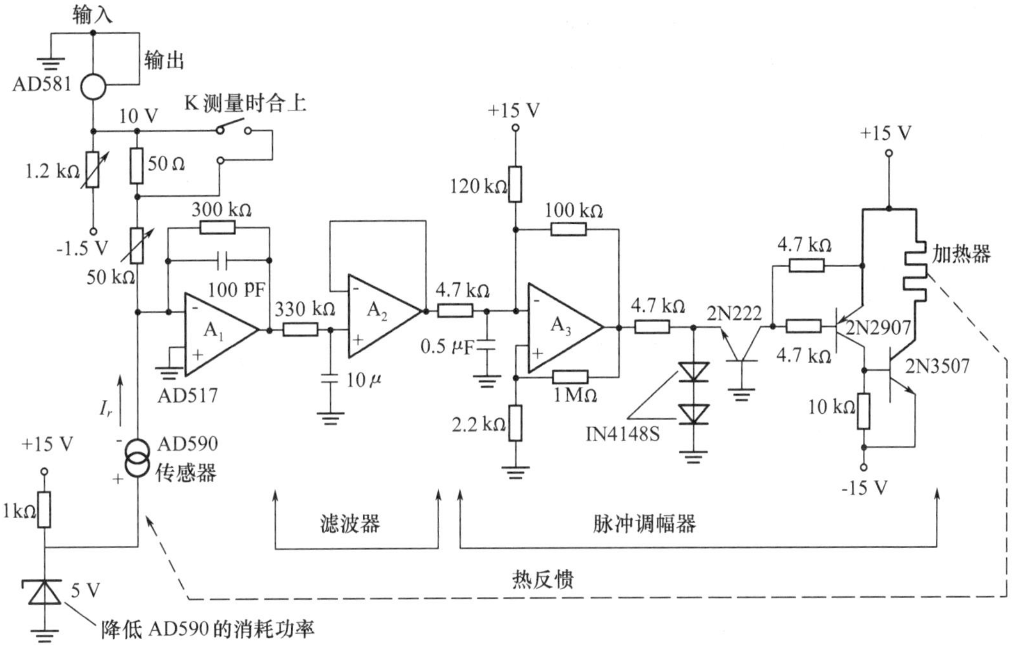

图 8－23　使用集成温度传感器的测控系统

二、测温注意事项

在进行温度测量时，由于测温方式和条件不同，往往会使测量结果与实际温度有所差异，为使测量温度尽量接近实际值，应注意以下几点：

（1）在接触式测温中，测温元件必须与被测对象有很好的接触，以使两者均达到同一温度。

（2）测温元件的热容量要小，使不致破坏被测对象的温度场，特别是被测对象很小时更应注意这一点。

（3）测量变化的温度时，应当用时间常数小的测温元件。

（4）测温元件应当在被测对象中有一定的插入深度。在气体介质中，金属保护管插入深度应为保护管直径的 10～20 倍，非金属保护管应为其直径的 10～15 倍。

（5）测温元件不能被介质腐蚀。

在运用非接触的辐射测温计的场合，被测对象必须处在完全辐射的状态下才能测得正确读数,否则需根据被测对象的有效辐射率和温度计的读数进行计算,以求得真实温度。此外,还应考虑辐射通道上的吸收。

思考题与习题

1. 如图 8-24 所示,已知 A 为铂铑$_{30}$、C 为铂、B 为铂铑$_6$。测得铂铑$_{30}$—铂铑$_6$ 热电偶的 E(1084.5 ℃,0 ℃)为 5.622 mV,已知铂铑$_{30}$—铂热电偶的 E(1084.5 ℃,0 ℃)= 13.937 mV,求铂铑$_6$—铂热电偶的 E(1084.5 ℃,0 ℃)。

2. 用镍铬—镍硅热电偶测炉温时,其冷端温度 T_0 = 20 ℃,在直流电位差计上测得的热电势 E_{AB}(T,20 ℃)为 40.099 mV,试求炉温为多少?

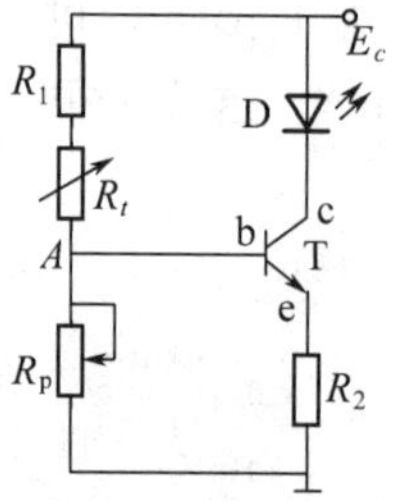

图 8-24 热敏电阻开关电路

3. 请画出用四个热电偶共用一台仪表分别测量 T_1,T_2,T_3 和 T_4 的测温线路。若用四个热电偶测量 T_1,T_2,T_3 和 T_4 的平均温度,则电路应怎样连接?请画出测量线路。

4. 室内温度 5 ℃时铜线电阻为 100 Ω,30 ℃时电阻是多少?

5. 如图 8-24,R_t 为负温度系数热敏电阻,T 为开关管,试分析电路的工作原理。

第九章　光电式传感器

光电式传感器是将光信号转换为电信号的一种传感器。若用这种传感器测量非电量，只要将这些非电量的变化转换成光信号的变化，就可以使非电量的变化转换成电量的变化。光电传感器具有结构简单、精度高、响应快、非接触等优点，因此在检测和控制系统中得到广泛应用。

光电转换元件是将光信号转变为电信号的一种器件，其理论基础是光电效应。光可以被看作是由一连串具有一定能量的粒子——光子所组成，每一个光子的能量与其频率成正比，即

$$E = h\mu \tag{9-1}$$

式中，h 为普朗克常数；μ 为光波频率。

当用光照射物体时，物体受到一连串具有能量的光子的轰击，于是物体材料中的电子吸收光子能量而发生相应的电效应（如电导率变化、发射电子或产生电动势等），这种现象就称为光电效应。

通常将光电效应分为三类：

(1)在光线作用下能使电子逸出物体表面的现象称为外光电效应。基于外光电效应的光电元件有光电管、光电倍增管等。

(2)在光线作用下能使物体的电阻率改变的现象称为内光电效应。基于内光电效应的光电元件有光敏电阻等。

(3)在光线作用下能使物体产生一定方向电动势的现象称为光生伏特效应。基于光生伏特效应的光电元件有光电池、光敏二极管、光敏三极管等。

第一节　光电转换元件

一、光电管、光电倍增管

光电管和光电倍增管是利用外光电效应的光电元件，典型的光电管如图 9-1 所示。光电管工作时，必须在其阴极与阳极之间加上电势，使阳极的电位高于阴极。当光电管的光电阴极受到适当的光照后发射光电子，光电子被具有一定电位的阳极吸收，在光电管内形成电子流，此光电流通过一定的电路输出。光电流的大小与照射在光电阴极上的光强度成正比。

光电管有真空光电管和充气光电管两类，由于充气光电管中的气体受光电子碰撞后能够电离而产生自由电子，使光电管内空间的自由电子增多而增加光电流，从而提高了光电转换的灵敏度。但充气光电管的非线性大。

光电管的光谱响应范围、峰值波长、阴极光照灵敏度等不同，各类型用途也不同，使用时应根据需要进行选择。

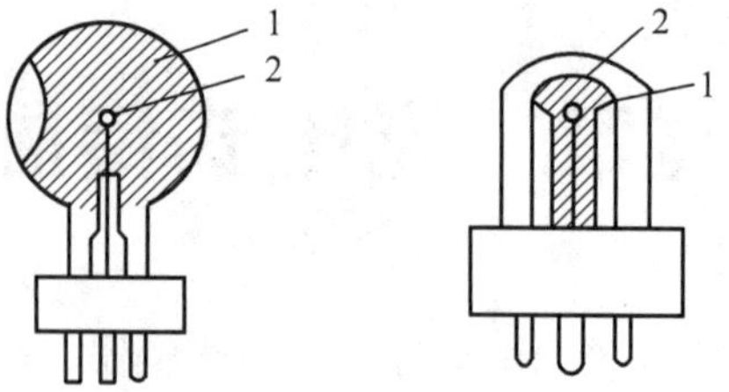

图 9-1 两种典型光电管

1—阴极;2—阳极

当入射光很微弱时,普通光电管产生的光电流很小,只有零点几个微安,很不容易探测。这时常用光电倍增管对电流进行放大。

如图 9-2 所示,光电倍增管是光电阴极和二次电子倍增器的组合体。当光线 Φ 照射到阴极 K 上,打击出一次电子 q_k 形成电流 i_k。然后电子束 q_k 又被电压 U_K 加速去轰击二次发射极 D_1,打击出二次电子 q_1,而 $q_1=\sigma q_k$,$i_1=\sigma i_k$,σ 为二次电子发射系数。二次电子 q_1 又被 U_{12} 加速去打击发射极 D_2,打击出更多的二次电子 q_2,形成光电流 i_2……依次下去最后全部二次电子被阳极 A 收集,形成光电流 I,则 $I=i_k\sigma^n$,n 为二次发射级数。输出电压为

$$U_{SC}=IR=i_k\sigma^n R \tag{9-2}$$

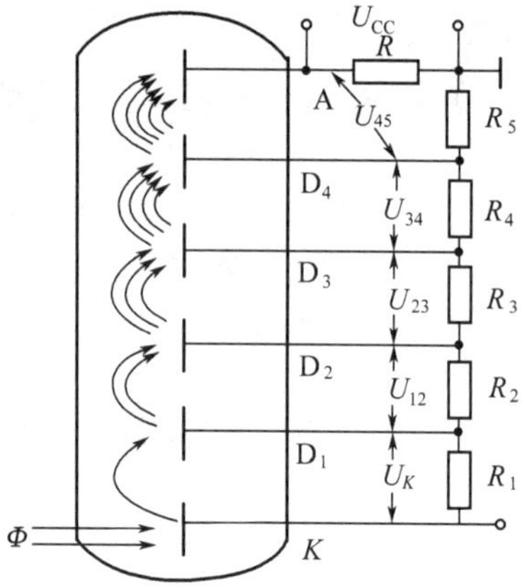

图 9-2 光电倍增管

光电倍增极一般采用锑-铯或银-镁合金材料。倍增极一般有 4~14 个,倍增系数为

$$M=C\sigma^n \tag{9-3}$$

其中,C 为倍增极的平均吸收系数。一般的光电倍增管 $M=10^5\sim10^7$,有的高达 10^8。光电倍增管的工作频率可达 100 MHz 或更高,线性也好;缺点是体积大,需要高压(数百至千伏)供电。一般用于需要反应速度快的情况。

光电管参数见表 9-1、光电倍增管参数见表 9-2。

表 9－1　光电管参数

型号	光谱响应范围 /Å	交谱峰值波长 /Å	灵敏度 /μA/lm	阳极工作电压/V	暗电流 /μA	环境温度 /℃	直　径 /mm	高　度 /mm	主要用途
GD－3	4 000～5 000	4 500±500	≥80	240	1×10^{-2}	10～30	ϕ30	62	各种自动装置仪器
GD－5	2 000～6 000	4 500±200	≥30	30	3×10^{-5}	5～35	ϕ42	130	分光光度计算
GD－7	3 000～8 600	4 500	≥45	100	8×10^{-4}	≤40	ϕ30	95	光电比色计算
GD－51	4 000～6 000	4 500±500	≥80	240	1×10^{-2}	10～20	ϕ26	59	各种自动装置仪器

表 9－2　光电倍增管参数

型号	光谱响应范围 /Å	交谱峰值波长 /Å	阴极灵敏度 /μA/lm	阳极灵敏度 /A/lm	暗电流 /μA	倍增极数	直　径 /mm	高　度 /mm	主要用途
GDB－106	2 000～7 000	4 500±500	30	30(860V)	7(30A/lm)	9	14	68	光度测量
GDB－143	3 000～8 500	4 500±200	20	1(300V)	20(1A/lm)	9	30	100	光度测量
GDB－235	3 000～6 500	4 500±200	40	1(750V)	60(10A/lm)	8	30	110	闪烁计数器
GDB－413	3 000～7 000	4 000±200	40	100(1250V)	10(100A/lm)	11	30	120	分光光度计等
GDB－540	3 000～3 500	4 200±200	70	20(1300V)	100(200A/lm)	11	51	154	激光接收器

二、光敏电阻(光导管)

光敏电阻又称光导管,它的结构很简单,在半导体光敏材料(薄膜或晶体光敏片)两端装上电极引出线即可,如图9-3所示。

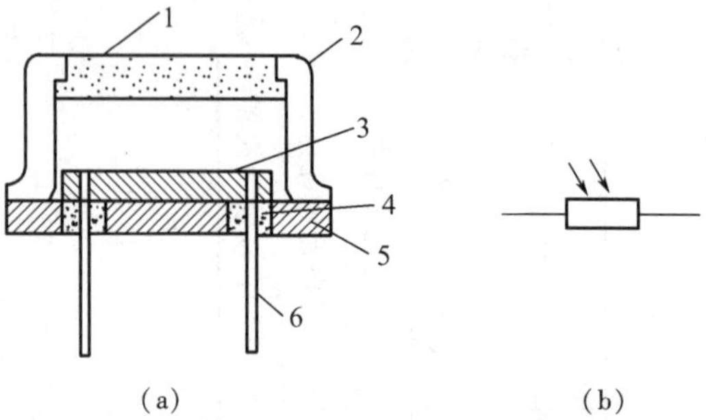

图9-3 光敏电阻器结构示意图及图形符号

(a)结构示意图;(b)图形符号

1—透光窗;2—外壳;3—光敏片;4—绝缘子;5—金属管座;6—引线

1. 原理

某些半导体材料(如硫化镉、硒化镉等)在黑暗的环境下,它的电阻值是很高的。但当它受到光照时,光子能量将在这些光敏材料中激发出电子-空穴对,从而加强导电性能,使阻值降低,且照射的光线愈强,阻值变得愈低。光照停止,自由电子与空穴逐渐复合,电阻又恢复原值。

光敏电阻在使用时,可以加直流电压,也可以加交流电压。如图9-4所示,当无光照射时,由于光敏电阻的阻值太大,电路中电流很小;当有适当波长范围的光线照射时,因它的阻值变小,电路中电流也就增加,根据电流值的变化可推算出照射光强的大小。如果将光敏电阻与一般电阻串联后连接到电源上,则可在一般电阻的两端得到一个随光照而变化的电压信号输出。

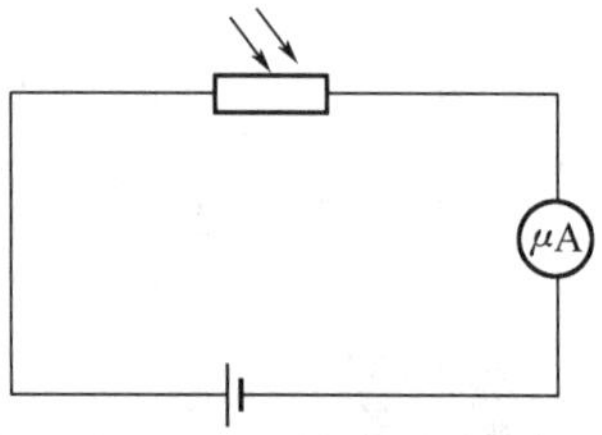

图9-4 光敏电阻的工作原理示意图

2. 基本特性

(1) 光电流特性。光敏电阻在不受光照射时的阻值,称暗电阻,一般是兆欧数量级,约1~100 MΩ。流过暗电阻的电流,称为暗电流。

光敏电阻在某一光照下的阻值,称为该光照下的亮电阻,一般为几千欧姆。流过亮电阻的电流称为亮电流。

光电流是亮电流与暗电流之差。光敏电阻的暗电阻越大,亮电阻越小,则性能越好,也就是说,暗电流要小,亮电流要大,即光电流要大,这样的光敏电阻的灵敏度就高。

(2) 光敏电阻的伏安特性。在一定光照下,光敏电阻的两端所加电压与流过的电流之间的关系称为伏安特性,如图9-5所示。特性曲线说明,电压愈高,光电流愈大;在给定的电压条件下,光电流的数值将随光照的增加而增大。

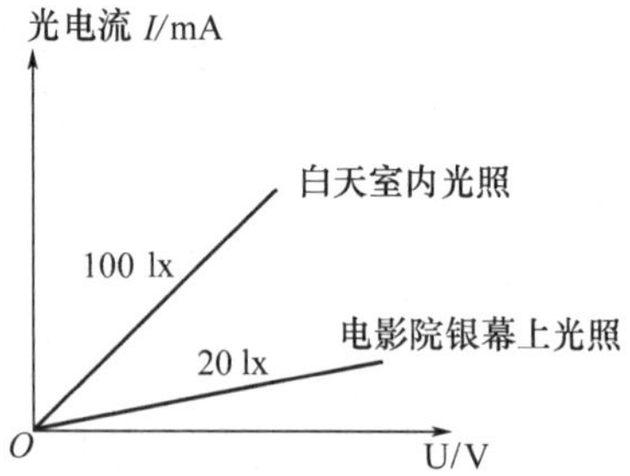

图9-5 光敏电阻伏安特性

(3) 光照特性。在一定电压下,光敏电阻的光电流与光强之间的关系为光照特性,其特性曲线如图9-6所示。

由特性曲线可知,在给定电压下,光电流的数值随光照的增强而增加;曲线是非线性的,不适宜作线性敏感元件,这是光敏电阻的缺点之一。一般在自动控制系统中常用作开关式光电信号传感元件。

(4) 光谱特性。入射光波长不同时,光敏电阻的灵敏度也不同。入射光波长与光敏器件相对灵敏度间的关系称为光谱特性,如图 9-7 所示。

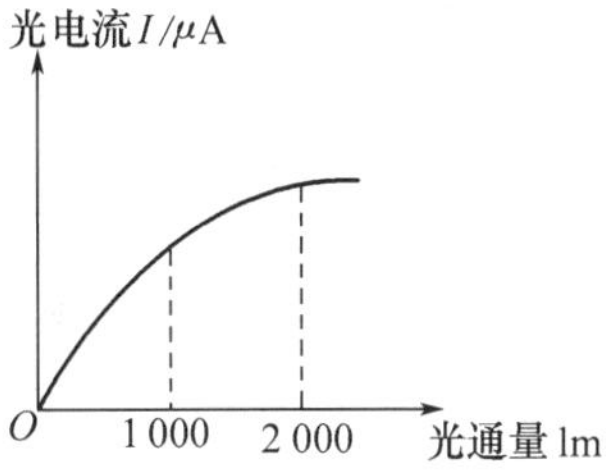

图 9-6 光敏电阻光照特性

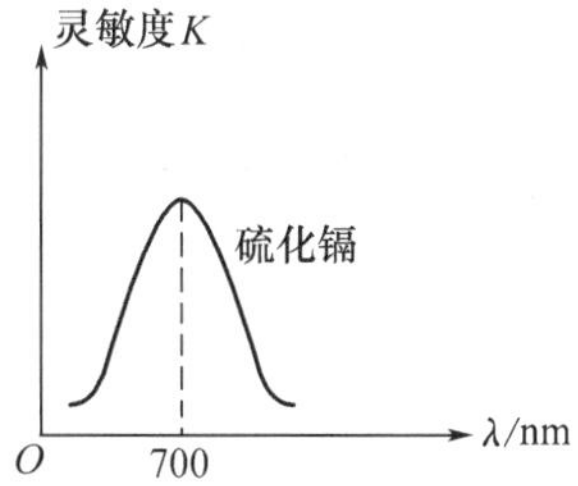

图 9-7 硫化镉光谱特性

应根据被测光的波长范围选择光敏电阻,如被测光波长为 700 nm 可选用硫化镉为材料的光敏电阻。

(5) 光强变化频率特性。光敏电阻受光照后,光电流需要经过一段时间才能达到亮电流稳定值,停止光照时也需要经过一段时间才能恢复到暗电流稳定值,这是光敏电阻的时延特性。

不同材料的光敏电阻具有不同的响应时间,因而它们的灵敏度随入射光强度变化频率 f 的不同而各不相同。将相对灵敏度 K 与入射光强度变化频率 f 间的关系曲线称为光敏电阻的光强变化频率特性,如图 9-8 所示。

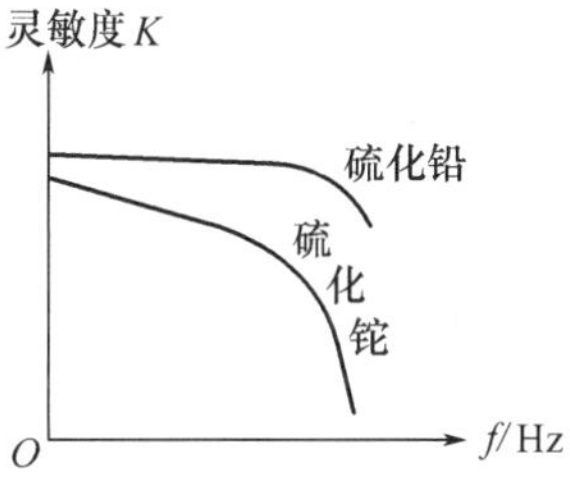

图 9-8 光强变化频率特性

(6) 温度特性。温度升高,暗阻下降,暗电流增大,灵敏度下降,这也是光敏电阻的一个缺点。另外,还应注意规定的最高工作电压、耗散功率、最大允许光电流等指标。

新制光敏电阻在未经老化处理前,性能可能不稳定,经老化处理(人为地加温、光照和负载)或使用一段后,光电性能逐渐趋向稳定。

光敏电阻参数如表 9-3 所示。

三、光电池

1. 结构与工作原理

光电池的种类很多,有硒、氧化亚铜、硫化铊、硫化镉、锗、硅、砷化镓、光电池等,其中最受重视的是硅光电池,因为它性能稳定,光谱范围宽,频率特性好,传递效率高,能耐高温辐射,价格便宜。砷化镓光电池是光电池中的后起之秀,它在效率、光谱特性、稳定性、响应时间等多方面均有许多长处,今后会逐渐得到推广应用。

光电池结构与工作原理如图 9-9 所示。

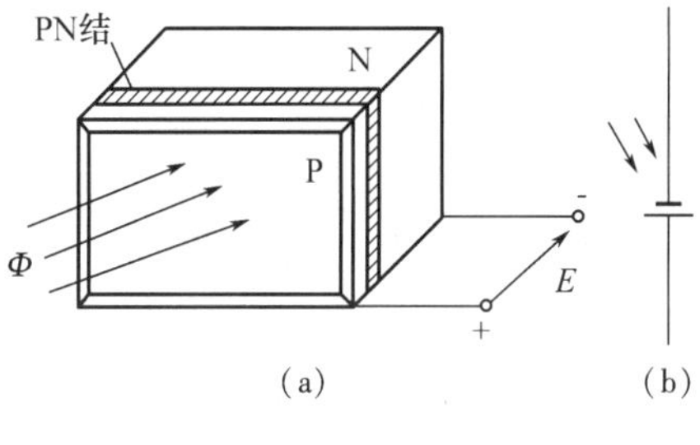

图 9-9 光电池结构与原理图

表 9－3　光敏电阻参数

型　号	亮电阻 /Ω	暗电阻 /Ω	光谱峰值波长/Å	时间常数 /ms	耗散功率 /mW	极限电阻 /V	温度系数 /(%/℃)	工作温度 /℃	光敏面 /mm^2	使用材料
RG－cds－A	$\leqslant 5\times10^4$	$\geqslant 1\times10^8$	5200	<50	<100	100	<1	－40～80	1～2	硫化镉
RG－cds－B	$\leqslant 1\times10^5$	$\geqslant 1\times10^8$				150	<0.5			
RG－cds－C	$\leqslant 5\times10^5$	$\geqslant 1\times10^9$				150	<0.5			
RG1A	$\leqslant 5\times10^3$	$\geqslant 5\times10^6$	4500～8500	≤20	20	10	≤±1	－40～80		硫硒化镉
RG1B	$\leqslant 20\times10^3$	$\geqslant 20\times10^6$			20	10				
RG2C	$\leqslant 50\times10^3$	$\geqslant 50\times10^6$			100	100				
RG1D	$\leqslant 200\times10^3$	$\geqslant 200\times10^6$			100	100				
RL－18	$\leqslant 5\times10^6$	$>1\times10^9$	5200	<10	10	300	<1	－40～80	1～2	硫化镉
RL－10	$(5\sim9)\times10^4$	$>5\times10^8$		<10		150				
RG－5	$<4\times10^4$	$>1\times10^9$		<5		30～50				
81－A	$<1\times10^4$	$>1\times10^8$	6400	10	15	50	<0.2	－50～60		硫化镉
81－B	$<1\times10^4$	$>5\times10^5$								
81－C	$<5\times10^4$	$>1\times10^7$								
81－D	$<1\times10^5$	$>2\times10^7$								
81－E	$<1\times10^5$	$>1\times10^8$								
82－A	$<5\times10^3$	$>1\times10^8$	7500	5	40	50	1	－40～60		硫化镉
82－B	$<1\times10^5$	$>1\times10^{10}$		3						
625－A	$<5\times10^4$	$>5\times10^7$	7400	2～6	<100	100	1	±40	180	
625－B	$<5\times10^5$	$>5\times10^7$			<300				274	

硅光电池通常是 N 型衬底上制造一薄层 P 型层作为光照敏感面。当入射光子的能量足够大时，P 型区每吸收一个光子就产生一对光生电子－空穴对，光生电子－空穴对的浓度从表面向内部迅速下降，形成由表及里扩散的自然趋势。PN 结内电场使扩散到 PN 结附近的电子－空穴对分离，电子被拉到 N 型区，空穴则留在 P 型区，故 N 型区带负电，P 型区带正电。如果光照是连续的，经短暂的时间，新的平衡状态建立后，PN 结两侧就有一个稳定的光生电动势输出。

2. 短路电流曲线

将光电池短路测短路电流时，得出光电流密度与照度的特性曲线称为光电池短路电流曲线，如图 9－10 所示。短路电流是指外接电阻相对于它的内阻来说是很小时回路中的电流，如负载电阻为 100 Ω 时，光电流密度与照度成线性关系。而负载电阻超过 200 Ω 以上其线性逐渐变坏。当光电池作为测量元件使用时，利用其短路电流与光照度成线性关系的优点，把它当作电流源来使用。

3. 开路电压曲线

光生电动势与照度间的特性曲线称为开路电压曲线，如图 9－11 所示。开路电压与光照度的关系是非线性的，近似于对数关系，在 2000 lx 照度以上就趋于饱和。当被测量是开关量时，可以把光电池作为电压源来使用。

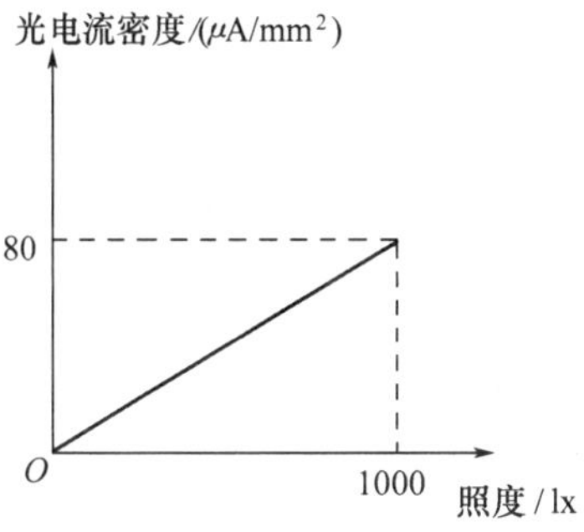

图 9－10　光电池短路电流曲线

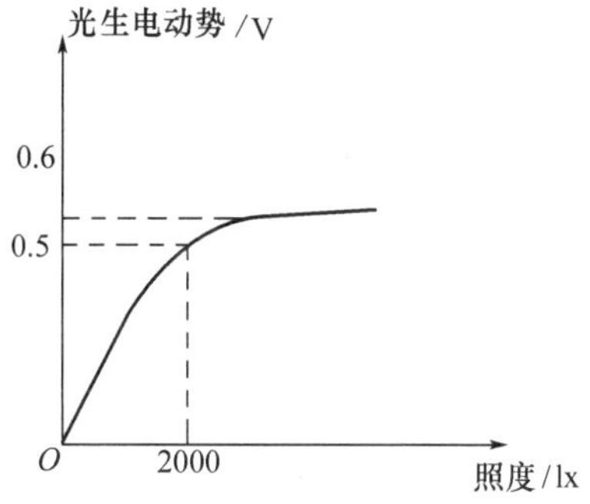

图 9－11　光电池开路电压曲线

4. 光电池的温度特性

开路电压随温度增加而下降，电压温度系数约为 －3 mV/℃。

短路电流随温度上升缓慢增加，电流温度系数较小。当光电池作为检测元件时，应考虑温度漂移的影响，采取相应措施进行补偿。

5. 光谱特性与光照频率特性

由于光电池受光照射产生电子－空穴对需要一定的时间，当光照消失后电子－空穴对复合也需要一定的时间，因此当入射光的调制频率太高时，光电池输出的光电流将下降。硅光电池的工作频率上限约为数十千赫兹，硒光电池的频率特性较差，上限只有几千赫兹。硅光电池，光谱范围为 0. 4 ~ 1. 1 μm，光谱响应峰值为 0. 8 ~ 0. 95 μm，灵敏度为 6 ~ 8 nA/(mm^2 · lx)，响应时间为 10^{-3} ~ 10^{-4} s，转换效率 6% ~ 12%，使用温度(－65 ~ ＋125)℃，不稳定性小于 0. 02%。

硒光电池，光谱范围为 0. 38 ~ 0. 75 μm，光谱响应峰值为 0. 56 μm，硒光电池的等效电容在通常情况下为 0. 03 ~ 0. 05 μF/cm^2，因此频响较差，界限是 0. 2 ~ 6 kHz。硒光电池特别是大面积的硒光电池，稳定性和均匀性都不是很好，湿度对硒光电池的性能、寿命有较大影响，在使用中要注意工作条件，在高精度测量中要注意挑选。

2CR 型硅光电池参数见表 9－4。

表 9－4 2CR 型硅光电池参数

光谱响应范围/μm	光谱峰值波长/μm	灵敏度/(nA/(mm² · lx))	响应时间/s	开路电压/mV	短路电流/mA/cm²	转换效率/%	使用温度/℃
0.4 ~ 1.1	0.8 ~ 0.95	6 ~ 8	10^{-3} ~ 10^{-4}	450 ~ 600	16 ~ 30	6 ~ 12	−55 ~ +125

四、光敏晶体管(光电晶体管)

1. 光敏二极管

与一般二极管相比光敏二极管在结构上的不同之处是，PN 结装在透明管壳的顶部，可以直接受到光的照射，在电路中一般处于反向工作状态。光敏二极管的结构与工作原理示意图如图 9－12 所示。

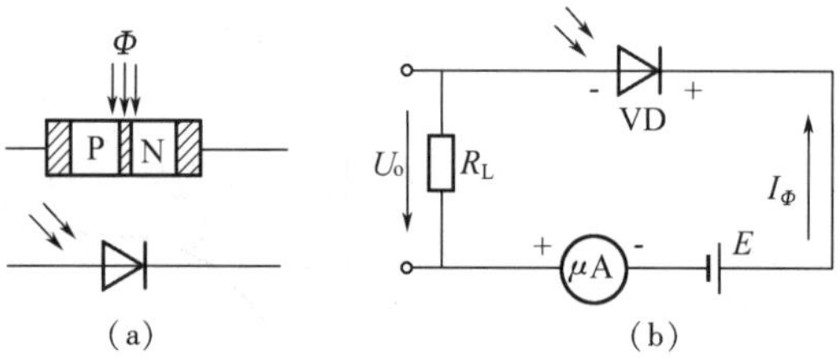

图 9－12 光敏二极管

(a)结构示意图及图形符号；(b)基本应用电路

当无光照射时，反向电阻很大，反向电流很小，反向电流即为暗电流；当有光照射到光敏二极管时，光子打在 PN 结附近产生光生电子－空穴对，这些电子－空穴对在 PN 结所形成的电场作用下作定向运动，形成光电流。光的照度愈大，光电流愈大。故光敏二极管不受光照射时处于截止状态，受光照射时处于导通状态。

光敏二极管基本开关电路如图 9－13 所示。当无光照时，光敏二极管截止，T 截止，继电器 K 断开。当有光照时，光敏二极管导通，T 也导通，继电器吸合，实现光电开关的控制。

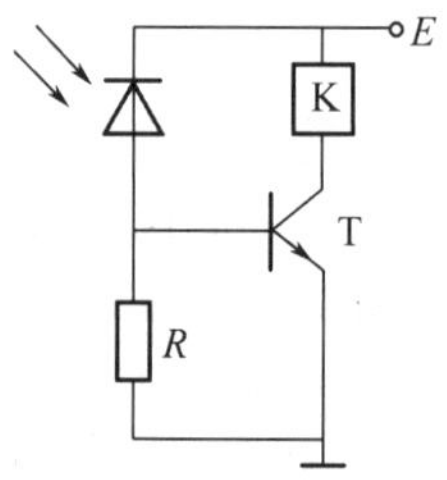

图 9－13 光敏二极管基本开关电路

2. 光敏三极管

光敏三极管有两个 PN 结，从而可以获得电流增益，它的结构如图 9－14(a)所示。光线通过透明窗口落在集电结上，当电路按图 9－14(b)连接时，集电结反偏，发射结正偏。与光敏二极管相似，入射光子在集电结附近产生电子－空穴对，电子受集电结电场的吸引流向集电区，基区中留下的空穴构成“纯正电荷”，使基区电压提高，致使电子从发射区流向基区。

由于基区很薄,所以只有一小部分从发射区来的电子与基区的空穴结合,而大部分电子穿过基区流向集电区,这一段过程与普通三极管的电流放大作用相似,集电极电流 I_c 是原始光电流的 β 倍。故当无光照时,光敏三极管截止,有光照时,光敏三极管中集电极电流是基极电流(光生电流)的 β 倍。所以光敏三极管具有放大作用,比光敏二极管有更高的灵敏度。

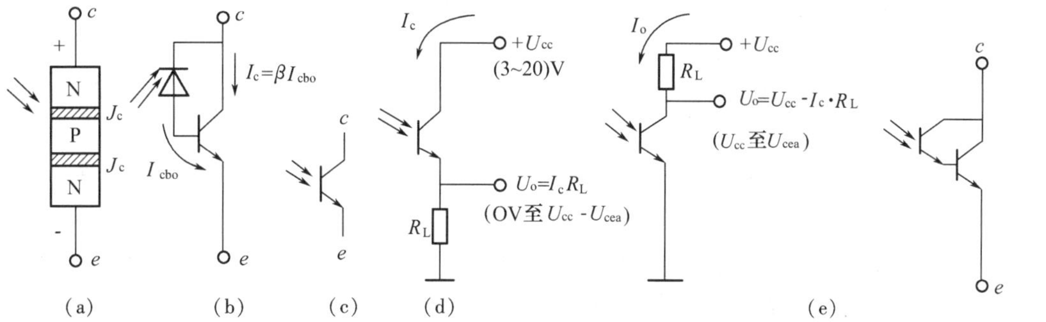

图 9-14 光敏三极管

(a)结构;(b)等效电路;(c)图形符号;(d)应用电路;(e)光敏达林顿三极管

光敏三极管开关电路如图 9-15 所示。当无光照时,光敏三极管截止,T 截止,继电器断开;当有光照时,光敏三极管导通,T 导通,继电器吸合,从而实现开关控制的功能。

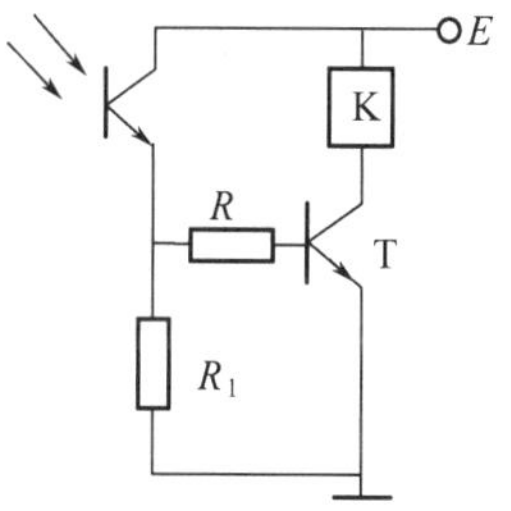

图 9-15 光敏三极管开关特性

3. 光敏晶体管的基本特性

(1) 光谱特性

不同材料的光敏晶体管对不同波长的入射光,其灵敏度是不同的。例如,硅管灵敏度峰值波长为 0.9 μm,锗管灵敏度峰值波长为 1.5 μm。在对可见光或赤热状态的物体进行探测时采用 NPN 硅管;在对红外光进行探测时采用 PNP 锗管。光的波长与颜色的关系如表 9-5 所示。

表 9-5 光的波长与颜色的关系

颜色	紫外	紫	蓝	绿	黄	橙	红	红外
波长/μm	10^{-4} ~0.39	0.39~0.46	0.46~0.49	0.49~0.58	0.58~0.60	0.60~0.62	0.62~0.76	0.76~1000

(2) 伏安特性

光敏晶体管在不同照度下的伏安特性,就像一般晶体管在不同的基极电流时的输出特性一样,如图 9-16 所示。因此只要将入射光在发射结产生的光电流看作基极电流,则可得到相应的伏安特性。光敏晶体管可把光信号变成电信号,而且输出的电信号较大。

(3) 光照特性

光敏晶体管的光照特性曲线如图 9-17 所示。它描述了光敏晶体管的光电流和照度之间的关系。由图可知,光照特性近似于线性,即输出电流随光照增强近似于线性增加。从而使光敏晶体管便于应用到测量技术领域中。

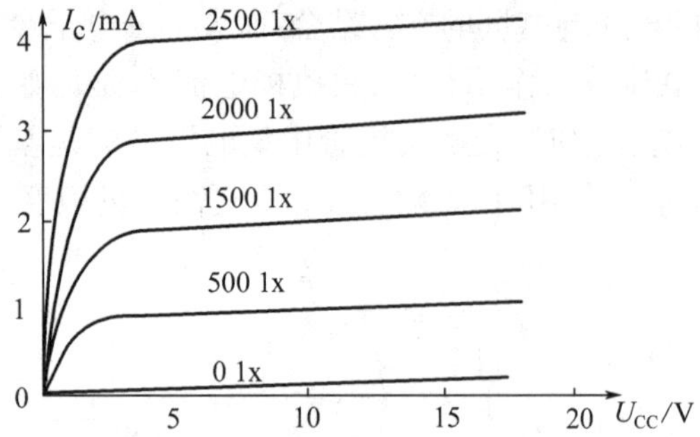

图 9－16　光敏三极管的伏安特性

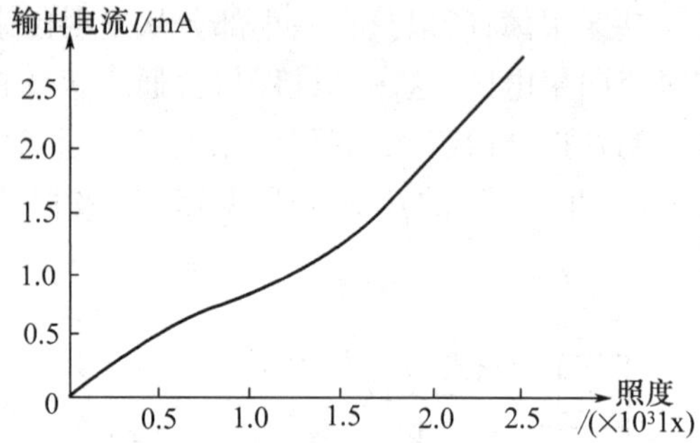

图 9－17　光敏晶体管的光照特性

（4）温度特性

光敏晶体管的温度特性是指其暗电流和亮电流与温度的关系。温度变化对亮电流影响不大，但对暗电流的影响非常大，并且是非线性的，将给微光测量带来误差。所以在电路中应对暗电流进行温度补偿，否则将会导致测量误差。由于硅管的暗电流比锗管小几个数量级，所以在微光测量中应采用硅管，并用差动的办法来减小温度的影响。

（5）响应时间

硅和锗光敏二极管的响应时间分别为 10^{-6} s 和 10^{-4} s 左右，光敏三极管的响应时间比相应的二极管约慢一个数量级，因此在要求快速响应或入射光调制频率较高时应选用硅光敏二极管。

2CU 型硅光敏二极管参数见表 9－6，3DU 型硅光敏三极管参数见表 9－7。

表 9－6　2DU 型光敏二极管参数

测试条件 \ 型号	光谱响应 /Å	光谱峰值波长 /Å	最高工作电压 U_{max}/V	暗电流 /μA	光电流 /μA	灵敏度 /(μA/μW)	响应时间 /s	结电容 /pF	使用温度 /℃
测试条件			ID＜0.1μA	$U=U_{max}$	$U=U_{max}$	$U=U_{max}$ 入射光波长为 9000Å	$U=U_{max}$	$U=U_{max}$	
2CU1A	4 000～11 000	8 600～9 000	10	＜0.2	＞80	≥0.5	10^{-7}	＜5	－55～＋125
2CU1B			20	＜0.2	＞80			＜5	
2CU1C			30	＜0.2	＞80			＜5	
2CU1D			40	＜0.2	＞80			＜5	
2CU1E			50	＜0.2	＞80			＜5	
2CU2A			10	＜0.1	≥30			＜5	
2CU2B			20	＜0.1	≥30			＜5	
2CU2C			30	＜0.1	≥30			＜5	
2CU2D			40	＜0.1	≥20			＜5	
2CU2E			50	＜0.1	≥30			＜5	
2CU5A			10	＜0.1	≥10			＜2	
2CU5B			20	＜0.1	≥10			＜2	
2CU5C			30	＜0.1	≥10				

七、光电耦合器

光电耦合器是由一个发光元件和一个光电元件同时封在外壳内组合而成的将光信号转换为电信号的器件，光电耦合器的结构示意图和组合形式如图 9－20 所示。

图 9－20(c)结构简单，成本低，通常用于 50 kHz 以下工作频率的装置上。图 9－20(d)是采用高速开关管构成的高速光电耦合器。图 9－20(e)是采用了放大三极管构成的高传输效率光电耦合器，用于直接驱动的电路，工作频率较低。图 9－20(f)是用集成电路构成的高速、高传输效率的光电耦合器。

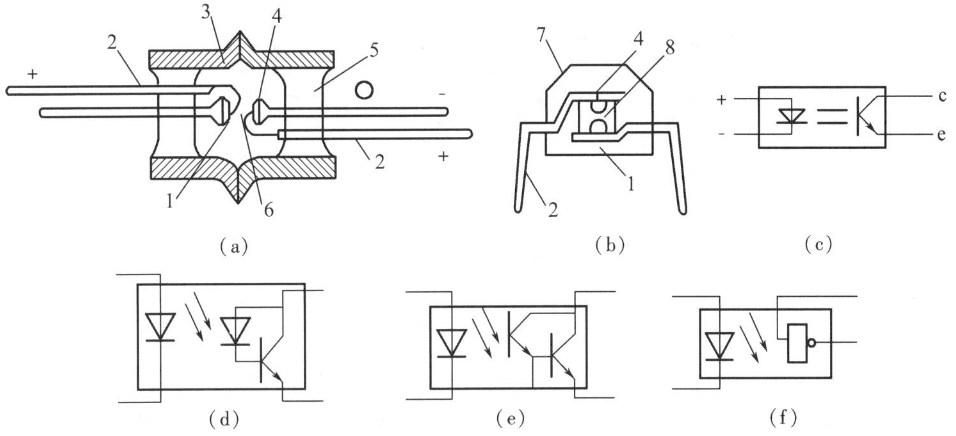

图 9－20　光电耦合器

(a)管形轴向封装；(b)双列直插封装剖面图；(c)，(d)，(e)，(f)图形符号

1—发光二极管；2—引脚；3—金属外壳；4—光敏元件；5—不透光玻璃绝缘材料

6—气隙；7—黑色不透光塑料外壳；8—透明树脂

第二节　光电传感器的应用

光电传感器是根据光电效应利用光电转换元件将光信号转换为电信号的一种器件或装置。在测控应用中，一般先将其他的被测量转换成光通量，再经过光电元件转换成电量，最后显示、记录、打印或控制。光电传感器的应用类型有两类：第一类，模拟量光电传感器测控系统；第二类，开关量光电传感器测控系统。

第一类应用中，依被测物、光源、光电元件三者之间的关系，可以将光电传感器分为下述四种类型(见图 9－21)：

(1) 图 9－21(a)中光辐射能源本身是被测物，由被测物发出的光通量直接到达光电元件上，通过测量光的强度可知被测物的温度。

(2) 图 9－21(b)中恒光源(白炽灯，或其他光源)穿过被测物，部分被吸收，而后到达光电元件上。可根据被测对象对辐射的吸收量或对频谱的选择性来测量液体、气体的透明度和浑浊度，或者对气体进行成分分析，对液体中某种物质含量进行测定等。

(3) 图 9－21(c)中恒光源发出光通量先到被测物，再用光电元件接收从被测物表面反射出来的光。由于反射光通量的多少决定于被测对象的表面性质和状态，因此它可以测量机械加工零件的表面光洁度、表面粗糙度等。

(4) 图 9-21(d)中恒光源发射的光到达光电元件的路径上，受到被测物的遮蔽，因此照射到光电元件上的光通量发生了变化，根据被测对象阻挡光通量的多少来测量被测对象的几何尺寸(如长度、厚度等)和运动状态(如线位移、角位移等)。

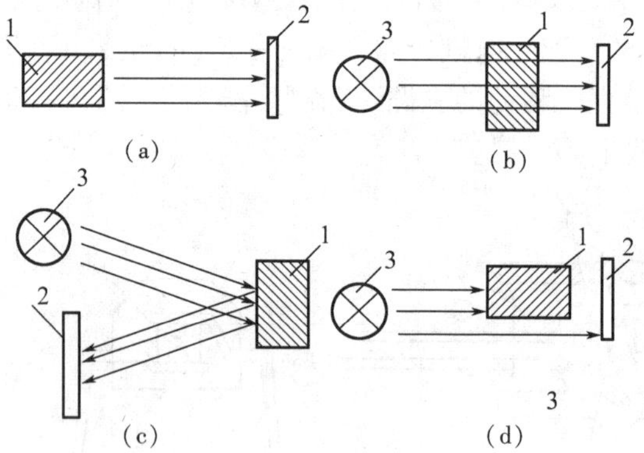

图 9-21　光电传感器的几种形式

(a)被测物是光源；(b)被测物吸叫光通量；(c)被测物是反射能力的表而；(d)被测物遮蔽光能量

第二类应用的原理是利用光电器件受光照时，有电信号输出，不受光照时无电信号输出，即输出仅有两个稳定状态——“通”和“断”，这样便把被测量转换成断续变化的光电流，由自动检测系统输出开关量或数字电信号。这一类应用大多用于光机电相结合的检测装置中，如转速表、继电器、脉冲发生器等。

下面将具体介绍一些光电传感器的应用实例。

一、反射式烟雾报警检测器

反射式烟雾报警检测器如图 9-22 所示。

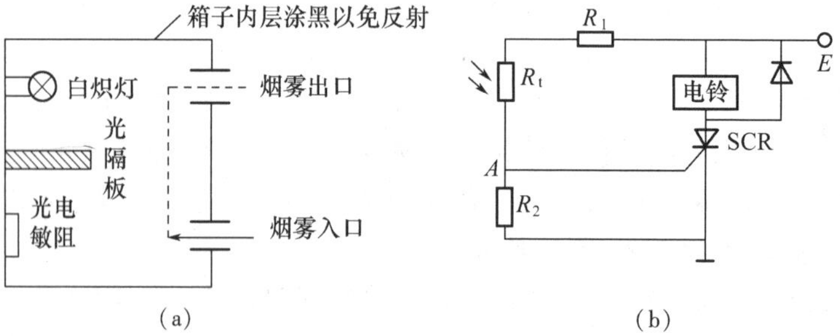

图 9-22　反射式烟雾报警监测器

光隔板的作用是阻止灯光直接照射在光敏电阻上。灯的作用是光源和热源，箱中空气受热上升，因而引起空气对流，烟雾从底部进入，顶部逸出。如果通过检测箱的空气中无烟雾，则白炽灯无反射光照射到光敏电阻上，其阻值很大。如果空气中有烟雾，则烟尘将灯光反射到光敏电阻上使其阻值减小。

报警电路中，当 R_t 无光照时，R_t 很大，A 点电位 U_A 很小，可控硅触发电压太小，SCR 截止。当 R_t 受光照时，R_t 小，U_A 电位升高足够 SCR 导通，电铃响，发出报警。

二、光电池应用

光电池目前主要有两大类的应用：一类是将光电池作光伏器件使用，利用光伏作用直接将太阳能转换成电能，即太阳能电池。太阳能电池已在宇宙开发、航空、通信设施、太阳电池地面发电站、日常生活和交通事业中得到广泛应用。目前太阳电池发电成本尚不能与常规能源竞争，但是随着太阳电池技术不断发展，成本会逐渐下降，太阳电池定将获得更广泛的应用。

另一类是将光电池作光电转换器件应用，需要光电池具有灵敏度高，响应时间短等特性。这一类光电池需要特殊的制造工艺，主要用于光电检测和自动控制系统中。

1. 太阳电池电源

太阳电池电源系统如图 9－23 所示，主要由太阳电池方阵、蓄电池组、调节控制和阻塞二极管组成。如果还需要向交流负载供电，则加一个直流－交流变换器。

太阳电池方阵是将太阳辐射直接转换成电能的发电装置。按输出功率和电压的要求，选用若干片性能相近的单体太阳电池，经串联、并联构成一个阵列。在有太阳光照射时，太阳电池方阵发电并对负载供电，同时也对蓄电池组充电，储存能量，供无太阳光照射时使用。

蓄电池组的作用是将太阳电池方阵在白天有太阳光照射时所发出的电量的多余能量（超过用电装置需要）储存起来的储能装置。

调节控制器是将太阳电池方阵、蓄电池组和负载连接起来，实现充放电自动控制的中间控制器，它一般由继电器和电子线路组成。控制器在充电电压达到蓄电池上限电压时，能自动地切断充电电路，停止对蓄电池充电；当蓄电池电压低于下限值时，自动切断输出电路。因此，调节控制器不仅能使蓄电池供电电压保持在一定范围，而且能防止蓄电池因充电电压过高或过低而损伤。

阻塞二极管的作用是利用其单向性，避免太阳电池方阵不发电或出现短路故障时，蓄电池通过太阳电池放电。阻塞二极管通常选用足够大的电流，正向电压降和反向饱和电流小的整流二极管。

直流－交流变换器是将直流电转换成交流电的装置（逆变器）。

2. 光电池在光电检测和自动控制方面的应用

光电池可作为触发电路或开关电路的控制信号。如图 9－24 所示，G 为 D 触发器，无光照时，$D=\mathbf{0}$，在 CP 作用下，Q 为 $\mathbf{0}$ 信号；有光照时，$D=\mathbf{1}$，在 CP 作用下，Q 为 $\mathbf{1}$ 信号。

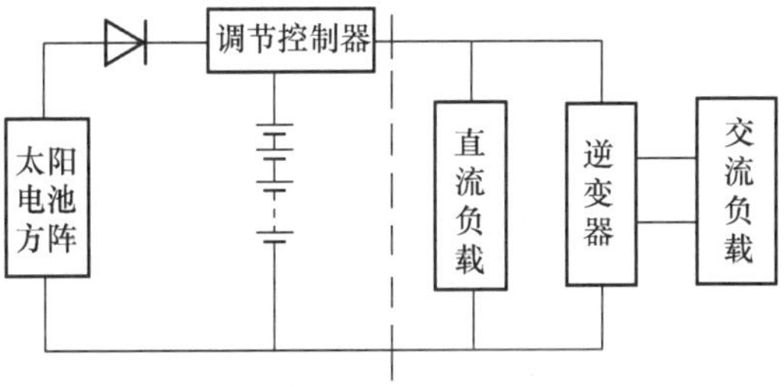

图 9－23　太阳电池电源

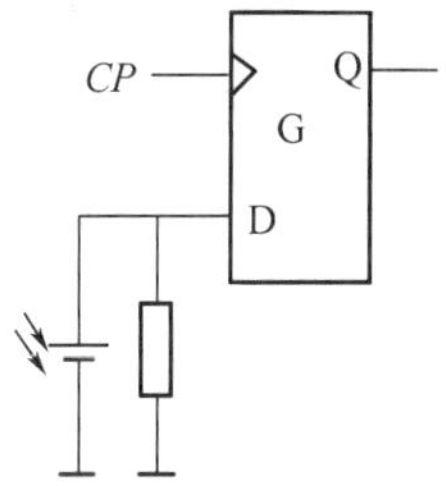

图 9－24　光电池作触发电路的控制信号

三、光电耦合器应用

利用光电耦合器实现主回路与控制回路的隔离的电路如图 9－25 所示。

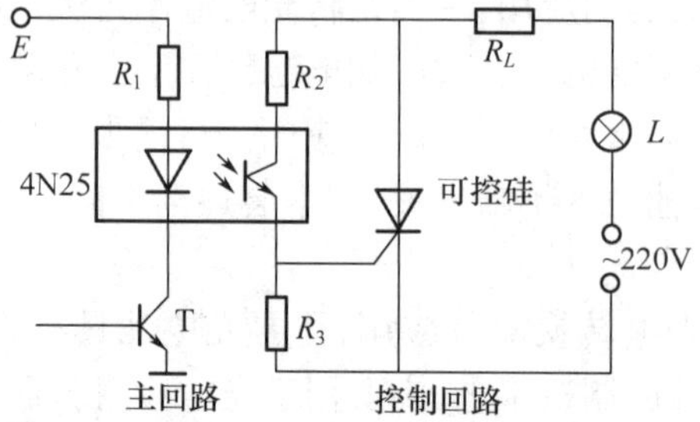

图 9－25 主回路与控制回路的隔离电路

控制回路接 220 V 交流信号。而主回路是电源电压很低的直流控制电路，两种不同电源的电路最好隔离。当 T 截止时，光电耦合器不导通，可控硅的触发端没有高电平，可控硅不导通，因没有通路，灯不亮。当 T 饱和时，光电耦合器中发光二极管发光，使光敏三极管导通，给可控硅的触发信号加入一高电平，这时可控硅导通，L 灯亮。

四、光电式转速传感器

光电式转速传感器如图 9－26 所示，在待测转速轴上固定一带孔的设置盘，在设置盘一边由白炽灯产生恒光源，另一边接光电转换器。

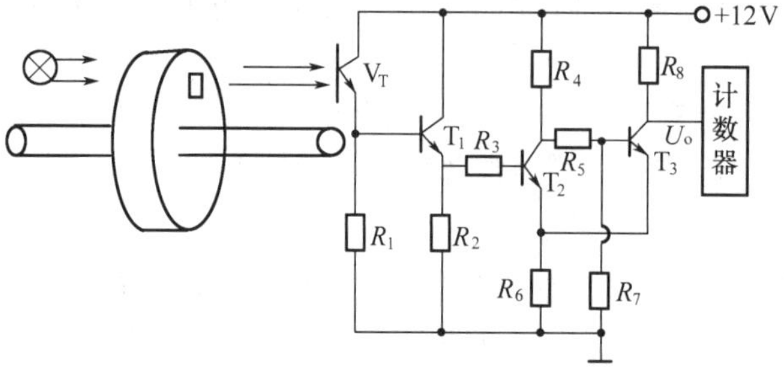

图 9－26 光电式转速传感器示意图

当光电转换器 V_T 无光照时，V_T，T_1，T_2 截止，T_3 饱和，U_o 为低电平；当白炽灯产生的光通过小孔照到光电传感器上，即 V_T 有光照时，V_T，T_1，T_2 导通，T_3 截止，U_o 为高电平；U_o 输出的波形是矩形波，送计数器计数，通过计算可以得出转速。如一分钟计数为 60，说明转轴 1 分钟转 60 次，即每秒转 1 圈，转速为每秒 1 转。

五、光电式浊度计

水样本的浊度是水文资料的重要内容之一，图 9－27 所示是光电式浊度计的原理图。

光源发出的光线经半反半透镜分成两束强度相等的光线，一路光线直接到达光电池 7，产生作为被测水样浊度的参比信号。另一路光线穿过被测样品水到达光电池 6，其中一部分光线被样品介质吸收，样品水越混浊，光线的衰减量越大，到达光电池 6 的光通量就越小。

两路光信号均转换成电压信号 U_1，U_2，由运算电路 10 计算出 U_1，U_2 的比值，并进一步算出被测水样的浊度。

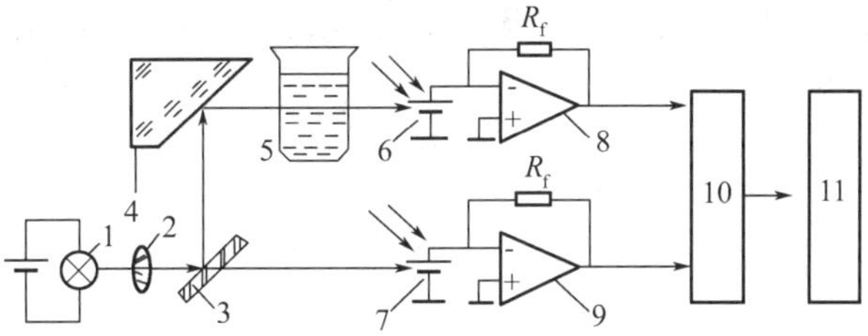

图 9－27　光电式浊度计的原理图

1—光源；2—聚光透镜；3—半反半透镜；4—反透镜；5—被测水样
6，7—光电池；8，9—电流电压转换器；10—运算器；11—显示器

采用分光镜 3 及光电池 7 作为参比通道的好处是：当光源的光通量由于种种原因有所变化或环境温度变化引起光电池灵敏度发生改变时，由于两个通道的结构完全一样，所以在最后运算 U_1/U_2 值时，上述误差可自动抵消，减小了测量误差。

思考题与习题

1. 光电效应有哪几种，与之对应的光电元件各是哪些？请简述其特点。

2. 光电传感器可分为哪几类，请各举出几个例子加以说明。

3. 某光电开关电路如图 9－28 所示，请分析其工作原理，并说明各元件的作用，该电路在无光照的情况下继电器 K 是处于吸合还是释放状态？

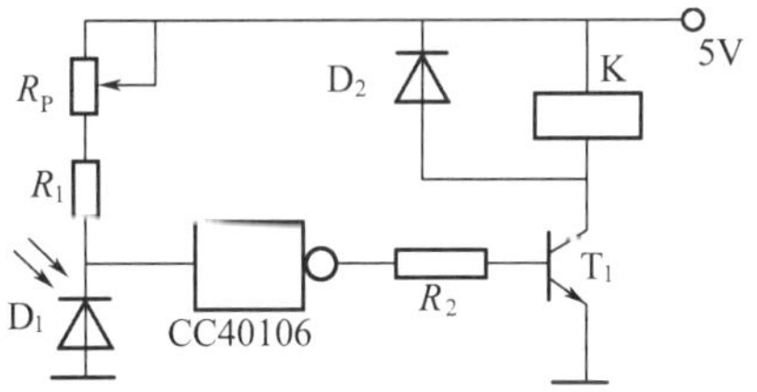

图 9－28　光电开关电路

4. 如图 9－29 所示为转速控制电路，试分析其工作原理。

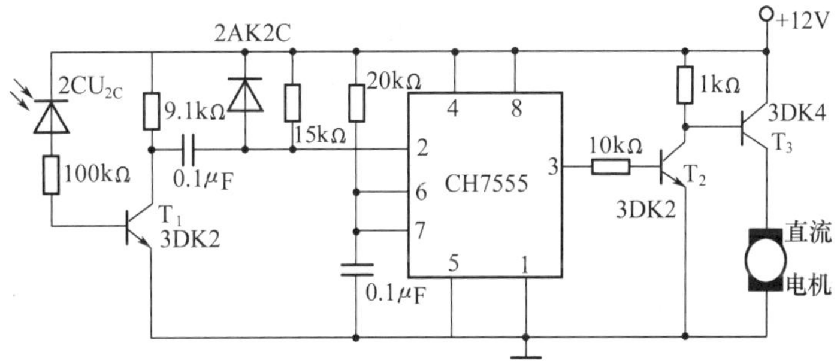

图 9－29　光控电机

5. 请用光电耦合器设计抽屉防盗报警器(画出结构示意图和电原理图),并简述其工作原理。

6. 用光敏二极管及可控硅设计一种天黑时灯亮,天亮时灯暗的自动路灯电路,路灯用220 V电压供电,共5盏。

第十章　新型传感器

人创造了先进的科学技术，为自身创造了优越的生活条件。科学又进而把人的行为和思维活动部分地转移到非生命的装置上，使这些装置反过来为人类服务。国家的现代化水平很大一部分由自动化水平来衡量，自动化系统的功能愈全，系统对传感器的依赖程度也愈大，为此，各种各样的新型传感器层出不穷。本章仅介绍机器人传感器、智能控制与Smart传感器。

第一节　机器人传感器

机器人传感器是20世纪70年代开始发展起来的一类专用于机器人技术方面的新型传感器。一般机器人传感器的基本工作原理与前几章所论述的传感器原理是相同的。从这个意义上说，本节是前述各章传感器的应用、补充和发展，但机器人传感器又有其特殊性。

一、机器人传感器的功能与分类

要使机器人能代替人的劳动，自如地去完成一些人所能干的，甚至某些人所难以胜任的工作，就必须具备能够判断周围环境状况的感觉功能。不具有感觉功能的普通机器人只能按预先规定的程序重复地进行一定的动作。一旦赋予感觉，它就能针对处理对象，相应地改变它的动作。例如从众多的物体中排除混入的物体，或在抓取物体时，能够根据物体的位置和周围的情况而决定其操作。对机器人自身的工作，只要具备某种感觉功能，感觉到有关其动作结果的信息，就能依靠经验，学习到更好的作业方法，并且熟练掌握。因此，研究机器人的感觉功能已经成为智能机器人的重要课题。

机器人传感器可分为机器人外部传感器和机器人内部传感器两大类。机器人内部传感器的功能是测量运动学及动力学参数，其提供信息的目的是控制机器人按规定的位置、轨迹、速度、加速度和受力大小进行工作。机器人外部传感器的功能是认识工作环境，其提供信息的目的是检查产品质量、取物、控制操作、应付环境和修改程序。图10－1中表示机器人传感器的分类方法。

由于机器人内部传感器的原理和结构与前述章节基本相同，故这里不再重复。下面着重讨论机器人外部传感器。机器人外部传感器和人的视、听、嗅、味、触等五官感觉相对应，故亦称感觉传感器。目前机器人外部传感器主要有视觉和广义触觉两大类。所谓“广义触觉”，是指与对象物接触所得的全部感觉。表10－1中列出了机器人视觉传感器的主要内容及其应用情况。

机器人感觉传感器的特点如下：

（1）传感器包括信息获取和处理两部分，并密切结合；

（2）传感器检测的信息直接用于控制，以决定机器人的行动；

（3）与过程控制用传感器不同，感觉传感器既能检测信息，又有随环境状态大幅度变化的功能，因此信息收集能力强；

(4)传感器对敏感材料的柔性和功能有特定要求。

由此可见,感觉传感器不仅包括传感装置本身,而且必须包含传感器信号处理。

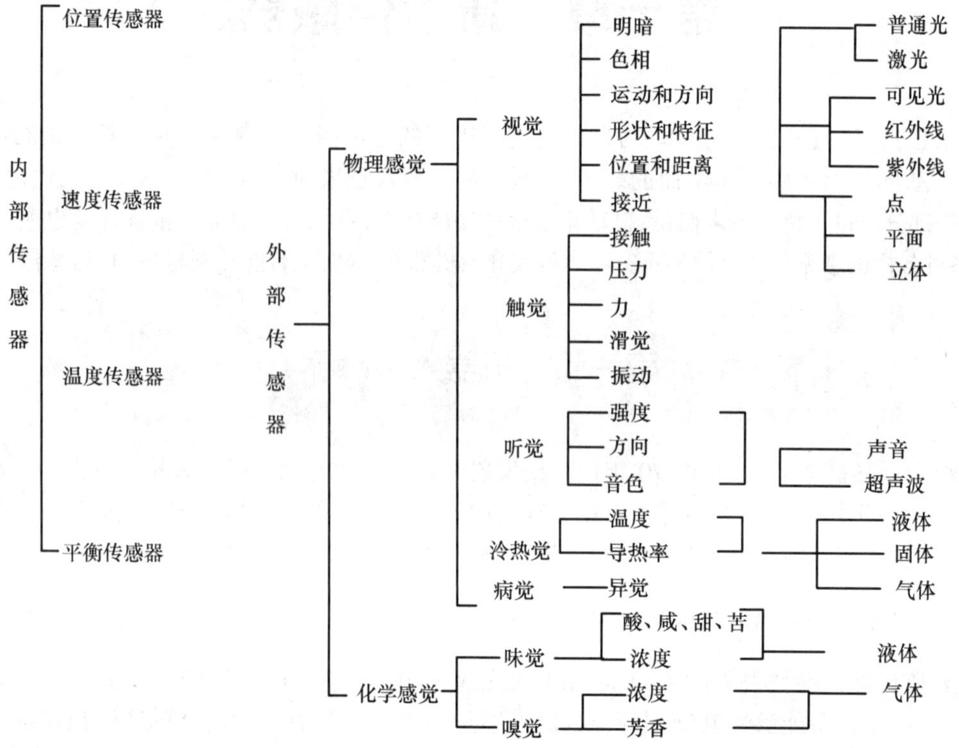

图 10－1 机器人传感器

表 10－1 视觉传感器及其应用

	检测内容	应用目的	传感器装置
明暗觉	光存在否,有无反射光,亮度	判断有无对象物体,检测通过的对象物体	光电管、光电晶体管、光电断流器
色 觉	物体或环境的色彩颜色浓度	根据颜色识别物体,根据颜色选择作业	彩色 TV 摄影机,滤色器和彩色光电晶体管
位置觉	物体的平面位置、角度,到达物体的距离	物体空间位置,识别物体方向,检测物体移动	摄像管(光电摄像管、硅光导摄像管、氧化铅光导摄像管、析像管等)
形状觉	物体的面、棱、顶点、二维形状、三维形状	提取物体轮廓,识别物体,提取物体固有特征	光电晶体管阵列、线阵 CCD 图像传感器、面阵 CCD 图像传感器、SPD 等
接触觉	指尖和对象物体是否接触,接触位置,接触模型	决定位置,控制速度,探索和控制路径,识别物体姿态和形状,安全和异常停止	微型开关、光电传感器、针式接点、薄膜接点、电位计(触针)

传感器的信号要经过多层次的处理,如图 10－2 所示。并非所有传感器的信号处理都要经过全过程,如视觉和高密度压觉传感器一般需经过③和④的过程;而位置、接近觉和压觉传感器仅经过②过程;接触传感器多半是经过①过程。图 10－3 是一种机器人传感器安装部位示意图。

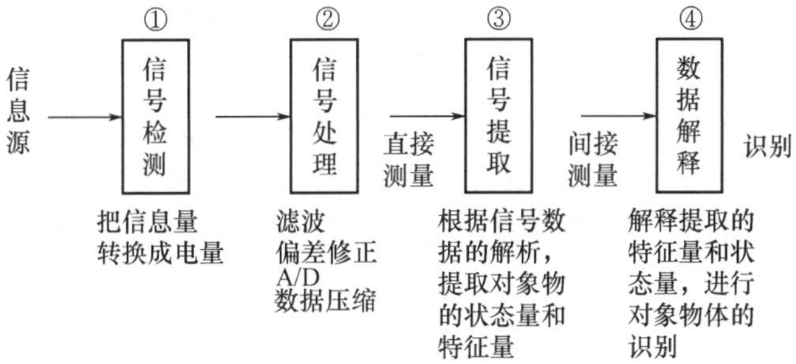

图 10－2　机器人传感器信号处理

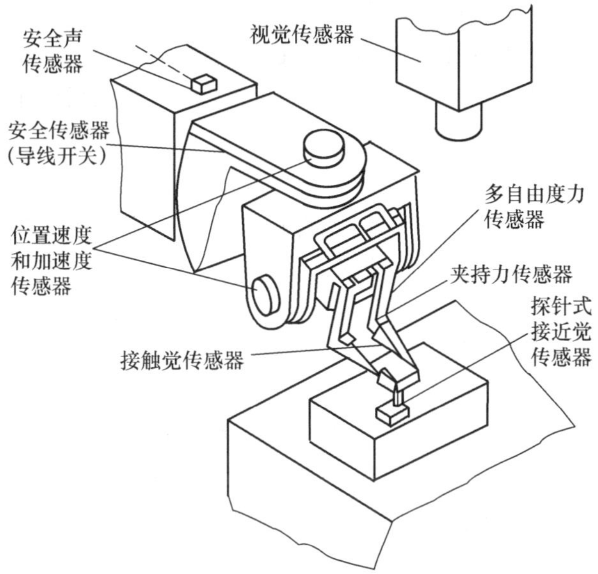

图 10－3　装有多种传感器的机器人

传感器在机器人控制系统中的作用如图 10－4 中所示。图中①，②，③，④表示各级控制部分所需传感器信号处理的层次（意义与图 10－2 相同）。

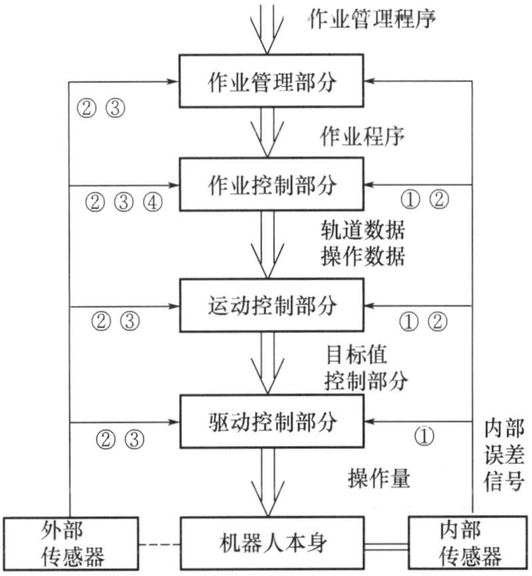

图 10－4　机器人传感器信号处理

“内部传感器”提供机器人运动部分的位移和速度等反馈信息。“外部传感器”的反馈信息主要用于修正轨道，也有用于停止运动的。“运动控制”即按照特定的运动模型来制定机器人的运动轨迹。“作业控制部分”决定着各种作业单元的动作顺序，并按规定操作。该部分要求从传感器获得确认的信号，即图 10－2 中传感器信号处理层次②～④的识别信号。“作业管理部分”根据指令、视觉传感器的信息和其他有关装置的信息，选择作业程序，并进行管理。

二、视觉传感器

人的视觉是获取外界信息主要的感觉行为。据统计，人所获得外界信息的 80% 是靠视觉得到的，因此视觉传感器是仿生传感器中最重要的部分。人类视觉的模仿多半是用电视摄像机和计算机技术来实现的，故又称计算机视觉。视觉传感器的工作过程可分为检测、分析、描绘和识别四个主要步骤，简述如下。

1. 视觉检测

视觉检测主要利用图像信号输入设备，将视觉信息转换成电信号，常用的图像信号输入设备有摄像管和固态图像传感器。摄像管分光导摄像管（如电视摄像装置的摄像头）和析像管两种，前者是存储型，后者是非存储型的。固态图像传感器分线阵传感器和面阵传感器，其工作原理详见其他章节。

输入视觉检测部件的信息形式有亮度、颜色和距离等，这些信息一般可以通过电视摄像机获得，亮度信息用 A/D 转换器按 4～10 bit 量化，再以矩阵形式构成数字图像，存于计算机内，若采用彩色摄像机可获得各点的颜色信息，对三维空间还必须处理距离信息。常用于处理距离信息的方法有光投影法和立体视法。光投影法是向被测物体投以特殊形状的光束，然后检测反射光，即可获得距离信息。

例如，用点光束的激光扫描器把激光束投射在被测物体上，用摄像机接收物体的反光，进行画面位置的检测（其原理如图 10－5 所示），根据发射激光束的空间角度与反射光线空间角度，以及发射源和摄像机位置间的几何关系，可以确定反射点的空间坐标。用激光束的二维扫描可以确定被测物体各点的距离信息。

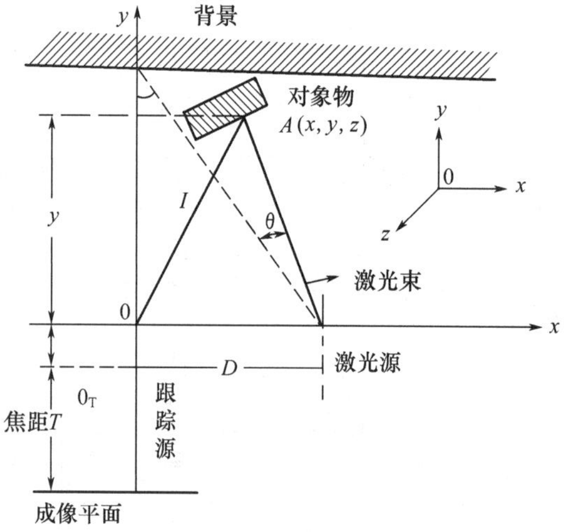

图 10－5　激光扫描三维视觉原理

立体视觉法采用两只摄像机测距,实现人的两眼视觉效果,通过比较两只摄像机拍摄的画面,找出物体上任意两点在两画面上的对应点,再根据这些点在两画面中的位置和两摄像机的几何位置,通过大量的计算,就可确定物体上对应点的空间位置。

为了得到视觉效果,景物的照明也是很重要的因素。设计一个很好的照明系统,对于景物照明来说,可以使图像的处理变得简单。最佳光源是亮度高,相干性、方向性和单色性好的激光光源。

2. 视觉图像分析

视觉图像分析是把摄取到的所有信号去掉杂波及无价值像素,重新把有价值的像素按线段或区域等排列成有效像素集合。被测图像被划分为各个组成部分的预处理过程称为视觉图像分析。

3. 描绘与识别

图像信息的描绘是利用求取平面图形的面积、周长、直径、孔数、顶点数、二阶矩,周长平方与总面积之比,以及直线数目,弧的数目,最大惯性矩和最小惯性矩之比等方法,这些方法的实现包括了图像特征提取出来的过程。因此,描绘的目的是从物体图像中提取特征。从理论上,这些特征应该与物体的位置和取向无关,只包含足够的描绘信息。

而识别是对描绘过程的物体给予标志,如钳子、螺帽等名称。它必须包括信息获取和处理两部分,才能把对象物体特征通过分析处理、描绘识别出来。从一定意义上说,一个典型视觉传感器的组成原理如图 10－6 所示,它属于智能传感器范畴。

图 10－6　视觉传感器的典型结构原理图

三、听觉传感器

听觉传感器是人工智能装置,是机器人中必不可少的部件,它是利用语音信号处理技术制成的。机器人由听觉传感器实现“人－机”对话。一台高级的机器人不仅能听懂人讲的话,而且能讲出人能听懂的语言,赋予机器人这些智慧的技术统称语音处理技术,前者为语言识别技术,后者为语音合成技术。具有语言识别功能的传感器称为听觉传感器。

语音识别实质上是通过模式识别技术识别未知的输入声音,通常分为特定话者和非特定话者两种语音识别方式。后者为自然语音识别,这种语音的识别比特定人语音识别困难得多。特定话者的语音识别技术已进入了实用阶段,而自然语音的识别尚在研究阶段。特定语音识别是预先提取特定说话者发音的单词或音节的各种特征参数并记录在存储器中,要识别的输入属于哪一类,决定于待识别特征参数与存储器中预先登录的声音特征参数之间的差。实现这一技术的大规模集成电路的声音识别电路已商品化了多年,其代表型号有 TMS320C25FNL,TMS320C25GBL,TMS320C30GBL 和 TMS320C50PQ 等。采用这些芯片构成的传感器控制系统如图 10－7 所示。由此可知,该系统是一个很复杂的系统。

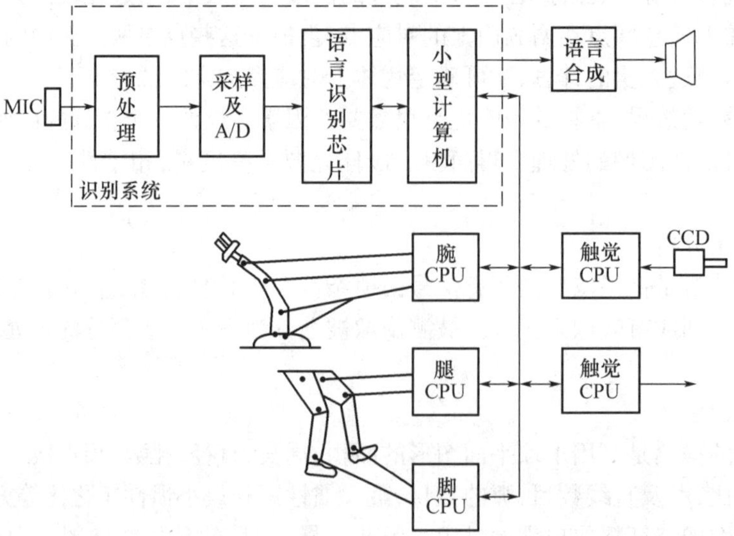

图 10－7　语音识别的听觉传感器控制系统框图

四、接触觉传感器

人的接触觉是通过四肢和皮肤对外界物体的一种物性感知，为了感知被接触物体的特性及传感器接触对象物体后自身的状况，例如是否握牢对象物体和对象物体在传感器何部位等，常使用的接触传感器有机械式（例如微动开关）针式差动变压器、含碳海绵及导电橡胶等几种。当接触力作用时，这些传感器以通断方式输出高低电平，实现传感器对被接触物体的感知。

图 10－8 所示的是针式差动变压器矩阵式接触传感器。它由若干个触针式触觉传感器构成矩阵形状，每个触针传感器由钢针、塑料套筒，以及给每针杆加复位力的磷青铜弹簧等构成，如图 10－8(a)所示，并在各触针上绕着激励线圈与检测线圈，用以将感知的信息转换成电信号，由计算机判定接触程度、接触部位等。

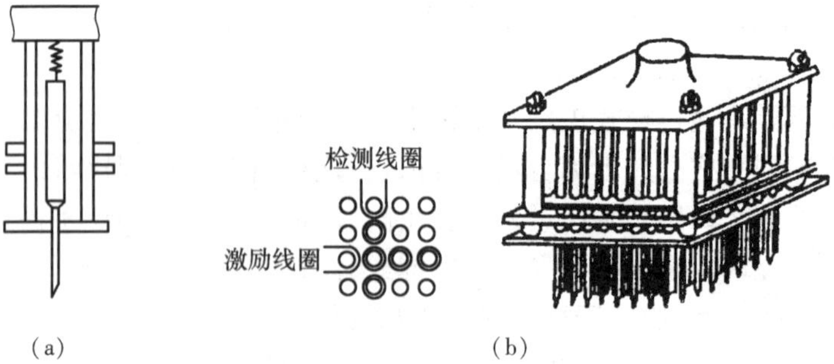

(a)　　(b)

图 10－8　针式变压器矩阵接触传感器

当针杆与物体接触而产生位移时，其根部的磁极体将随之运动，从而增强了两个线圈间的耦合系数。通过控制电路使各行激励线圈上加上交流电压，检测线圈则有感应电压，该电压随针杆位移增加而增大。通过扫描电路轮流读出各列检测线圈上的感应电压(感应电压实际上标明了针杆的位移量),电压量通过计算机运算判断,即可知道对象物体的特征或传感器自身的感知特性。

五、压觉传感器

目前压觉传感器主要有如下几类。

(1) 利用某些材料的内阻随压力变化而变化的压阻效应,制成压阻器件,将它们密集配置成阵列,即可检测压力的分布,如压敏导电橡胶或塑料等。

(2) 利用压电效应器件,如压电晶体等,将它们制成类似人的皮肤的压电薄膜,感知外界压力。它的优点是耐腐蚀、频带宽和灵敏度高等;但缺点是无直流响应,不能直接检测静态信号。

(3) 利用半导体力敏器件与信号电路构成集成压敏传感器。常用的有三种:压电型(如 ZnO/Si - IC)、电阻型 SIC(硅集成)和电容型 SIC。其优点是体积小、成本低、便于同计算机接口;缺点是耐压载差、不柔软。

(4) 利用压磁传感器和扫描电路与针式差动变压器式接触觉传感器构成压觉传感器。压磁器件有较强的过载能力,但体积较大。

图 10 - 9 所示是利用半导体技术制成的高密度智能压觉传感器,它是一种很有发展前途的压觉传感器。高密度智能压觉传感器中压阻式和电容式使用最多。虽然压阻式器件比电容式器件的线性好,封装简单,但是压阻器件的压力灵敏度要比电容器件小一个数量级,温度灵敏度比电容器件大一个数量级。因此,电容式压觉传感器,特别是硅电容压觉传感器得到广泛应用。图 10 - 10(a)为硅电容压觉传感器阵列结构示意图。单元电容的两个电极分别用局部刻蚀的硅薄膜和玻璃板上被金属化的极板组成。采用静电作用把硅基片粘贴在玻璃衬底上,用二氧化硅作电容极板与基片间的绝缘膜,将每行上的电容板连接起来,但行与行之间是绝缘的。行导线在槽里垂直地穿过硅片;金属列线水平地分布在硅片槽下的玻璃板上,在单元区域内扩展成电容电极,这样就形成了一个 $x-y$ 平面的电容阵列。阵列上覆盖有带孔的保护盖板。盖板上有一块带孔的表面覆盖有薄膜层的垫片,垫片上开有槽沟,以减少局部作用力的图像的扩散。盖板与垫片的孔连通,在孔中填满传递力的物质,如硅橡胶,参见图 10 - 10(b)。其灵敏度取决于硅膜片和极板几何尺寸。读出系统如图 10 - 11 所示,该系统实现压觉传感器阵列的接口、控制和信号输出作用。由计数器或微机等分别发出行、列地址信号,经译码器和多路转换器产生选通某单元的电容的电压信号,经过检测放大器放大(该放大器采用电容构成负反馈回路),放大器输出的信号以并行方式送给多路转换器。图像中各敏感元件的信号

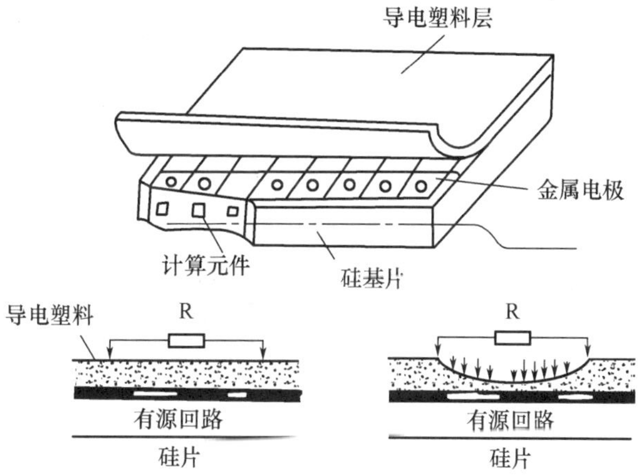

图 10 - 9 高密度智能压觉传感器

通过扫描按一定时序经 A/D 变换后由微处理器采集，并进行零位偏移补偿和灵敏度不均匀性补偿后输出。

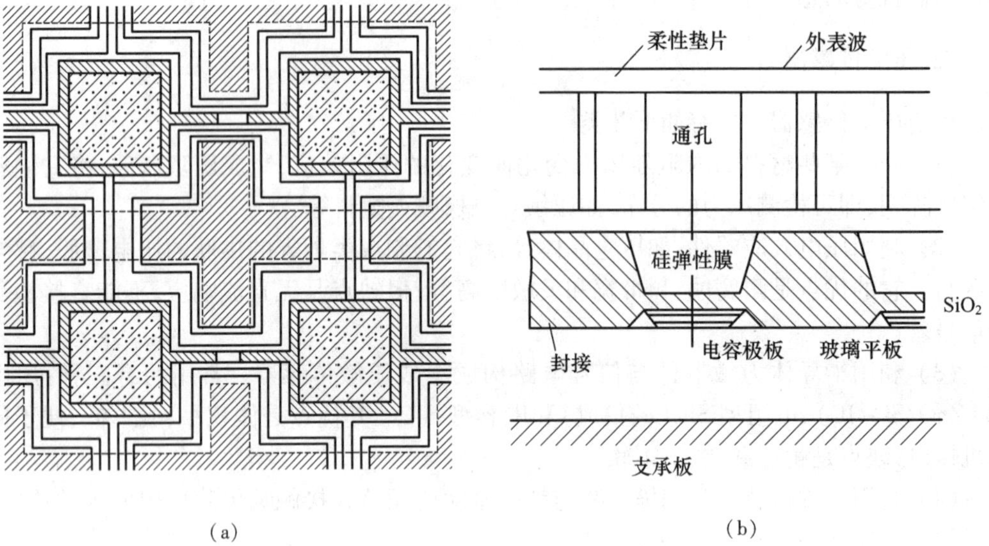

图 10－10　电容压觉传感器结构示意图

(a)四个硅电容压觉传感器；(b)剖视图

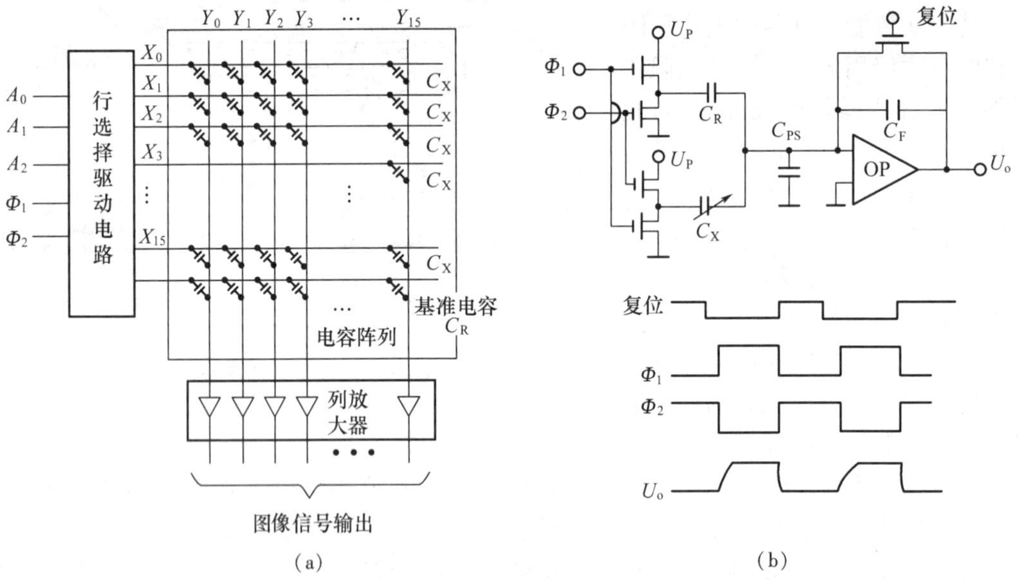

图 10－11　传感器列阵与读出电路

(a)列阵；(b)读出电路

该读出电路的基本结构如图 10－11(b)所示，图中 C_X，C_R，C_F，C_{PS} 分别为传感器电容、基准电容、放大器反馈电容和寄生电容。若调制交流峰值电压为 U_P，则放大器输出电压为

$$U_o = U_P \frac{C_X - C_R}{C_F} = U_P \frac{\Delta C}{C_P} \tag{10-1}$$

电路中的寄生电容约等于$(N-1)C_X$,N为每列中敏感单元数,即等于所有未选中单元的电容量之和。由于该电路利用了运算放大器虚地工作原理,C_{PS}对读信号基本无影响。

六、接近觉传感器

接近觉传感器是检测对象物体与传感器距离信息的一种传感器,它利用距离信息测出对象物体的表面状态。接近觉传感器是视觉传感器功能的一部分,但它只给出距离信息。接近觉传感器有电磁感应式、光电式、电容式、气压式、超声波和微波式等多种,实际使用时需要根据对象物体性质而定。

例如,金属型的对象物体一般采用电磁感应式传感器,而塑料、木质器物等可采用光电式、超声波和微波式传感器等。图10-12所示的电磁感应式接近觉传感器常用于感觉金属型对象物体的距离。它由一个铁芯套着励磁线圈L_0以及可以连接成差动电路的检测线圈L_1,L_2构成。当接近物体时,由于金属产生的涡流而使磁通量Φ变化,两个检测线圈距离对象物体不等使差动电路失去平衡,输出随离对象物体的距离不同而变化。

这种传感器坚固结实、便宜,抗热、光影响能力强。目前利用这种传感器制成弧焊机器人,可在200℃以下,距离x为0~8mm时,对焊缝跟踪焊接,其误差小于4%。图10-13所示是一种利用发光元件和感光元件的光轴相交而构成的光纤接近觉传感器。当对象物体处于光轴交点时,反射光量出现峰值,即接收信号最强。利用这一特点可以测定对象物体的位置。图10-14中所示的接近觉传感器中,将n个发光元件沿横向直线排列,使其按扫描顺序发光,再根据反射光量的变化及其时间,就可求出发射角,从而确定对象物体的距离。

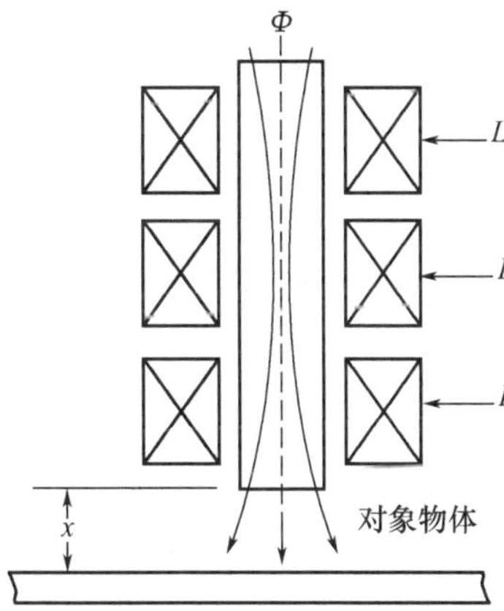

图10-12 电磁感应式接近觉传感器的工作原理

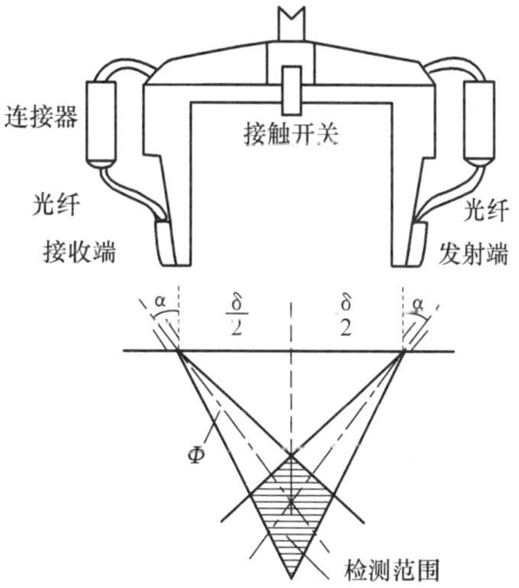

图10-13 光纤接近觉传感器

七、力觉传感器

力觉传感器用于检测和控制机器人臂及手腕的力与力矩。力觉传感器的敏感元件一般用半导体应变片。力觉传感器能直接或通过运算获取多维力和力矩,由此借以感知机器人指、腕和关节等在工作和运动中所受到的力,从而决定如何运动,应采取什么姿态,以及推测对象物体的质量等。

图10-15所示是安装在机器人手指尖上操作间隙为10 μm的精密镶嵌作业的力觉传

感器,用于检测手指尖各方向的力。利用应变片和不同的机械结构构成适合可作业范围内的不同种类的力觉传感器。

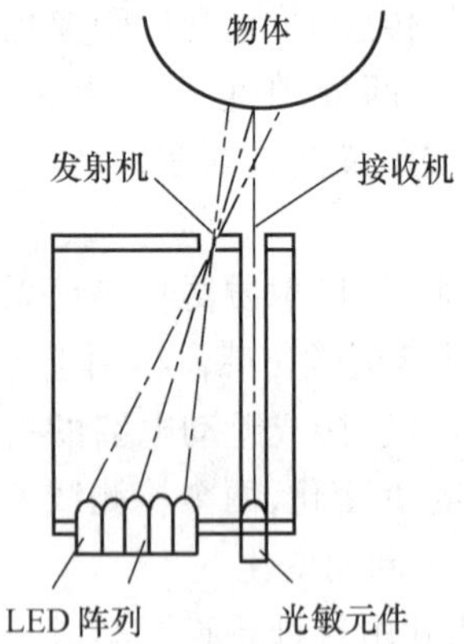

图 10－14 反射角式接近觉传感器

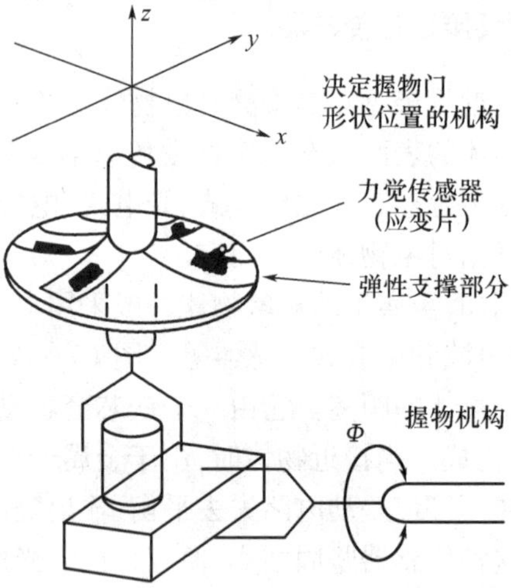

图 10－15 手指尖部位的力觉传感器

八、滑觉传感器

滑觉传感器是用于检测物体接触面之间相对运动大小和方向的传感器。例如,机器人的手爪,就是利用滑觉传感器判断是否握住物体,以及应该使用多大的力等。为了检测滑动,通常采用如下方法:

(1)将滑动转换成滚球和滚柱的旋转;

(2)用压敏元件和触针,检测滑动时的微小振动;

(3)检测出即将发生滑动时手爪部分的变形和压力,通过手爪载荷检测器,检测手爪的压力变化,从而推断出滑动的大小等。

如图 10－16 中所示的球式滑动传感器和滚轴式滑动传感器是经常被使用的一些滑觉传感器。图 10－16(a)中的球表面是导体和绝缘体配置成的网眼,从物体的接触点可以获取断续的脉冲信号,它能检测全方位的滑动。从图 10－16(b)可知,手爪中的物体滑动,将使滚轴旋转,滚轴带动安装在其中的光电传感器和缝隙圆板而产生脉冲信号。这些信号通过计数电路和 D/A 变换器转换成模拟电压信号,通过反馈系统构成闭环控制,不断修正握力,达到消除滑动的目的。

由于篇幅限制,其他类型的仿生感觉传感器,如嗅觉、味觉等传感器就不一一介绍了。

九、智能机器人的现状及未来

40 年前第一台遥控机械手诞生,它是为抓取放射性材料而设计制造的,到今天机器人的发展已经历三代:第一代是可编程的示教再现型机器人;第二代是具有一定的感觉功能和一定自适应能力的离线编程机器人;第三代是智能机器人,这种机器人装有多种传感器,并能将多种传感器探测到的信息进行“融合”(多传感器的信息融合),能有效地适应变化的环境,具有很强的自适应能力,并具有自学习、自治(自己管理自己、自主决策)功能。

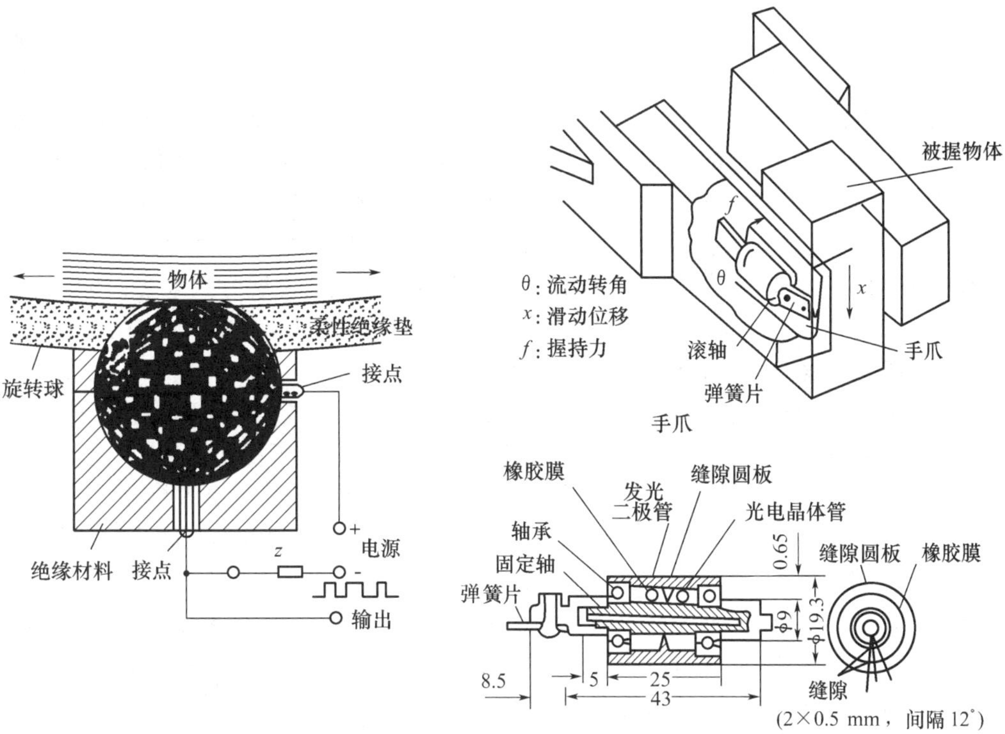

（a）　　　　　　　　（b）

图 10－16　几种滑觉传感器

智能机器人成为当今机器人研究的热点，是与当前机器人技术和科技的发展状况及社会发展的需求密不可分的。首先，智能机器人之前的两代机器人，为其开发打下了深厚的技术基础，积累了丰富的经验；其次，近几年来，以神经网络和模糊控制为主的人工智能技术有了重大进展，传感器、控制、驱动及新材料等有了很大的进步，也为智能机器人的发展提供了坚实的技术基础；第三，人们物质文化水平的提高，产生了使机器人成为人的助手和伙伴的需求，由此形成了推动智能机器人发展的社会基础。这三方面使开发智能机器人成为可能。

从世界范围来看，由于各国国防部门的重视及国防现代化的需要，各国都投入大量的经费进行军用智能机器人的研究，所以军事领域的智能机器人的研究非常活跃，研制出许多军用智能机器人，如侦察机器人、爆炸物处理机器人、步兵支援机器人等，种类繁多、功能强大、用途广泛。为了有效地发展自己的军用智能机器人，一些经济和技术实力比较雄厚的国家，如美、法、德、英、日、意等国，均制定了自己的近期和长期的发展计划。民用服务机器人的研究也是相当活跃的，从应用范围来讲，可分为水下和陆地两大类。由于 21 世纪是海洋开发的世纪，近几十年来，水下机器人得到了很大的发展，开发出一批性能很好的水下机器人，主要用于铺设电缆、海底资源勘探及打捞等工作。水下机器人分为有缆和无缆两类，无缆水下机器人依靠其本身的自治能力进行作业，是目前水下机器人发展的热点和难点，其问题包括回收问题、通信问题、能源问题等。美、日、德、法、英等国的水平最高，都有专门的开发公司，如美国的 RTC、Aliant，德国的 IPA，Dornier，英国的 Morfax，日本的 East Japan Railway，法国的 Cybernetix，DM 等。下面以日本为例简要地介绍一下国外民用服务机器人的开发方向和发展状况。

作为世界头号机器人生产国的日本一直比较重视民用智能机器人(他们称之为个人机器人)的发展,其主要面对三种应用:一是家务劳动和环境应用,指包括个人机器人在内的服务机器人及相关的家务劳动自动化;二是生活支持应用,指向老年人和身体残疾者提供帮助;三是休闲、舒适的生活和教育方面的应用。据估计,2000 年日本个人机器人的市场总需求约为 250 亿日元,2005 年为 1750 亿日元。目前日本市场上销售的智能机器人有身体功能恢复训练机器人、步行功能训练机器人、微型鼠等,而保安机器人、导盲机器人、厨房机器人等尚处于试制阶段,有望在近期内推出。可见,服务机器人的发展方兴未艾、市场需求很大。它正逐步走入人们生活的方方面面,帮助人们改善生活的质量,满足人们在新形势下的需求。因此有着极其广阔的市场前景和发展前途。

我国一直比较重视智能机器人的研究,国家"863"智能机器人专家组将智能机器人的研究作为今后发展的重点。我国已陆续研制出一些水平很高的智能机器人,如沈阳自动化所的 AGV 小车,清华大学的自主车、上海大学的"导购机器人"及哈工大机器人研究所的"导游机器人"等。在这些机器人上都比较成功地应用了多传感器的信息融合和路径规划,具有了一定的自主功能,其中哈工大机器人研究所的"导游机器人"还具有一定的语音功能。从总体上看,我国研制的智能机器人都达到了世界同类产品的同期水平。但由于应用背景及市场需求的限制,前一阶段我国进行智能机器人研究的机构为数不多,使我国智能机器人的研究显得势单力薄。目前,许多大专院校和科研机构都开始着手智能机器人的研究和开发工作,这必将增强我国智能机器人的研究实力,为军用和民用开发出更多更好的智能机器人。

目前影响智能机器人性能的因素很多,包括机器人的导航、定位、通信、控制策略及体系结构等,其中导航和定位受多方面因素影响是一时难以解决的问题。

近十几年来,控制、传感器、驱动及新材料技术的发展速度非常快,因此 21 世纪将是传感器发生革命性变化的时代,超小型化、高可靠性及廉价的传感器将出现,并从根本上改变机器人导航、定位及其控制系统的设计。同时神经网络和模糊控制等智能控制方法也将发展得越来越成熟,为智能机器人提供良好的控制方法,它们也必将推动路径规划及语音识别等技术的发展,使未来的智能机器人更加灵活、更加智能化。

第二节 智能控制与 Smart 传感器

一、智能控制

自动控制领域从古典控制理论、现代控制理论到当今智能控制理论,经历了很长时间的发展。现代控制理论对多变量系统有很强的描述和综合能力,其局限在于必须预先知道被控对象或过程的数学模型。智能控制理论和方法则为非线性和不确定性控制带来了曙光,因此智能控制方法及其实现的研究成为控制领域中的一个热门课题。

智能控制是在常规控制理论与技术基础上的进一步发展和提高。智能控制的提出,一方面是由于实现大规模复杂系统控制的要求,另一方面也是由于现代计算机技术、人工智能和微电子学等学科的高速发展,使控制的技术工具发生了革命性的变化。有些人说,一个智能化的工业时代已经到来，其明显的标志就是控制自动化。

智能控制通俗地讲，就是利用有关知识来控制对象，按一定要求达到预定目的。智能控制为解决控制领域的难题，摆脱常规控制数学模型的困境，突破现有控制理论的局限，开辟了新的途径。目前一些小型的独立智能控制系统已经用于化工过程的监视、预报、控制和故障诊断。

近年来，常见的智能控制方法大致有以下五种：

(1) 模糊控制　是从行为上模拟人的模糊推理和决策过程的一种实用控制方法。

(2) 分级递阶智能控制　模拟了人脑的分层结构，由执行级、协调级和组织级构成。

(3) 专家控制　是将人的感性经验（浅层知识）和定理算法（深层知识）相结合的一种传统的智能控制方法。

(4) 神经网络控制　是从机理上对人脑生理系统进行简单结构模拟的一种新兴控制和辨识方法。

(5) 拟人智能控制　是指模拟、延伸和扩展人的多层次智能，即拟人控制的方法。

随着20世纪80年代神经网络理论的发展，神经网络控制引起控制界的广泛注意。系统的复杂性，使控制过程存在多种不确定性及难以确切描述的非线性，现代工业对工业过程控制不仅要求控制的精确性，还要求控制的实时性、容错性及对控制参数的自适应和学习能力。传统控制未能从根本上解决控制问题，控制存在局限性，所以智能控制得到迅速发展。神经网络在系统辨识、模式识别、信号处理、图像处理、故障诊断等方面得到广泛应用。

神经网络控制是从机理上对人脑进行简单结构模拟的新型控制和辨识方法。神经网络对于复杂不确定问题的自适应能力，可以用作控制系统的补偿环节和自适应环节；神经网络对任意非线性关系的描述能力，可以用于非线性系统的辨识和控制；神经网络的快速优化计算能力，可用于复杂控制问题的优化计算；神经网络的分布式存储能力及并行处理和合成能力，可用作复杂控制系统中的信息转换接口及对图像信息的处理和作用。

神经网络控制是智能控制的一种，可与其他智能控制法如专家系统和模糊控制相结合，组成神经网络模糊控制及神经网络专家系统。

神经网络和模糊控制各有长处，神经网络能通过学习从给定的经验训练集中生成映射规则，但在网络中映射规则是不可见的。由于模糊控制没有自学习能力，难以确定和校正这些规则，所以两者有必要相结合。

神经网络专家系统就是利用神经网络的学习能力和大规模并行分布式处理能力，克服推理复杂及无穷递归，实现并行推理和自适应推理，提高专家系统的智能化。

二、Smart 传感器的含义

Smart 传感器有人翻译为智敏传感器，有人翻译为智能传感器，其概念最初是美国宇航局（NASA）在开发宇宙飞船过程中形成的。宇宙飞船在太空中飞行时，需要知道它的速度、姿态和位置等数据，为了宇航员能正常生活，需要控制舱内温度、气压、湿度、加速度、空气成分等，因而要安装大量的传感器，进行科学试验，观察也需要大量的传感器。要处理如此之多的由传感器所获取的信息，需一台大型电子计算机，而这在飞船上是无法做到的。他们希望具备如下条件的传感器出现：

(1)由传感器本身消除异常值和例外值，提供比传统传感器更全面、更真实的信息；

(2)具有信号处理（例如包括温度补偿、线性化等）功能；

(3)能够随机调整和自适应;

(4)具有一定程度的存储、识别和自诊断功能;

(5)内含特定算法并可根据需要改变。

当今所有以微处理器为基础的测控系统都需要传感器来提供赖以作出实时决策的数据。随着系统自动化程度和复杂性的增加,对传感器的精度、可靠性和响应要求越来越高。传统的传感器因其功能单一,体积大,性能和工作容量已不能适应以微处理器为基础构成的多种多样测控系统的要求而将被逐步淘汰。为了满足测量和控制系统日益自动化的需求,仪器仪表界也提出了研制以微处理器控制的新型传感器系统,把传感器的发展推到一个更高的层次上。人们把这种与专用微处理器相结合组成的新概念传感器称为 Smart 传感器,并于 20 世纪 80 年代初期问世。它与传统的传感器不同,传统的传感器仅是在物理层次上进行分析和设计的,其功能原理简图见图 10-17。而 Smart 传感器不仅仅是一个简单的传感器,还具有诊断、数字通信等功能,如图 10-18 所示。

图 10-17 传统传感器功能简图

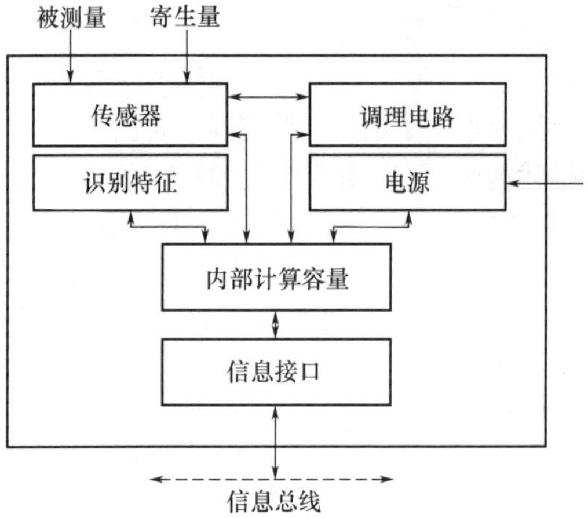

图 10-18 Smart 传感器功能简图

Smart 传感器的一些新功能如下:

(1)自补偿功能　如非线性、温度误差、响应时间、噪声、交叉感应以及慢漂移等的补偿;

(2)自诊断功能　如在接通电源时进行自检,在工作中实现运行检查,诊断测试以确定哪一组件有故障等;

(3)微处理器和基本传感器之间具有双向通信的功能,构成一闭环工作系统　这是 Smart 传感器关键的标志之一,不具备双向通信功能的,不能称为 Smart 传感器;

(4)信息存储记忆功能;

(5)数字量输出。

由于 Smart 传感器具有自补偿能力和自诊断能力,所以基本传感器的精度、稳定性、重复性和可靠性都将得到提高和改善。

由于Smart传感器具有双向通信能力，所以在控制室就可对基本传感器实施软件控制，实现远程设定基本传感器的量程以及组合状态，使基本传感器成为一个受控的灵巧检测工具。而Smart传感器又可通过数据总线把信息反馈给控制室。如果Smart传感器不能重新设定量程等操作，必须到现场进行，从这个意义上，基本传感器又可称为现场传感器（或现场仪表）。

由于Smart传感器有存储和记忆功能，所以该传感器可以存储已有的各种信息，如工作日期、校正数据，等等。

Smart传感器，依其功能可划分为两个部分，即基本传感器部分和它的信号处理单元，如图10－19所示。这两部分可以集成在一起设置，形成一个整体，封装在一个表壳内；也可以远离设置，特别在测量现场的环境比较差的情况下，分开并远离设置有利于电子元器件和微处理器的保护，也便于远程控制和操作。

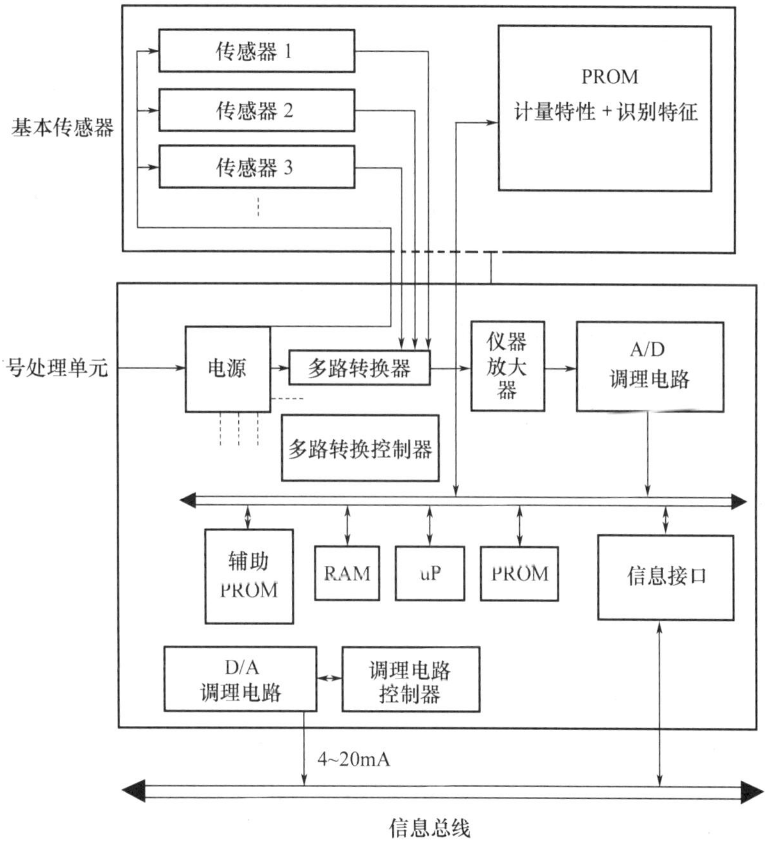

图10－19　Smart传感器一种可能的结构方案

采用整体封装式还是远离分装式，应由使用场合和条件而定。

基本传感器应执行下列三项基本任务：

（1）用相应的传感器测量需要的被测参数；

（2）将传感器的识别特征存在可编程的只读存储器中；

(3) 将传感器计量的特性存在同一只读存储器中,以便校准计算。

信号处理单元应完成下列三项基本任务:

(1) 为所有器件提供相应的电源;

(2) 用微处理器计算上述对应的只读存储器中的被测量,并校正传感器敏感的非被测量;

(3)通信网络以数字形式传输数据(如读数、状态、内检等项),并接收指令或数据。

此外,Smart 传感器也可以作为分布式处理系统的组成单元,受中央计算机控制,如图 10 - 19 所示。其中每一单元代表一个 Smart 传感器,含有基本传感器、信号调理电路和一个微处理器;各单元的接口电路直接挂在分时数字总路线上,以便与中央计算机通信。

三、传感器智能化的技术途径

(1) 传感器和信号处理装置的功能集成化是实现传感器智能化的主要技术途径。

利用集成或混合集成方式将敏感元件、信号处理器和微处理器集成在一起,利用驻留在集成体内的软件,实现对测量过程的控制、逻辑判断和数据处理以及信息传输等功能,从而构成功能集成化的智能传感器。这类传感器具有小型化、性能可靠、能批量生产、价廉等优点,因而被认为是智能传感器的主要发展方向。

例如,多功能集成 FET 生物传感器是将多个具有不同固有成分选择的 ISFET(单个有选择性的场效应管)和多路转换器集成在同一芯片上,实现多成分分析。日本电气公司已经研制出能检测葡萄糖、尿素、维生素 K 和白蛋白四种成分的集成 FET 传感器。

另外一种功能集成传感器将多个具有不同特性的气敏元件集成在一个芯片上,利用图像识别技术处理传感器得到不同灵敏度模式,然后将这些模式所获得的数据进行计算,与被测气体的模式比较,便可辨别出气体种类和确定各自的浓度。

(2) 基于新的检测原理和结构,实现信号处理的智能化。

采用新的检测原理,通过微机械精细加工工艺设计新型结构,使之能真实地反映被测对象的完整信息,这也是传感器智能化的重要技术途径之一。人们研究的多振动智能传感器就是利用这种方式实现传感器智能化的一例。

工程中的振动通常是多种振动模式的综合效应,常用频谱分析方法解析振动。由于传感器在不同频率下的灵敏度不同,势必造成分析上的失真。现在采用微机械加工技术,在硅片上制作出极其精细的沟、槽、孔、膜、悬臂梁、共振腔等,构成性能优异的微型传感器。

加工时,首先在片上外延生长片状悬臂梁的振动板,然后在其上生长一层 SiO_2 绝缘膜;再在 $Si0_2$ 上生成起应变片作用的多晶硅膜;最后在应变片的电极部分与振动板的自由端处蒸金,形成电极敏感部分。多层结构工艺结束后,从自由端处打一小孔,采用各向异性腐蚀工艺进行深度加工,形成硅单晶片状悬臂梁,同时在硅片上集成信号处理器。采用这种精细加工工艺,可以构成完整的多振动的信号感知和处理的智能传感器。

目前,人们已能在 2 mm × 4 mm 硅片上制成 50 条振动板,其谐振频率为 4 Hz ~ 14 kHz 的多振动智能传感器。

(3) 研制人工智能材料是当今实现智能传感器以及实现人工智能的最新手段和最新学科。近几年来,人工智能材料 AIM(Artificial Intelligent Materials)的研究是当今世界上的高新技术领域的一个研究热点,也是全世界有关科学家和工程技术人员主要的研究课题。

所谓人工智能就是研究和完善达到或超过人的思维能力的人造思维系统,其主要内容包括机器智能和仿生模拟两大部分。机器智能是利用现有的高速、大容量电子计算机的硬件设备,研究计算机的软件系统来实现新型计算机原理论证、策略制定、图像识别、语言识别和思维模拟,这是人工智能的初级阶段。仿生模拟则是在生物学已有成就的基础上,对人脑和思维过程进行人工模拟,设计出具有人类神经系统功能的人工智能机。为了达到上述目的,无疑计算机科学是实现人工智能的必要手段,而仿生学和材料学则是推动人工智能研究不断前进的两个车轮,从图 10－20 中可知智能材料的重要性。

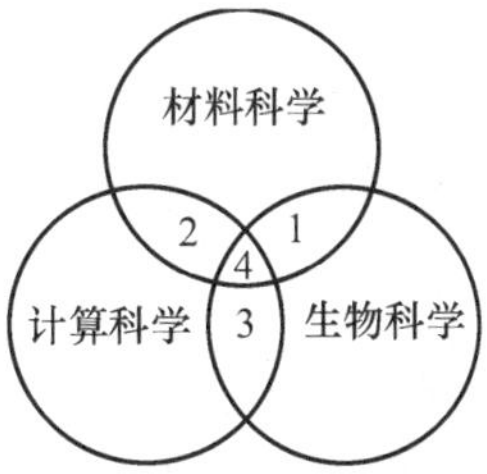

图 10－20　人工智能与材料学的关系

1—仿生材料学;2—计算材料学;
3—人工智能学(计算生物学);4—人工智能材料学

人工智能材料是继天然材料、人造材料、精细材料后的第四代功能材料。它有三个基本特征:能感知环境条件的变化(普通传感器的功能),进行自我判断(处理器功能)以及发出指令和自行采取行动(执行器功能)。显然,人工智能材料除具有功能材料的一般属性(即电、磁、声、光、热、力等特定功能)能对周围环境进行检测的功能外,还能按照反馈的信息,具有进行调节和转换等软件功能。这种材料具有自适应自诊断、自修复自完善和自调节自学习的特性,这是制造智能传感器极好的材料。因此,人工智能材料和智能传感器是不可分割的两个部分。

智能材料是一种结构灵敏性材料,其种类繁多、性能各异。按电子结构和化学键分为金属、陶瓷、聚合物和复合材料等几大类;按功能特性又分为半导体、压电体、铁弹体、铁磁体、铁电体、导电体、光导体、电光体和电致流变体等几种;按形状分则有块材、薄膜和芯片智能材料。其中块材、薄膜智能材料常用作分离式智能元器件或者传感器(Discrete Intelligent Compонts,简称 DIC),芯片智能材料则主要用作智能混合电路和智能集成电路(Intelligent Integrated Circuit,简称 IIC)。几种智能材料的主要特征及其应用见表 10－2。

表 10－2　几种智能材料的功能特征和应用

种类	功能和效应	主要材料	智能元器应用举例
半电体陶瓷	自诊断和自调节功能 热阻效应 PTC NTC	$BaTiO_3$,(Ba、Sr)TiO_3 等 Mn、Ni、CoFe 等过渡金属氧化物	测温、控温开关,取代温控线路和保护线路。
	自诊断和自调节功能 湿阻效应和气阻效应	MgO/ZrO_2(碱性/酸性) 异质结界面电阻变化	快速检测微波炉的湿度和温度,调节烹调火候和时间,取代复杂的检测线路。不需高温清洗,具有自诊断和自修复功能。
	自诊断和自修复功能 湿阻效应和电化学反应	CuO/ZnO(p/n)多孔陶瓷 异质结界而电阻变化 水分子和污秽在高温上可自行分解	快速检测环境温度和 CO 泄漏,具有启动电压低(＜0.5V),灵敏度高,不需清洗,可连续重复使用(即自修复功能)。

表 10-2(续)

合金	自诊断和自调节功能 形状记忆效应	Ni-Ti, Cu-Zn-Al, Fe-Ni-C, Fe-Ni-Co-Ti 力致可逆马氏相变超弹性材料	利用形状记忆效应对温度的可逆敏感特性,在可自动启合式卫星天线、高压管道的自膨胀接口等方面有特殊应用。
氧化物薄膜	自诊断和自调节功能 (电子+离子)混合导电性材料的场致变色效应和光记忆效应	WO_3, MoO_3, NiO, 普鲁士蓝 $PBKFe_3$ + [(Fe_2 + CN)$_6$] Fe_4^3 + [Fe_2 + (CN)$_6$]$_3$ · $6H_2O$	利用电致变色效应和光记忆效应作成电色显示器和低压(<2V)自动调光窗口材料,即可减轻空调负荷又能节约能源,在建筑物窗玻璃、汽车玻璃和大屏幕显示等领域有广泛用途。
高聚物薄膜	自诊断和自调节功能 热(释)效应和热记忆效应	PVDF 等	利用热电效应和热记忆效应可用于智能红外摄像和智能多功能自动报警,取代复杂的检测线路。
光导纤维	自诊断功能 光电效应	光导纤维 Si 等	利用埋于大跨度梁内光导纤维因桥梁过载开裂,光路被切断而自动报警,取代复杂的检测线路。

四、智能传感器举例

根据上述内容,智能传感器是“电五官”与“微电脑”的有机结合,是对外界信息具有检测、判断、自诊断、数据处理和自适应能力的集成一体化的多功能传感器。这种传感器还具有与主机自动对话、自行选择最佳方案的能力。它还能将已取得的大量数据进行分割处理,实现远距离、高速度、高精度的传输。目前,这类传感器尚处于研究开发阶段,但是已出现不少实用的智能传感器。例如,二维自适应图像传感器,如图 10-21 所示。它是利用 CCD(电耦合器件)二元阵列摄像仪,将检测图像转换成时序的视频信号,在电子电路中产生一个与空间滤波器相应的同步信号,再与视频信号相乘后积分,改变空间滤波器参数,移动滤波器光栅,以提高灵敏度,实现二维自适应图像传感器的目的。

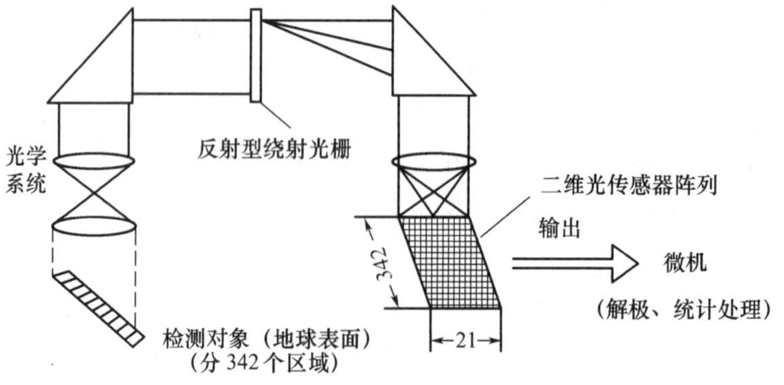

图 10-21 二维自适应图像智能传感器

又如，利用大规模集成电路技术，将传感器和计算机集成在同一块硅片上，实现三维多功能的“单片智能传感器”，如图 10－22 所示。它将二维集成发展成三维集成技术，实现多层结构。它将传感器功能、逻辑功能和记忆功能等集成在一个硅片上，这是智能传感器的一个重要发展方向。

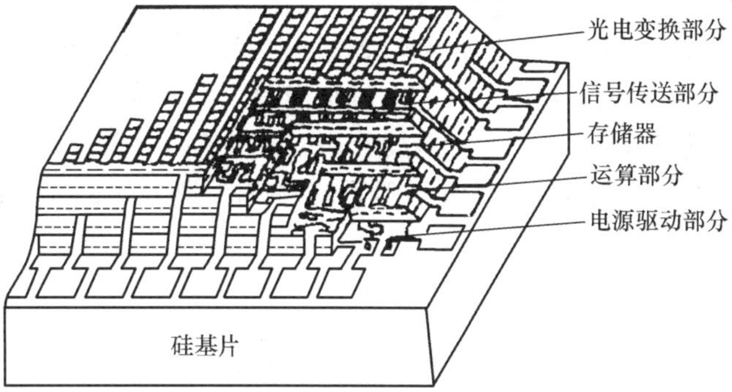

图 10－22　三维多功能单片智能传感器

五、智能传感器的发展前景

人工智能材料和智能传感器，在最近几年以及今后若干年的时间内，仍然是世人瞩目的一门科学。虽然人工智能材料及智能器件的研究已向前迈进了重要的一步，但是目前人们还不能随意地设计和创造人造思维系统，而只是处在实验室中开拓研究的初级阶段。今后人工智能材料和智能传感器的研究内容主要集中在如下几个方面。

（1）利用微电子学，使传感器和微处理器结合在一起实现各种功能的单片智能传感器，仍然是智能传感器的主要发展方向之一。例如，利用三维集成（3DIC）及异质结技术研制高智能传感器——人工脑，这是科学家近期的奋斗目标。日本正在用 3DIC 技术研制的视觉传感器就是其中一例。

（2）利用生物工艺研制传感器功能材料，以此技术为基础研制分子生物传感器是一门新兴学科，是一种超前技术。这门技术在敏感原理、材料及工艺等方面都属高层次研究。可以预料，这项工作的开展必将促使传感器技术产生一次新飞跃。

（3）超导及超导传感器是当今全世界范围内科学家研究的重要课题之一。超导传感器是利用某些材料，当温度接近绝对零度时，其电阻几乎为零，在其上施加电流时，电流在输送过程中几乎不会损失的这种超导特性而研制的一种传感器。研究发现，在超导体中，电子可以穿过极薄的绝缘层，这个现象称为超导隧道效应。超导体中存在正常电子和超导电子对两种电子，因此超导效应有电子隧道效应和电子对隧道效应。利用具有这些效应的超导体可制作高速开关、电磁波探测装置、超导量子干涉器件 SCQID（Super Conduction Quantum Interference Devices）等。

（4）完善智能器件原理和智能材料的设计方法，也将是今后几十年极其重要的研究课题。

为了减轻人类繁重的脑力劳动，实现人工智能化、自动化，不仅要求电子元器件能充分利用材料固有物性对周围环境进行检测，而且兼有信号处理和动作反应的相关功能，因此必须研究如何将信息注入材料的主要方式和有效途径;研究功能效应和信息流在人工智能材料内部的转换机制;研究原子或分子对组成、结构和性能的关系,进而研制出“人工原子”,开发出“以分子为单位的复制技术”;在三维空间超晶格结构和K空间中进行类似于“遗传基因”控制方法的研究,不断探索新型的人工智能材料和传感器件。

我们要注目世界科学前沿,赶超世界先进水平,当前以各种类型的记忆材料和相关智能技术为基础的初级智能器件(如智能探测器和控制器、智能红外摄像仪、智能天线、太阳能收集器、智能自动调光窗口等)要优先研究,并研究智能材料(如功能金属、功能陶瓷、功能聚合物、功能玻璃和功能复合材料)在智能技术和智能传感器中的应用途径,从而达到发展高级智能器件、纳米级微型机器人和人工脑等系统的目的,使我国的人工智能技术和智能传感器技术达到或超过世界先进水平。

思考题与习题

1. 机器人传感器包括哪几个部分?
2. 视觉传感器包括那些传感器,各起什么作用?
3. 何谓Smart传感器?
4. 你认为传感器的发展趋势如何? 至少用1500字以上的短文叙述。

第十一章　测控系统实用抗干扰技术

传感器应用电路通常由传感器、测量电路（信号转换与信号处理电路）以及显示记录和控制部分组成。一般从原理上来说，传感器的输出信号经过一定放大后，再进行一些必要的电子线路处理（如检波、滤波等）就可以进行显示记录和控制。但是，有时增加一些辅助电路或利用微机进行信号处理、线性补偿、数字化处理和抗干扰等，就能使测控系统的性能更加完善。

在测控装置电路中出现的无用的信号称为噪声，当噪声使电路无法正常工作时，噪声就称为干扰。衡量噪声对有用信号的影响常用信噪比（S/N）来表示，它是指信号通道中有用信号功率 P_S 和噪声功率 P_N 之比或有用信号电压 U_S 与噪声电压 U_N 之比。信噪比常用对数形式来表示单位为分贝（dB），即

$$\frac{S}{N}=10\lg\frac{P_S}{P_N}=20\lg\frac{U_S}{U_N} \tag{11-1}$$

干扰的形成必须同时具备三个因素，即干扰源、干扰途径和对噪声敏感性较高的接收器。抗干扰主要从这三个方面入手，具体如下。

第一节　消除或抑制干扰源

噪声干扰来自于干扰源，只有仔细地分析其形式与种类，才能提出有效的抗干扰措施。

一、机械干扰

机械干扰是指机械的振动或冲击使检测装置中的元件发生振动、变形，使连接导线发生位移，使仪表指针发生抖动等。对于机械干扰主要采取减震措施来解决，例如采用减震弹簧或减震橡皮垫等。

二、热干扰

设备和元器件在工作时产生的热量所引起的温度波动，以及环境温度的变化等使电路参数发生变化，或产生附加的热电势等，从而影响检测装置的正常工作。

对于热干扰，工程上常采取下列防护措施：在电路中采用温度补偿元件和采用差分放大电路、电桥电路等对称平衡结构来抗干扰，测控尽量在恒温室内进行，还可采用热屏蔽，即用导热性能良好的金属材料做成防护罩，将某些对温度变化敏感的元器件和电路中的关键元器件或组件，甚至整台装置包围起来，以使罩内温度场均匀和恒定，有效地防止热电势的产生。

三、光干扰

在测控装置中广泛使用各种半导体元器件，由于半导体材料在光照作用下会激发空穴－电子对，使半导体元器件产生电势或引起阻值的变化，从而影响测控装置的正常工作。

为了防止光干扰，将半导体元器件封装在不透光的壳体内，对于具有光敏作用的元器

件,尤其应注意光的屏蔽问题。

四、湿度干扰

环境湿度增大会使绝缘体的绝缘电阻下降,漏电流增大,使电介质的介电常数增大,造成电容器的电容量增大,使电感线圈的 Q 值(品质因数)下降,使金属材料生锈等。这些情况势必影响测控装置的正常工作,为此在设计、制造和使用时应考虑潮湿的防护与隔离问题。例如,电气元件和印刷电路板的浸漆、环氧树脂封灌和硅橡胶封灌等。

五、化学干扰

对化学物品,如酸、碱、盐及腐蚀气体等,一方面通过其化学腐蚀作用损坏装置的元器件,另一方面与金属导体形成化学电势。因此,保持良好的密封和清洁,对测控装置是非常重要的防护化学干扰的措施。

六、射线辐射干扰

射线会使气体电离,半导体激发出空穴 - 电子对,使金属逸出电子等,从而影响测控装置的正常工作。射线辐射的防护是一项专门技术,主要用于原子能工业、核武器生产等方面。

七固有噪声干扰

在电路中,电子元件本身产生的具有随机性、宽频带的噪声称为固有噪声。最重要的固有噪声源是电阻噪声、半导体散粒噪声和接触噪声。

(1)电阻热噪声

任何电阻即使不与电源相接,在它的两端也有一定的噪声电压产生,这一噪声电压是由于电阻中的电子无规则的热运动引起的。电阻两端出现的热噪声电压的有效值 U_t 为

$$U_t = \sqrt{4kTR\Delta f} \tag{11-2}$$

式中 k——波耳兹曼常数;

T——热力学温度;

R——电阻值;

Δf——噪声带宽。

为了加深对电阻热噪声的认识,下面举个具体的例子来说明。设放大器输入回路的电阻为 300 kΩ,带宽为 10^6 Hz,环境温度为 300 K,放大器的放大倍数为 100 倍,则在放大器的输出端将得到有效值为 5 mV 的噪声电压。可见,若输入信号为微伏级的话,则将被噪声所淹没。

(2)散粒噪声

在半导体中,载流子的随机扩散以及电子 - 空穴对随机发生及复合形成的噪声称为散粒噪声。从整体看,散粒噪声使流过半导体的电流产生随机性的涨落,干扰测量结果。减小半导体器件的电流,减小电路的带宽,能减小散粒噪声的影响。

(3)接触噪声

接触噪声是由元器件之间的不完全接触,从而形成电导率的起伏而引起的,它发生在两个导体连接的地方,如开关、继电器触点、电阻、晶体管内部的不良接触等。接触噪声是低频电路中的主要噪声,减小流过触点的直流电流可减小接触噪声的影响。

八、电、磁噪声干扰

电和磁可以通过电路和磁路对测控装置产生干扰作用；电场和磁场的变化也会在测控装置的有关电路中感应出干扰电压，从而影响测控装置的正常工作。一般采用隔离屏蔽等破坏干扰途径的办法防护。

第二节　破坏干扰途径

干扰必须通过一定的干扰途径侵入测控装置才会对测量结果造成影响。干扰途径有“路”和“场”两种形式。凡干扰源通过电路的形式作用于被干扰对象的，都属于“路”的干扰，如通过漏电阻、电源及接地线的公共阻抗等引入的干扰。凡干扰源通过电场、磁场的形式作用于被干扰对象的，都属于“场”的干扰，如通过分布电容、分布互感等引入的干扰。

一、抑制以“路”形式侵入的干扰

1. 通过泄漏电阻的干扰

元件支架、探头、接线柱、印刷电路以及电容器绝缘不良，使噪声源得以通过这些漏电阻作用于有关电路而造成的干扰称为泄漏电阻的干扰。被干扰点的等效阻抗越高，由泄漏而产生的干扰影响越大。图 11－1 是通过泄漏电阻干扰的示意图。图中的 U_{NI} 为噪声电压，R_i 为被干扰电路的输入电阻，R_σ 为漏电阻。假设输入端开路，则作用于 R_i 的干扰电压 U_{NO} 为

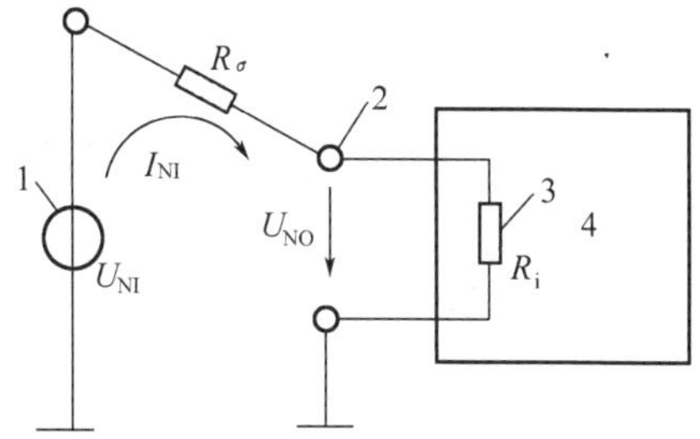

图 11－1　通过泄漏电阻引起的干扰

1—干扰源；2—仪器输入端子；3—仪器输入电阻；4—仪器内部电路 R_σ—漏电阻

$$U_{NO} = \frac{R_i}{R_\sigma + R_i} U_{NI} \qquad (11-3)$$

设 U_{NI} 为电路中的交流电源，其有效值为 15 V，$R_i = 10^6\ \Omega$，$R_o = 10^{10}\ \Omega$，根据式（11－3）可计算作用于该电路输入端的干扰电压有效值为 1.5 mV。

从电子学的角度看，上述这种干扰属于差模干扰（又称串模干扰、常模干扰），差模干扰的等效电路如图 11－2（a）所示。从图 10－2（b）可以看出，差模干扰电压 U_{NO} 叠加在有用信号上。

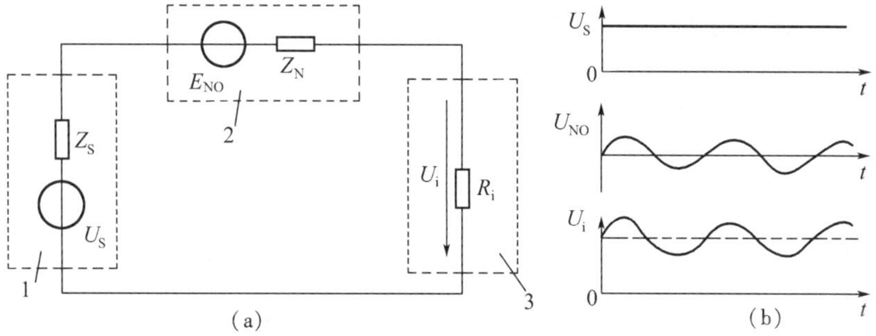

图 11－2　差模干扰的等效电路

（a）等效电路；（b）输入端的电压波形

1—有用信号源；2—串联干扰源；3—测量装置

消除由泄漏电阻引起的干扰的一种办法是使用接地保护环,如图 11-3 所示。接地保护环是在印刷电路板上制作一个接地的环状印刷电路,它将高输入阻抗的元件电路及单元包围在环的里面,由泄漏电阻引起的泄漏电流直接通过接地保护环流入地线而不影响被保护电路。

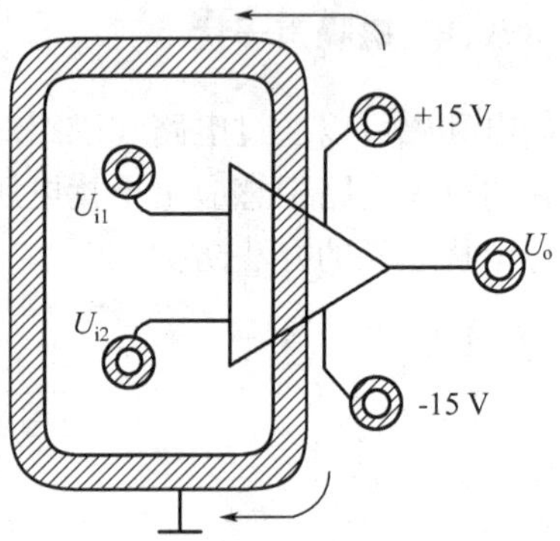

图 11-3 接地保护环

2. 通过共阻抗耦合的干扰

共阻抗耦合的干扰是指当两个或两个以上的电路共同享有或使用一段公共的线路,而这段线路又具有一定的阻抗时,这个阻抗成为这两个电路的共阻抗,第二个电路的电流流过这个共阻抗所产生的压降就成为第一个电路的干扰电压。常见的例子是通过接地线阻抗的共阻耦合干扰,如图 11-4 所示。一个功率放大器的输入回路的地线与负载的地线有一段共阻抗,负载电流流过这个共阻抗,在其上产生压降,该电压就成为功率放大器输入端的干扰电压,破坏了电路的稳定性。从图 11-4(b)可以看出,共阻耦合干扰也属于串模干扰的形式。

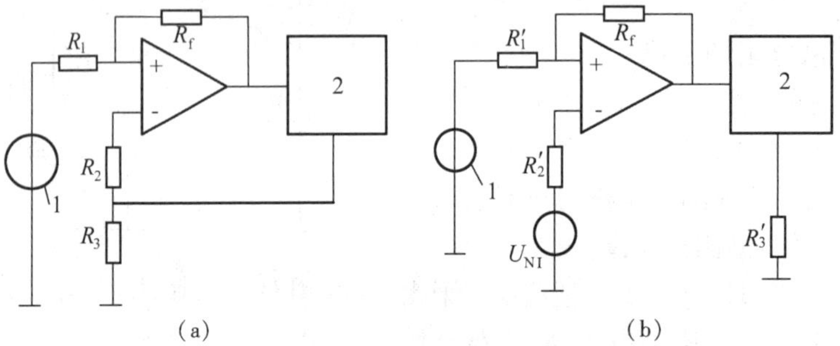

图 11-4 共阻抗耦合干扰

(a)负载与输入;(b)等效电路

1—有用信号;2—负载;R_3—接地线共阻抗

3. 经电源配电回路引入的干扰

交流供电配电线路在工业现场的分布相当于一个吸收各种干扰的网络,而且十分方便地以电路传导的形式传遍各处,并经检测装置的电源线进入仪器内部造成干扰。最明显的是电压突跳和交流电源波形畸变使工频的高次谐波经电源线进入仪器的前级电路。

对于以"路"的形式侵入的干扰,可采取诸如提高绝缘性能的方法抑制泄漏电流的干扰;采用隔离变压器、光电继电器等切断干扰途径;采用滤波、选频、屏蔽等技术手段将干扰信号引开;对数字信号采用整形、限幅等信号处理方法切断干扰途径;改变接地形式以消除共阻抗耦合干扰途径等。

二、抑制以"场"形式侵入的干扰

对于以"场"的形式侵入的干扰,一般采取各种屏蔽措施,如静电屏蔽、磁屏蔽、电场屏蔽等,也可以兼用对付"路"的某种措施。

通常电磁感应有两种:一种是静电感应;是一种是磁感应。由于静电感应是通过静电电容(C)构成的,故一般也称作 C 耦合。而磁感应是通过磁场相互感应(M)构成的,故一般也称作 M 耦合。为控制这两种耦合,通常采用静电屏蔽和电磁屏蔽。

1. 静电感应与静电屏蔽

所谓静电感应，如图 11－5 所示，是指当两条线路位于地线之上时，若相对于地线对半导体 1 加 U_1 的电压，则导体 2 也将产生与 U_1 成比例的电压 U_2。也就是说，由于导体之间必然存在静电电容，若设电容为 C_{10}，C_{12} 和 C_{20}，则电压 U_1 就被 C_{12} 和 C_{20} 分为两部分，该被分开的电压就为 U_2，控制电压 U_2 的就是静电感应电压，可用下式加以计算：

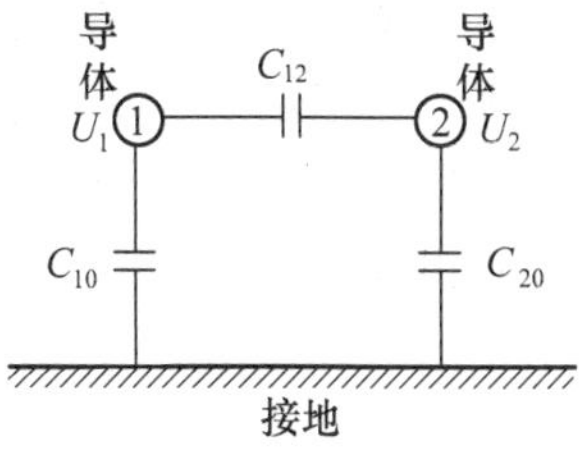

图 11－5　静电感应

$$U_2 = \frac{C_{12}}{C_{12} + C_{20}} U_1 \tag{11-4}$$

对付静电感应干扰的办法是静电屏蔽，如图 11－6 所示，导体 1 和 2 之间加入接地板便可构成静电屏蔽。这样，在接地板与导体 1、导体 2 之间就产生了静电电容 C'_{10} 和 C'_{20}，构成图 11－6(b) 所示的等效结构，增加了对地静电电容，消除了导体 1，2 之间耦合的静电电容。由于 $C_{12}=0$，故 U_2 与 U_1 无关，$U_2=0$，这就是静电屏蔽的原理。

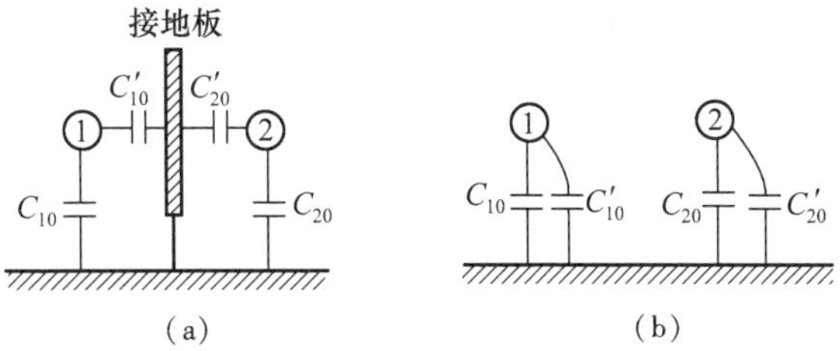

图 11－6　静电屏蔽电路

(a) 静电感应；(b) 等效电路

屏蔽线就是利用这一原理的线路。屏蔽线的主要目的是静电屏蔽，但也可有效地用于控制 M 耦合。根据上述说明，显然在采用屏蔽线实现静电屏蔽时，屏蔽必须接地才能起到好的效果。

2. 电磁感应与电磁屏蔽

所谓电磁感应，即回路与回路之间（也可说是指线圈与线圈之间，但传感器回路很少使用线圈，故回路大多为配线方面的问题）的电磁耦合，其原理如图 11－7 所示。当电流 i_1，i_2 通过导线 1 和 2 时，若分别构成回路，则相互之间就产生电磁耦合。所谓耦合，即在导体 2 流过 i_1 成分，在导体 1 又流过 i_2 成分。对导体 1 来说，i_2 为不需要的电流，因此它只是对 i_1 的噪声成分。

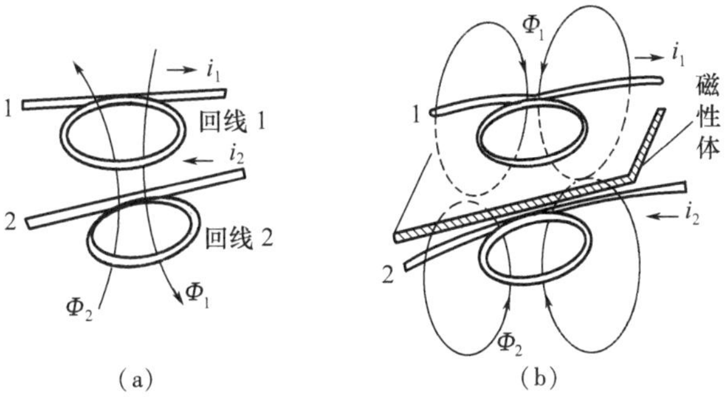

图 11－7　电磁感应原理

(a) 电磁感应；(b) 用磁性体屏蔽

减小电磁感应干扰的办法是电磁屏蔽，由于电磁屏蔽需屏蔽磁场 Φ_1，Φ_2，如图 11－7(b) 所示，只要在其中间装入磁性材料板，回路 1 与回路 2 之间的磁通便不相链接，这样即可完成屏蔽。但是,实际上在防噪声措施上很少采用装入磁性材料的方法来进行屏蔽,这是因为适当的带状高性能磁带比较昂贵。

在低频磁场中,电涡流作用不太明显,因此必须采用高导磁材料作屏蔽层,以便将低频干扰磁力线限制在磁阻很小的磁屏蔽层内部,使低频磁屏蔽层内部的电路免受低频磁场耦合干扰的影响。例如,仪器的铁皮外壳就起到低频磁屏蔽的作用。若进一步将其接地,又同时起静电磁屏蔽和电磁屏蔽作用。在干扰严重的地方常使用复合屏蔽电缆,其最外层是低磁导率、高饱和的铁磁材料,内层是高磁导率、低饱和铁磁材料,最里层是铜质电磁屏蔽层,以便一步步地消耗干扰磁场的能量。在工业中常用的办法是将屏蔽线穿在铁质蛇皮管或普通铁管内,以达到双重屏蔽的目的。

以上谈的是屏蔽问题,重要的问题是要分清噪声究竟是起源于电压还是起源于电流,必须按照不同的情况来决定采用静电屏蔽还是采用电磁屏蔽。如果屏蔽板不接地,屏蔽便毫无意义。

三、削弱接收电路对噪声干扰的敏感性

高输入阻抗的电路比低输入阻抗的电路易受干扰,模拟电路比数字电路抗干扰能力差等,这些都说明对于被干扰对象来说存在着对干扰的敏感性问题。

在电路中采用选频措施就是削弱电路对全频带噪声的敏感性;在电路中采用负反馈就是削弱电子装置内部噪声源影响的有力措施;其他如对信号传输线采用双绞线、对输入电路采用对称结构等措施,都是削弱电子装置对噪声的敏感性。

第三节 接地技术

一、地线的种类

接地起源于强电技术,它的本意是接大地,主要着眼于安全,这种地线也称为“保安地线”(Safe Wire),图 11 - 8 是电气设备接大地的示意图。对于通信、计算机等电子技术来说,“地线”多是指电信号的基准电位,也称为“公共参考端”,它除了作为各级电路的电流通道之外,还是保证电路工作稳定、抑制干扰的重要环节。它可以是接大地的,也可以是与大地隔绝的,例如飞机、卫星上的地线,因此通常将仪器设备中的公共参考端称为信号地线,信号地线又可分为以下几种:

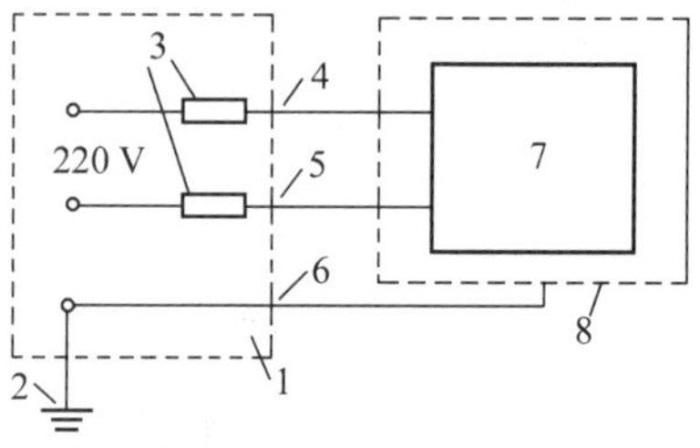

图 11 - 8 电气设备接大地示意图

1—接线盒;2—大地;3—熔断器;4—火线;5—中线;6—保安地线;7—电气设备;8—外壳

1. 模拟信号地线

它是模拟信号的零信号电位公共线,因为模拟信号有时较弱、易受干扰,所以对模拟信号地线的面积、走向、连接有较高的要求。

2. 数字信号地线

它是数字信号的零电平公共线。由于数字信号处于脉冲工作状态,动态脉冲电流在接地阻抗上产生的压降往往成为微弱模拟信号的干扰源,为了避免数字信号的干扰,所以它应

与模拟信号地线分别设置。

3. 信号源地线。

传感器可看作是测量装置的信号源，通常传感器装置设在生产设备现场，而测量装置设在离现场一定距离的控制室内，从测量装置的角度看，可以认为传感器的地线就是信号源地线。它必须与测量装置进行适当的连接才能提高整个检测系统的抗干扰能力。

4. 负载地线

负载的电流一般都较前级信号电流大得多，负载地线上的电流有可能干扰前级微弱的信号，因此负载地线必须与其他地线分开，有时两者在电气上甚至是绝缘的，信号通过磁耦合或光耦合器来传输。

二、一点接地原则

对于上述四种地线一般应分别设置，在电位需要连通时，也必须仔细选择合适的点，在一个地方相连，才能消除各地线之间的干扰。

1. 单级电路的一点接地原则

现以单级选择放大器为例来说明单级电路的一点接地原则。电路如图 11－9(a)所示，图中有 8 个线端接地，如果只从原理图的要求进行接线，则这 8 个线端可接在接地母线上的任意点上，这几个点可能相距较远，不同点之间的电位差就有可能成为这级电路的干扰信号，因此采取图 11－9(b)所示的一点接地方式。

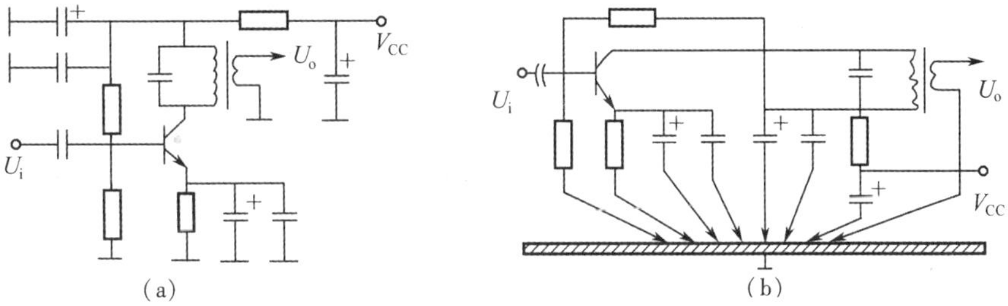

图 11－9　单级电路的一点接地

(a)电原理图，(b)实际采用的一点接地方式

2. 多级电路的一点接地原则

图 11－10 所示的多级电路利用一段公用地线，在这段公用地线上存在 A，B，C 三点不同的对地电位差，有可能产生共阻抗干扰。只有在数字电路或放大倍数不大的模拟电路中，为布线简便起见，才可以

采取上述电路，但也应注意以下两个原则：一是公用地线截面积应尽量大些，以减小地线的内阻，二是应把最低电平的电路放在距接地点最近的地方，即图11－10(a)中的 A 点接地。

图 11－10(b)采取并联接地方式，这种接法不易产生共阻耦合干扰，但需要很多根地线，在高频时反而会引起各地线间的互感耦合干扰，因此只在频率为 1 MHz 以下时才予以采用，当频率较高时，应采取大面积的地线，这时允许多点接地，这是因为接地面积十分大，内阻很低，反而不易产生级与级之间的共阻耦合。

3. 检测系统的一点接地原则

传感器与测量装置构成一个完整的检测系统，两者之间可能相距甚远，所以这两部分的接大地点之间的电位一般是不相等的，有时可能高达几伏甚至几十伏，这个电压称为大地电位差。若将传感器、测量装置的零电位在两处分别接大地，将有很大的电流流过信号传输线，在 Z_{S2} 上产生电压降，造成干扰，如图 11－11(a) 所示。为了避免这种现象，应采取图 11－11(b) 所示的系统一点接地的方法。从图 11－11(b) 可以看到，大地电位差只能通过分布电容 C_{i1}，C_{i2} 构成回路，干扰电流大为减小。若进一步采用屏蔽浮置的办法就能更好地克服大地电位差引起的干扰。

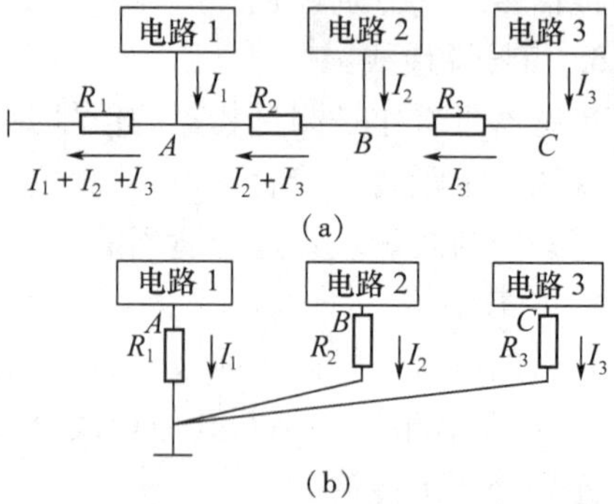

图 11－10 多级电路的一点接地

(a) 串联式；(b) 并联式

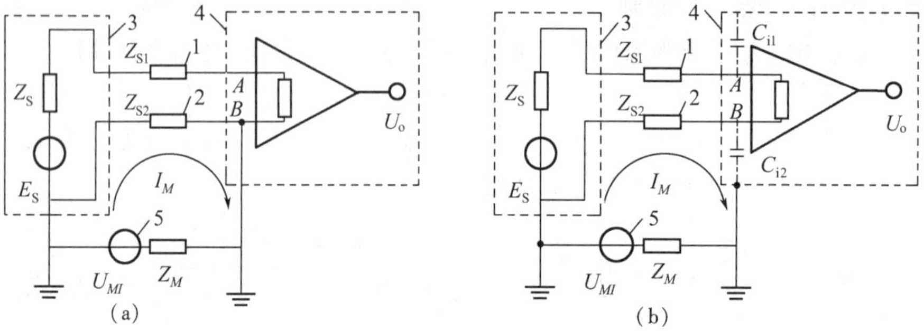

图 11－11 检测系统的接地

(a) 系统两点接地；(b) 系统一点接地

三、屏蔽浮置技术

若测量装置电路与大地之间没有任何导电性的直流联系就称为浮置，采用干电池的万用表就是浮置的例子，图 11－12 是检测系统"屏蔽浮置"的一种接法。它有如下几个特点：传感器两个输出端中的一个与传感器一侧的大地连接；传感器外壳与大地连接；信号传输采用双芯屏蔽线；测量装置采用双层电磁屏蔽，即在接大地的外壳内加装了一"保护屏蔽"，所谓"保护屏蔽"就是将测量电路的整个输入部分浮置，外面加一个金属屏蔽保护罩，这个保护罩通过双芯屏蔽线外皮接到传感器一侧的接大地点；最后一个特点是电源变压器采用三重静电屏蔽。图中，Z_1，Z_2 为由分布电容、漏电阻构成的漏电阻抗。

分析图 11－12 可知，大地电位差引起的干扰电流 I_N 绝大部分是流经屏蔽线外皮，其路径是 $A—Z_1—Z_2—B$，而流经 Z_{S1}，Z_{S2} 的电流相对来说小得多。我们只要使 Z_{S1}，Z_{S2}，Z_{i1}，Z_{i2} 尽量对称，整个检测系统的共模抑制比就可以得到很大的提高。

电源变压器屏蔽的好坏对检测系统的抗干扰能力影响很大。电源变压器通常是装在仪器的金属外壳内，它将电网带来的干扰电压直接引进仪器金属外壳内，破坏了屏蔽的完整性。为了封闭这一缺口，在检测装置中往往采用带有三层静电屏蔽的电源变压器，各层接法如下：

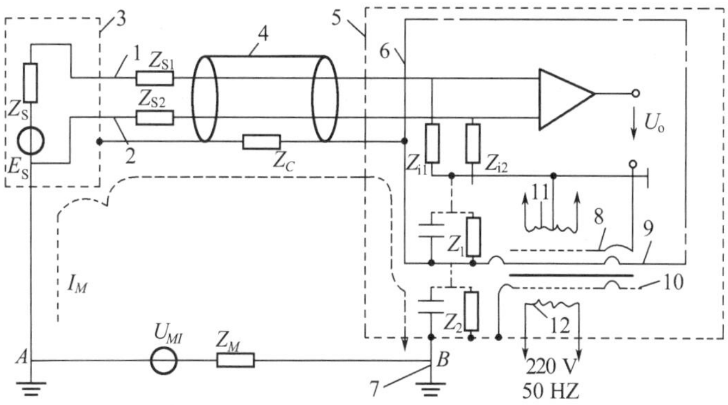

图 11－12 常用“屏蔽浮置”的检测系统

1,2—信号传输线;3—传感器外壳;4—双芯屏蔽线;5—测量装置外壳;6—保护屏蔽;
7—测量装置的零电位;8—二次侧屏蔽层;9—中间屏蔽层;10——次侧屏蔽;
11—电源变压器二次侧;12—电源变压器一次侧

(1)一次侧屏蔽层及电源变压器外壳与测量装置的外壳连接并接大地;

(2)中间屏蔽层与“保护屏蔽”层连接;

(3)二次侧屏蔽层与测量装置的零电位连接。

采用三重静电屏蔽的目的,一是不使电网的交流干扰电压引入测量装置内,二是使大地电位差产生的干扰电流无法流经信号线。

必须指出的是,浮置屏蔽是一种十分复杂的技术,在设计、安装检测系统时,必须注意不使屏蔽线外皮与测量装置的外壳短路;应尽量减小各不同类型屏蔽之间的分部电容及漏电;尽量保证电路对地的对称性等,否则“浮置”的结果有时反而会引起意想不到的严重干扰。

第四节 滤波技术

滤波器(Filter)是抑制交流差模干扰的有效手段之一。下面分别介绍检测技术中常用的几种滤波器。

1. *RC* 滤波器

当信号源为热电偶、应变片等信号变化缓慢的传感器时,利用小体积、低成本的无源 *RC* 滤波器将会对差模干扰有较好的抑制效果,对称的 *RC* 滤波器电路如图 11－13 所示。应该注意的是,*RC* 滤波器是以牺牲系统带宽为代价来减小差模干扰的。

2. 交流电源滤波器

电源网络吸收了各种高、低频噪声,对此常用 *LC* 滤波器来抑制混入电源的噪声,如图 11－14 所示。100 μH 电感、0.1 μF 电容组成高频滤波器,能吸收中短波段的高频噪声干扰。0.5 H 电感、10 μF、电容组成低频滤波器,能吸收因电源波形畸变而产生的谐波干扰,图中的压敏电阻能吸收因雷击等引起的浪涌电压干扰。

3. 直流电源滤波器

直流电源往往为几个电路所共用,为了避免通过电源内阻造成几个电路间互相干扰,应在每个电路的直流电源上加 *RC* 或 *LC* 滤波器,如图 11－15 所示,图中的电解电容用来滤除

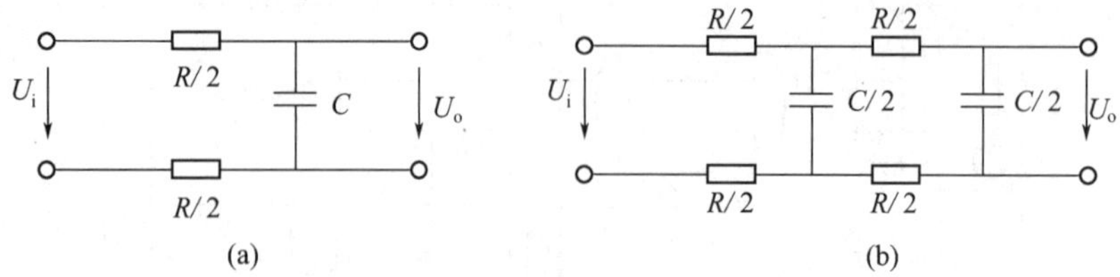

图 11－13　差模干扰信号滤波器

(a)单节 RC 滤波器；(b)双节 RC 滤波器

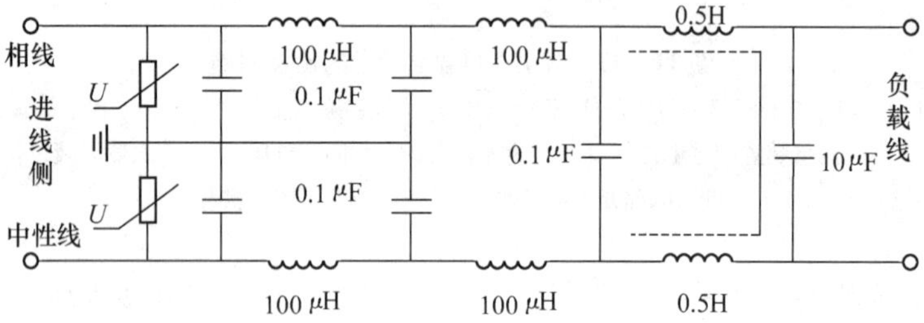

图 11－14　交流电源滤波器

低频噪声。由于电解电容采用卷制工艺而含有一定的电感，在高频时阻抗反而增大，所以需要在电解电容旁边并联一个 0.01 μF 左右的磁介电容，用来滤除高频噪声。

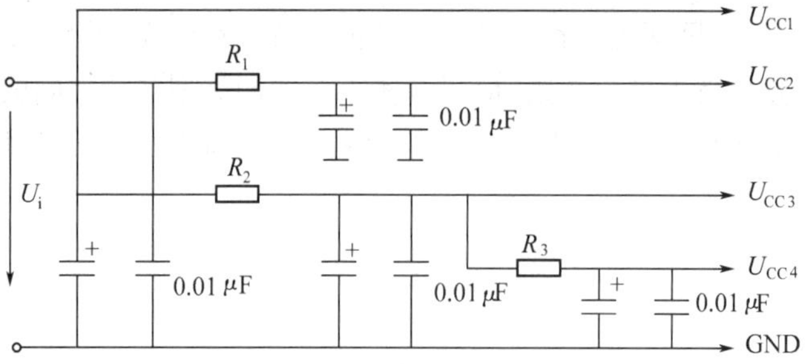

图 11－15　直流电源滤滤波器

第五节　光电耦合技术

目前，检测系统越来越多地采用光电耦合器来提高系统的抗共模干扰能力。光电耦合器是一种电－光－电耦合器件，它的输入量是电流，输出量也是电流，可是两者之间从电气上看却是绝缘的。发光二极管一般采用砷化镓红外发光二极管，而光敏元件可以是光敏二极管、光敏三极管、达林顿管，甚至可以是光敏晶闸管、光敏集成电路等，发光二极管与光敏元件的轴线对准并保持一定的间隙，这样就实现了以光为媒介的电信号的传输。

光电耦合器有如下特点：

(1)输入、输出回路绝缘电阻高(大于 10^{10} Ω)、耐压超过 1 kV；

(2)因为光的传输是单向的,所以输出信号不会反馈影响输入端;

(3)输入输出回路完全是隔离的,能很好地解决不同电位、不同逻辑电路之间的隔离和传输的矛盾。

从上述几个特点可以看出,使用光电耦合器能比较彻底的切断大地电位差形成的环路电流。近年来,线性光电耦合器的性能不断提高,误差可以小于千分之几。图 11-16 是采用线性光电耦合器的前置放大电路。电源 5 和电源 6 相互间是隔离的,因此回路 1,2,5 与回路 4,6 之间在电气上是绝缘的,采用这种办法可以使检测系统在高共模噪声干扰的环境下工作。

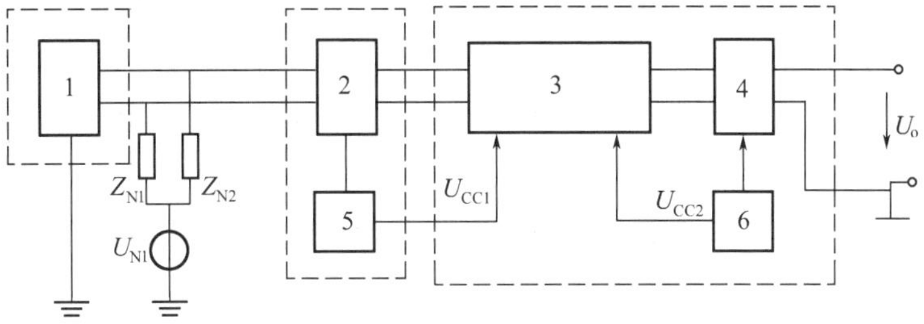

图 11-16　采用线性光电耦合器的前置放大电路

1—信号源;2—预放大电路;3—线性光电耦合器件;4—放大器;5,6—隔离式电源

使用光电耦合的另一种办法是先将前置放大器的输出电压进行 A/D 转换,然后通过光电耦合器用数字脉冲的形式,把代表模拟信号的数字信号耦合到诸如计算机之类的数字处理系统去作数据处理,从而将模拟电路与数据处理电路隔离开来,有效地切断共模干扰的环路。在这种方式中,必须配置多路光电耦合器(视 A/D 转换器的位数而定),由于光电耦合器工作在数字脉冲状态,所以可以采用廉价的光电耦合器件。

第十二章　微机测控系统的工作过程与应用

在现代工业生产过程控制中,往往需要对系统多函数的工作状态参数进行实时测量,对测量的结果进行鉴别与处理,并以此为依据,通过相应的控制算法,求得满意的控制结果,对系统进行最佳的调节和控制,以保证系统稳定、可靠、安全、高效能地运行。因此,对系统工作状态的检测,是自动控制系统中的基本环节,也是实用中经常遇到的问题。利用微机进行巡回检测,就是对被测对象的各个参数按要求的方式送入微型计算机,微机经过计算、处理后,将结果以数字量的形式输出,或变换为适合于对生产过程进行控制的量。

第一节　带微机的测控系统原理

带微机的测控系统原理框图如图 12－1 所示。

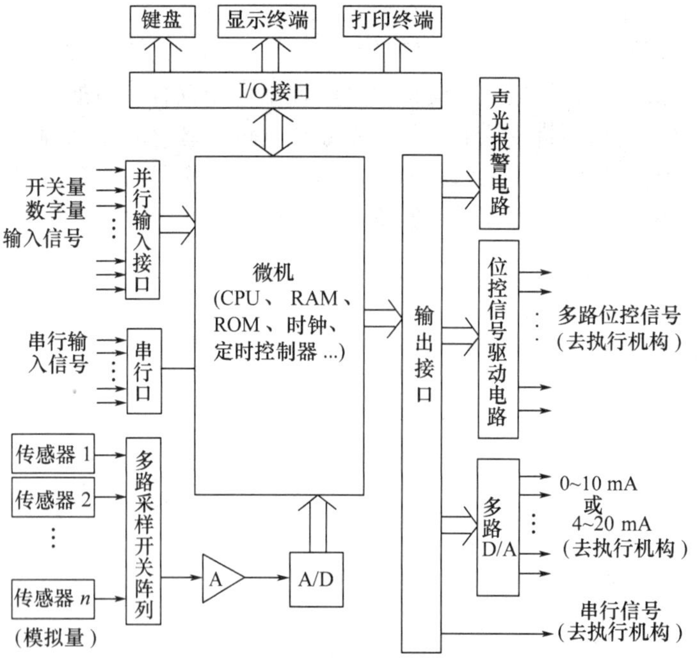

图 12－1　带微机的测控系统原理图

系统的工作过程通常是这样的:微机首先根据存储在 ROM 或软盘中的程序,向多路采样开关阵列的选通地址译码器写入要采样的传感器地址,由译码器接通该地址对应的采样开关,所要采样的信号被连接到高精度放大器,放大后的信号经 A/D 转换器转换成数字量,微机通过数据总线接收该信号。为了随机误差统计处理的需要,每个采样点需要快速地采样多遍。一个采样点采样结束后,微机转而发送第二个采样地址,对第二个传感器采样,直至全部被测点均被采样完毕为止。如果被采集的信号不是模拟量而是状态量,微机由并行接口进行读操作;如果被采样的信号是串行数字量,则通过串行接口接收该信号。从上述分析可知,微机不可能同时读取所有传感器来的信号,而是快速地轮流读取所有的被测量,这种采样方式称为“巡回检测”。

采样结束后,所有的采样值还需要经过误差统计处理,剔除粗差,求取算术平均值,然后存储在 RAM 中。微机根据预定程序,将有关的采样值作一系列的运算、比较、判断,将运算的结果分别送显示终端和打印终端,并将某些数值送到输出接口,输出接口将各数字量分别送到位控信号电路和多路 D/A 转换电路,去控制各种执行机构,若某些信号超限,微机立即启动声光报警电路进行报警。

上述剔除粗大误差的方法中,除了按概率论原理进行外,在工业中经常采用如下简易办法进行:对存在干扰和随机误差的信号进行等精度、快速多次采样,然后舍去若干对最大值和最小值,将余下的几个中间值作算术平均值运算,该算术平均值可以认为是排除了各种干扰后的较正确的结果,这种方法有时也被称为简易的数字滤波。以上介绍的检测系统的工作过程可以作为系统软件设计的依据。

下面简要介绍与巡回检测系统有关的一些重要部件以及它们与微机之间的接口电路。

第二节　系统中的几种重要部件

一、采样开关

采样开关主要有两种,一是“干簧继电器”,二是“CMOS 模拟开关”。

1. 干簧继电器主要由驱动线圈和干簧管组成,如图 12-2(a)所示。

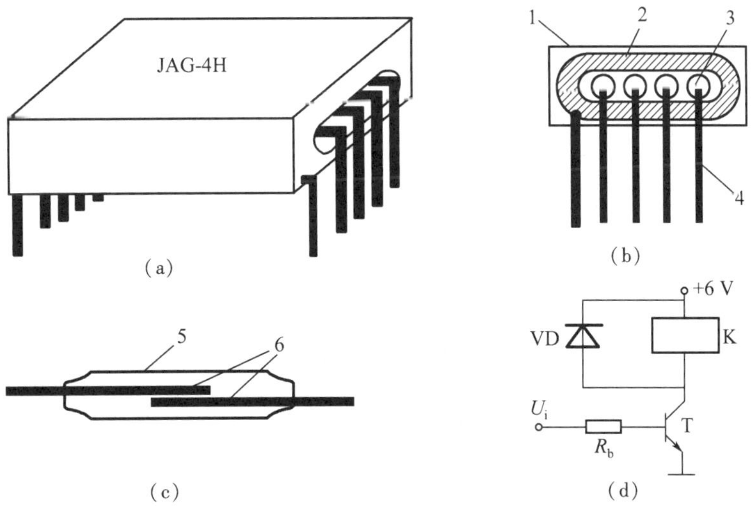

图 12-2　干簧继电器

(a)外形;(b)侧视图;(c)Π 型干簧管;(d)驱动电路

1—外壳;2—驱动线圈;3—干簧管;4—引脚;5—玻璃壳;6—簧片

干簧管是干式舌簧开关管的简称，它是一个充有惰性气体（如氮、氦等）的小型玻璃管，在管内封装两支用导磁材料制成的弹簧片，其触点部分镀金，如图 12－2(c)所示。当驱动线圈中流有电流时，线圈内的弹簧片被磁化，当所产生的磁性吸引力足以克服弹簧片的弹力时，两弹簧片互相吸引而吸合，使触点接通，当磁场减弱到一定程度时，触点跳开。干簧管具有簧片质量小、动作比普通继电器快、触点不易氧化、接触电阻小、绝缘电阻高、抗电冲击等特点。驱动线圈绕在干簧管外面，驱动功率约几百毫瓦，耗电较大是干簧继电器的主要缺点。

2. CMOS 模拟开关是一种传输模拟信号的可控半导体开关。它的核心是由 P 沟道 MOS 管和 N 沟道 MOS 管并联而成。当控制端处于“有效”状态时，P 沟道 MOS 管或 N 沟道 MOS 管导通，模拟开关处于导通状态，导通电阻小于几十至几百欧姆。当控制端处于“无效”状态时，两个 MOS 管均截止，截止电阻大于 $10^8\ \Omega$。在自动检测系统中常采用多路 CMOS 模拟开关集成电路，如 CD4051，CD4052 等。前者是八选一开关，后者是双四选一开关，分别如图 12－3(a)，(b)所示。

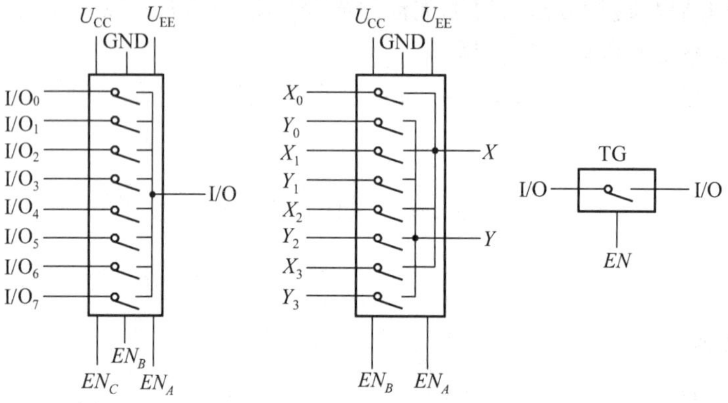

图 12－3 CMOS 模拟开关

(a)八选一多路开关；(b)双四选一多路开关；(c)模拟开关的图形符号

CMOS 模拟开关的优点是集成度高，动作快（小于 1 μs）、耗电省等，缺点是导通电阻较大、各通道间有一定的漏电、击穿电压低、易损坏等。

采用八选一多路开关的多通道数据切换电路如图 12－4 所示。该电路的优点是使用的元件少，缺点是所有传感器的零信号线均需并联起来。若各传感器的地电位互不相同，这样的接法会引起较大的干扰，是不适当的。较好的办法是采用双 n 选一开关来切换每个传感器的一对信号线。但是，当各传感器对地电位相差较大时，会引起各通道间漏电甚至击穿，所以当共模电压较

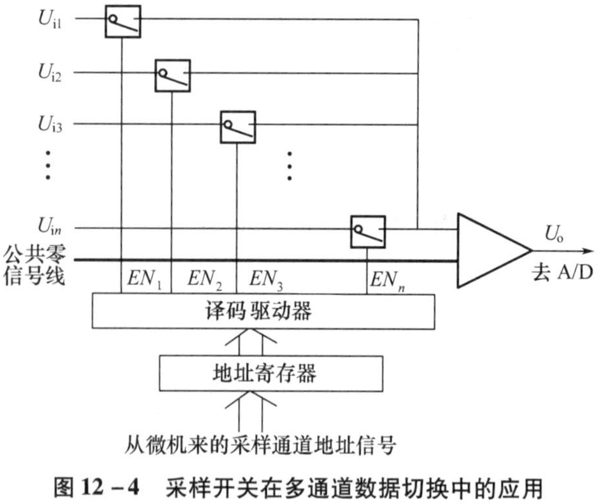

图 12－4 采样开关在多通道数据切换中的应用

大时，一般不使用 CMOS 模拟开关而宁愿使用体积较大、动作较慢的干簧继电器。

二、放大器

从传感器来的信号有许多是毫伏级的微弱信号，需经放大后才能进行 A/D 转换。由于放大器价格相对较为昂贵，所以一般是将放大器放在采样开关之后，这样只需要一个高质量的放大器就可以对几十、上百个传感器送来的信号进行放大。

系统对放大器的要求主要是：精度高、温度漂移小、共模抑制比高、输入阻抗高、频带宽的直流放大器。之所以有这些要求，是因为工业中的被测量有的变化十分缓慢，因此放大器的频率下限必须延伸到直流；由于多通道数据的切换速度可能很高，可达每秒数百次以上，所以放大器要有很高的电压上升率；由于被测信号中调制了较高的共模干扰电压，所以放大器必须有很高的抗共模干扰能力；又由于放大倍数一般较大，系统要求的精度又较高，所以放大器的输入失调电压温漂系数一般要小于 0.01 μV/℃。目前常用的放大器有三种：一种是高精度、低漂移的双极型放大器，如 OP－07 等；另一种为 CMOS 斩波、自稳零集成运放，它的输入失调电压温漂系数很低(0.01 μV/℃)，共模抑制比达 130 dB，但它存在较大的斩波尖峰干扰电压，噪声较大，如 ICL7650 等；第三种为隔离放大器，带有光电隔离或变压器隔离，有很高的抗共模干扰能力，但价格昂贵。目前已研制出专门用于放大微弱信号的“数据放大器”，它的各项性能指标均较好，在自动检测系统中的应用日渐增多。

三、A/D 转换器与 A/D 接口电路

微机只能对数字信号进行运算处理，因此经放大器放大后的模拟信号必须进行 A/D 转换。目前采用较多的 A/D 转换器有两大类，一类是并行 A/D 转换器，另一类是串行 A/D 转换器。在并行 A/D 转换器中，又有逐位比较型和双积分型之分。前者转换速度较快，有 8 位、10 位、12 位等规格，位数越高，精度也越高，但价格也相应提高。后者转换速度较慢(每秒 10 次左右)，但精度高，价格便宜，有 $3\frac{1}{2}$位、$4\frac{1}{2}$位等规格。在串行 A/D 转换器中，A/D 转换的结果以串行二进制编码的形式输出，所以这类 A/D 转换器只有两个基本输出端。还有一种由压控振荡器构成的 V/F 型 A/D 转换器，它能将输入模拟电压的变化转换为输出脉冲频率的变化。输入电压越高输出脉冲的频率也越高，因此可以利用微机对脉冲进行定时计数。V/F 型 A/D 转换器也只有两个基本输出端，其输出是连续的脉冲信号，所以也可认为是属于串行 A/D 转换器范畴。

如果在 A/D 转换器输出端与微机之间插入高速光耦合器，就能切断微机数字地与放大器模拟地之间的联系，使放大器电路浮置，大大地提高了系统的抗干扰能力，这样的光电隔离方式称为 A/D 转换的后隔离方式。并行后隔离方式的 A/D 转换电路框图如图 12－5 所示，串行 A/D转换器使用的光耦合器数目比多位并行 A/D 转换器所使用的光耦合器的数目少得多。

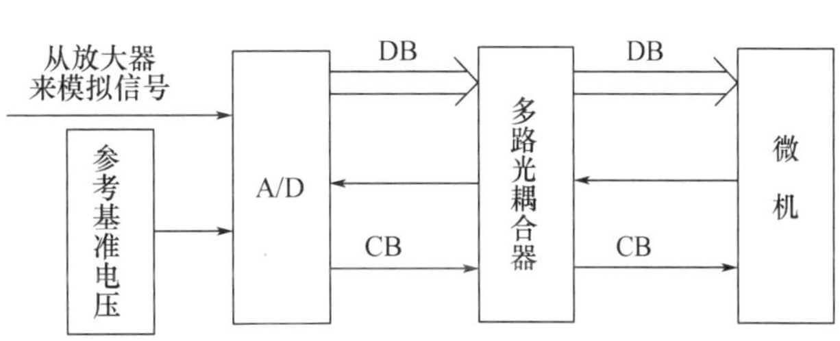

图 12－5　后隔离方式 A/D 转换电路框图

四、D/A 转换器

经微机运算处理后的数字信号有时必须转换为模拟信号,才能用于工业生产的过程控制。如果说 A/D 是“编码器”的话,D/A 就相当于“解码器”,它的输入是微机送来的数字量,它的输出是与数字量对应的电压或电流。如果在微机与 D/A 之间插入多路光电耦合器就能较好地防止工业控制设备干扰微机的工作。如果使用多路采样保持器,只要使用一只 D/A 即可进行多路 D/A 转换,如图 12 - 6 所示。当然,这种方法是以分时方式进行的,数据的刷新不能太快。

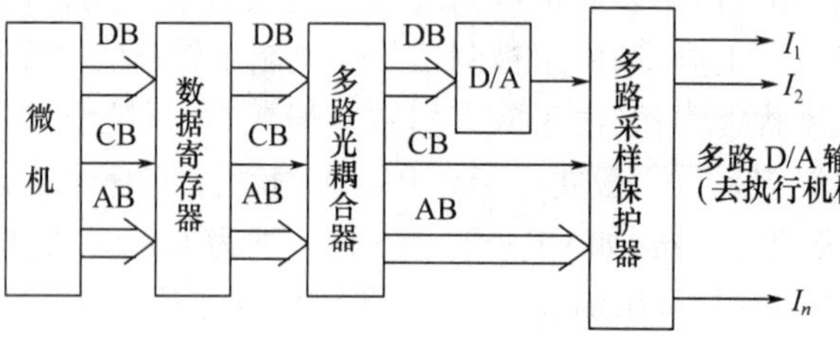

图 12 - 6 多路 D/A 转换电路框图

第三节 检测技术与可编程序控制器间的关系

可编程序控制器(简称 PLC)是微机技术与继电器常规控制概念相结合的产物。它也是以微处理器为核心,也同样有键盘、显示终端、输入输出接口等外围设备。与普通的微机系统不同的是,它是专门设计来作为工业数字控制的计算机系统。它不仅可以取代以继电器、控制盘为主的顺序控制器,还可以用于大规模的生产过程控制。它照顾到现场电气操作人员的技能和习惯,摒弃了微机常用的计算机编程语言的表达方式,独具风格地形成了一套以继电器梯形图为基础的形象编程语言和模块化软件结构,便于工程人员在使用现场修改软件。目前国内外研制的 PLC 已广泛应用于各个工业领域,因此检测技术与 PLC 的结合也是必然的。

传感器与 PLC 的联系主要是输入接口。生产 PLC 的厂家为了让不同的用户能方便地使用 PLC,设计制造了各种不同的“I/O 模板”与各种不同的传感器配套。常用的输入模板具体如下。

一、模拟量输入模板

输入电平可以是(0 ~ 5)V、(0 ~ 10)V、(- 10 ~ + 10)V、(4 ~ 20)mA 等不同形式。采用的 ADC 有 8 位的也有 12 位的,采用光电耦合后隔离方式。在进行温度测量时,可选用专用的热电偶模拟输入模板,可完成冷端自动补偿和非线性校正功能。若采用热电阻作测温元件,可选用热电阻模板。

二、开关量输入模板

开关量输入模板包括直流输出模板和交流输入模板。图 12 - 7 是某种型号 PLC 机采用的开关量输入电路。

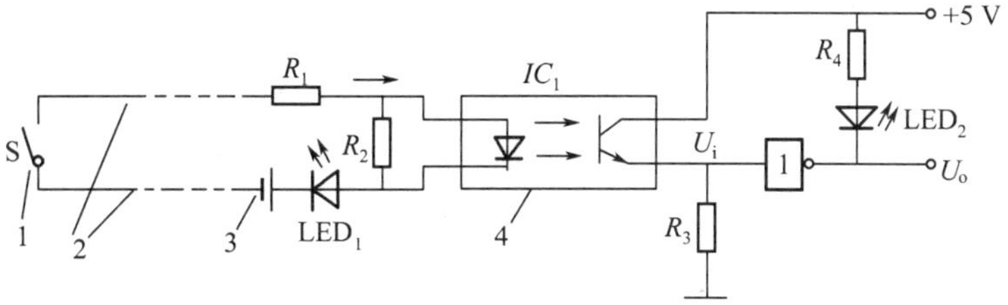

图 12－7　开关量输入电路

1—现场开关;2—传输线;3—电源;4—光耦合器

现场开关输入模板是以电流形式传输信号,抗干扰能力比采用电压传输方式强。每块模板上有几十个图 12－7 所示的电路,也就是说,每块模板的输入点数有几十个。

三、计时/计数模板

有的传感器以频率或串行数字量的形式作为输出,计时/计数模板就是为这种传感器设计的。

四、中断控制模板

系统中有的传感器担负着重要参数的测试任务。在某些情况下,需要紧急处理这些传感器的信号,这就必须采取中断方式来处理。中断控制模板通常有多个优先中断级输入,可响应正的或负的跳变的中断输入。

与传感器有关的输入模板还有许多,这里就不一一介绍了。综上所述,PLC 机的通用性、互换性强,可与各种不同的传感器配合,用户不必自行设计接口电路,只要按照说明书选购不同功能的模板即可构成完整的自动检测控制系统。

第四节　微机在测控系统中的主要应用

微机在测控系统中的应用非常广泛,归纳起来主要表现在以下几个方面。

一、多测量点和多参数的自动检测

采用微型计算机进行数据采集时,可以把多个测试点的多个参数接到电子多路开关,并给每一路分配不同的地址,由微机发出被测点的地址,就可以选择与控制相应的测试信号的输入,使各个测试点按预定的次序和时间间隔分时地将输入信号送往采样保持器,并进行 A/D 转换。转换结果可以由微机进行存储,以供进一步的分析和处理。这样做可以使多个测试点分时共享一台测试仪器,不仅提高了使用效率,而且由于共用同台设备,在很相近的时间内对多个点进行测量,就不会因温度变化、漂移或标准电源和测试网络的不同而使测试结果有太大的误差,有效地提高了测量的精度。

二、检测系统的自动校正和定标

在检测系统中,为了弥补设备内部元件参数性能的变化或外部工作条件带来的影响

(如温度、电源电压的变化等),设置了若干可调单元,如平衡电阻、偏流补偿、电源调节等,以使系统误差尽量减小。如使用微机控制测量时,可以采用多种自动校正的方法来提高测量精度。例如,带有微机控制的数字电压表,可以做到在每次测量过程的开始进行一次自校准:在 CPU 开始工作的 T_1 周期内,将输入端自动接地,得到 U_0 值并存储;T_2 周期内将某标准电压接入输入端进行测量而得到 U_S 值并存储;再在 T_3 周期内将待测电压接入输入端并测得 U_x 值后存储,然后可对这三个标称数值按一定的公式进行计算处理,求得其精确的折算待测值。这种自校正、自定标的功能可使检测系统的精度有很大的提高。

三、选择性测量或测量过程实时变更控制

在某些测量过程中,有时只需要在众多的复杂信号中选择某些特殊的予以记录观察,或只测量某一特殊条件发生后的一段信号。对这种条件性测量或选择性处理过程,如用微机来控制易于实现。因为计算机的测量过程是用程序控制,易于对一些复杂条件进行判断和选择,而且灵活易变。若要改为进行某种新的条件测试时,只需要对程序进行某种修改,而不需要对硬件设计作太大的变更。这种"可编程控制"的设计思想,预期将渗透到今后的所有智能仪器设备系统中去。

四、测量数据的自动分析处理

当前的测量仪表正在向数字化方向发展,这除了测量精确、直观易读外,另一个主要优点是便于用微机对测量结果进一步加工处理,例如对信号进行叠加法或数字滤波法等各种处理。经过微机预处理后,能有效地浓缩信息,把大量的无用信息筛去只将有限的有用信息输出,或传输到大、中型计算机进行进一步的分析、处理。

五、测量结果的自动传输和自动控制

一般地说,检测系统只是整个自动控制系统中的眼睛和耳朵,当它们进行测量并获得结果数据后,由微机进行必要的处理和判断,并及时地将分析结果反馈到伺服控制系统,变成所要求的反应性控制动作。由于微机采用总线结构,并具有"直接存取"功能,对数字信号便于在总线上传输,因而可以直接在两个设备之间高速地交换成批信息,而不必经过第三者干预。由于微机的处理,可以在几十 ps 甚至更短的时间内作出判断和快速响应,形成一种高级闭环反馈控制系统,这对于控制的准确和稳定性都是高效益的。

总之,在测控系统中,所有需要控制、判断、记录和监测等环节上,即需要有某种形式的"智能"环节上,都可以应用微机的存储、运算、控制和输入输出功能,把它们转化为微机的记忆和判断过程——执行某种预先由人们编好的程序。

第五节 应用实例——汽轮机叶根槽数控铣床

一、结构

图 12 - 8 是某种型号数控铣床用于加工大型汽轮机转子叶根槽的示意图。为了分析各

传感器在系统中所起的作用,有必要了解一下该铣床的结构和加工过程。

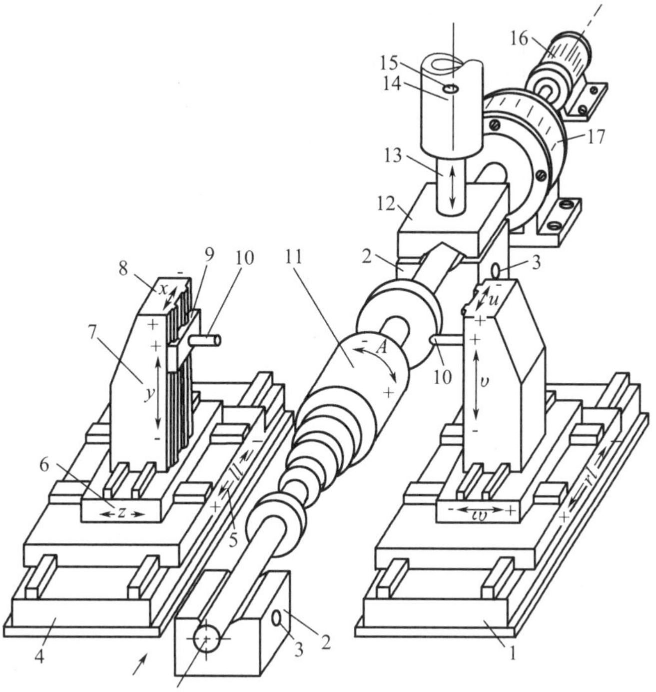

图 12-8 数控铣床结构示意图

1—右工作台;2—工作托架;3—托架压力油孔;4—左工作台;5—数字编码器;6,7,8—直线磁栅传感器;9—温度传感器;10—铣刀;11—被加工轴;12—工作夹具;13—液压系统;14—压力传感器;15—上夹具压力油孔;16—A 轴驱动电动机;17—分度头花盘及圆形感应同步器

该铣床长 12 m、宽 9.6 m、高 4.8 m,左、右工作台可同时加工工件。从图 12-8 可以看到,左边的刀具有四个自由度,即水平方向 x、垂直方向 y、进退刀 z 和自旋 c;右边的刀具也具有 μ,v,ω,d 四个自由度;大托板还能带着刀架沿水平方向(r_1,l_1)移动。

整个系统共配备数十个传感器:六个磁栅传感器分别装在刀具的走刀系统内,用以测量刀具在 x,y,z 及 μ,v,ω 六个方向的位移量;两个光电编码器装在床鞍内,用以测量床鞍在(r_1,l_1)方向的位移量;圆形感应同步器安装在与被加工轴联动的分度花盘内,用来测量工件的旋转角度;还有为数众多的温度传感器和压力传感器被安装在系统的各个重要部位,用以测量该部位的温度和压力。系统的电原理框图与图 12-1 相似,不同之处是所有的被测量均通过光耦合器与微机系统连接以提高系统的抗干扰能力。

二、各传感器在加工过程中的作用

下面通过介绍汽轮机转子叶根槽的加工过程来说明各传感器的作用。

1. 转子转角的检测与控制

由图 12-8 可以看到汽轮机转子毛坯正被工件托架支撑着,工件重几十吨,沿轴向按一定规律分布着近二十个平行的叶轮,每个叶轮上要铣出几十甚至一百多个叶根槽,用于镶嵌叶片。图 12-9 示出了叶根槽的剖面图。

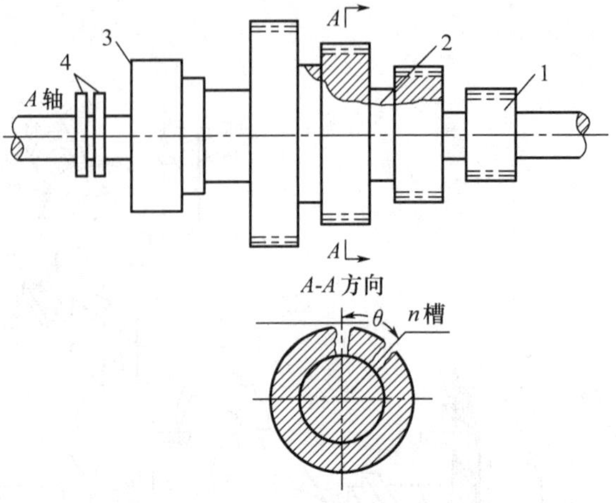

图 12－9 被加工的转子及圆形感应同步器

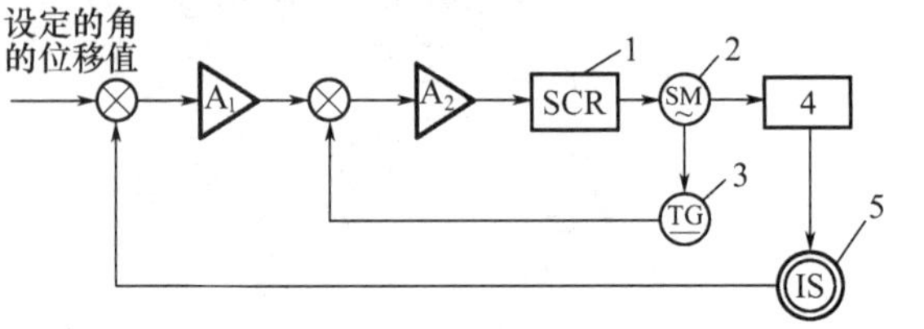

图 12－10 工件转角的闭环伺服系统

1—晶闸管调速电路；2—交流伺服电动机；3—直流测速发电机；4—分度盘；5—圆形感应同步器

从 $A-A$ 剖面图中可以看出，叶根槽以相同的节距分布在叶轮的圆周上。设某个叶轮需要加工 120 个叶根槽，则槽的节距为 3°，由于加工一个完整的槽需要经过毛刀、半精刀、精刀等多道工序，因此不但要求每个槽的分度精度高，而且要求在每道工序中，每个槽的重复精度也要高。为了保证分度的正确性，本系统在分度头花盘内安装了一个高精度的圆形感应同步器，用于测量工件旋转的角度。系统采用的圆形感应同步器直径为 304.8 mm（12 in，1 in = 25.4 mm）、720 极，精度为 ±1″。工件转角的闭环伺服系统如图 12－10所示。

当铣头在工件表面铣好一条槽后，工件要转动一个设定的角度（上例中为 3°），然后再行固定，铣头接下去铣下一条槽。工件转动的角度是这样控制的：圆形感应同步器与工件一同转动，它将测得的角位移数值传送给计算机，计算机将该值与设定的位移值比较，若误差的绝对值小于等于 2″时，交流伺服电动机停转，从而完成角度的控制。当系统某个环节出现故障，使位移误差大于 2″时，计算机立即命令 x 轴及 u 轴停止走刀，保证铣削不产生废品。

2. 工件夹紧与托起的检测

该铣床允许工件的最大质量为 80 t，加工前先用吊车将工件准确地放置在托架上，压力油从图 12－8 的上夹具压力油孔 15 压入，上夹具在油压的作用下往下夹紧工件，夹紧力由压力传感器检测，当压力等于设定值时，计算机发出指令停止增压，并让 x，y，z 轴解锁，允许刀具加工工件。当发生故障，油压小于设定值导致夹紧力不足时，工件可能松动，影响铣削精度，这时计算机将发出报警信号，x，y，z 方向停止走刀。

当加工好一条槽后，计算机发出指令，夹具减压、松开工件。接着，液压油转而从图 12－8中的下托架压力油孔 3 压入，使工件与托架间形成约 0.01 mm 厚的油膜，工件被托起，处于悬浮状态，所以只需要转动力矩较小的交流伺服电动机（力矩电动机）就能转动沉重的工件。压力传感器检测压力油的压力,只有确认工件处于悬浮状态后才能启动交流伺服电机。

3. 刀具位置的检测与控制

刀具除了自旋外,还具有 x,y,z 三个方向的自由度,在走刀系统中装有三个对应的直线型磁栅传感器,它们的精度优于 1 μm。刀具的运动是在磁栅传感器监视下进行的,磁栅传感器把代表刀具位置的信号传送给计算机,该数值一方面在 CRT 上显示出来,另一方面不断地与设定值作比较,当刀具到达设定值时停止走刀。床鞍用于完成水平方向大行程的移动,它的位置由光电角编码器通过蜗轮蜗杆来测定。

4. 温度检测

整个系统有几十个测温点,主要是监视一些重要的轴温、压力油温、润滑油温、冷却空气的温度、各个电动机绕组温度等。多数测温点采用铜热电阻,少数采用热电偶,这是因为热电阻不需要冷端补偿,成本较低的缘故。

三、系统的报警、故障自诊功能

所谓报警,就是当被测量超过设定值的上下限时,微机向操作者提示声、光信号,以便操作者及时排除故障。

该铣床有很强的报警、自诊功能。由于显示终端配有 CRT,所以不但可作一般的屏幕报警,还可作故障诊断用。以温度故障为例,由于测温点太多,所以多数测温点只向微机提供超限信号,而不是具体的温度值。微机收到这些超限信号后,在 CRT 的特定位置上显示出超温标志及设备编号,操作者要想进一步了解故障原因,就要进行人机对话。例如,由于某种原因,x 轴无法走刀,CRT 可能会给操作者提示“A 轴故障”的标志,操作者通过键盘输入指令,CRT 轴将进一步提示“伺服系统故障”的标志,进一步查询,CRT 可能会显示“晶闸管故障”的标志,这样一步步查询就可以找到较确切的故障位置,大大缩减了排除故障的时间,可以说,微机的报警及故障自诊功能是数控机床智能化的标志之一。

第十三章　传感器在林业生产中的应用

林业技术的发展,对测试与自控技术提出了严格要求。例如,在木材物理性能的测试、木材加工工艺过程控制等领域里,传感器技术已成为一种不可缺少的关键环节。本章主要介绍传感器在原木检测、制材生产、苗木生长状态测试及其他林业生产中的应用。

第一节　传感器在原木检测中的应用

一、原木直径测量

1. 激光测量原木直径的几种方法

原木直径检尺装置方框图如图 13 - 1 所示,它是由发光器、受光器及同步系统等组成。

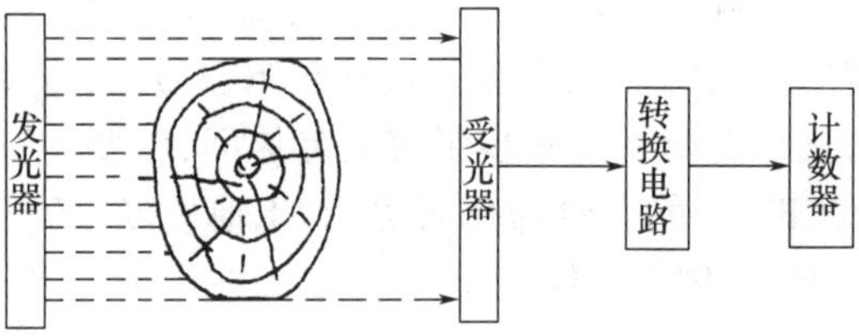

图 13 - 1　原木直径检尺装置原理示意图

发光器是利用氦氖激光管作为光源,产生由上而下或由下而上的扫描平行光线。

受光器由光敏元件、放大器及逻辑电路等组成,用以接收发光器所发射出的光线,或接收发光器照射到原木,经原木反射出来的光线。

同步系统是利用专用装置或传感器,把受光部分的信号或原木遮光部分的信号,一一对应地转换为电脉冲,供直径计数器计数。

发光器产生扫描平行光线的装置种类很多,下面就常见的五种方案进行讨论。

(1) 直线式直径检尺装置

①工作原理

直线式直径检尺装置如图 13 - 2 所示。发光器由垂直导向柱、升降牵引索、小圆形平面反射镜、氦氖激光管及驱动电机等组成。小圆镜装在垂直导向柱中升降牵引索的小回镜底座上,镜面和垂直方向呈 45°,激光

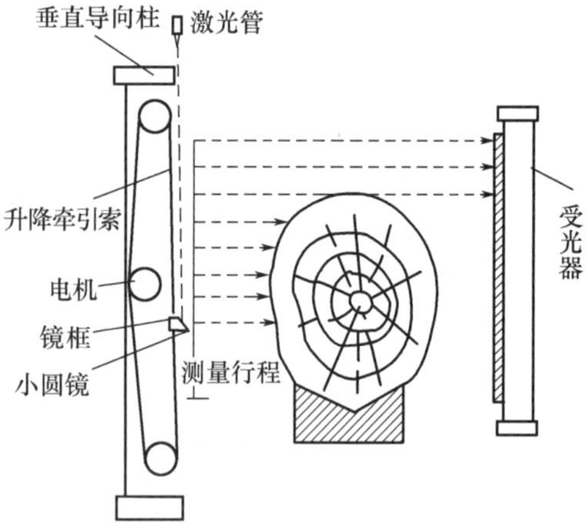

图 13 - 2　直线式光电检尺装置示意图

管装在上方。当电机运转时,带动升降牵引索上的小圆镜,沿直线由上而下地移动,使激光管照射到小圆镜上的激光束,按水平方向反射出来,产生相应的自上而下扫描的平行光线。

受光器由一排光电三极管或一行光导纤维束及放大器组成。光电三极管之间间隔 3 mm。检测精度以 0.5 mm 为检测单位,如改用光导纤维则检测精度还可以提高。

同步系统通常采用两种方式:一种为直接脉冲式,另一种为间接脉冲式。

直接脉冲式的电脉冲,由每一个光电元件在光照时直接产生电脉冲。间接脉冲式的电脉冲,通过电机传动轴上的脉冲发生器圆盘信号孔,在光照时间接产生电脉冲。电脉冲产生后,经过电路处理后换算成直径尺寸。

②优缺点

• 优点

结构简单,便于维修。

• 缺点

(a)检尺速度慢,有效扫描周期不易缩短。在测量装置中小圆镜在垂直导向柱中作直线式平移运动时,必须保证小圆镜移动时不晃动,同时小圆镜实际行程应大于测量行程,这两个问题限制了小圆镜的移动速度,使检尺的有效扫描周期不易缩短。

(b)机械磨损大。一次检尺,小圆镜要作往复运动,长期使用机械磨损大。

(2)螺矩式直径检尺装置

螺矩式直径检尺装置是利用机械和电子原理结合制成的。

螺矩式直径检尺装置有两种:一种为断续型,另一种为连续型。断续型直径检尺装置,可测原木直径的最大尺寸为 28.5 cm。连续型检尺装置,最大检测原木直径可达 1 m。

①工作原理

螺矩式连续型直径检尺装置如图 13-3 所示,发光器是由带螺旋面的圆筒、激光管、及驱动电机等组成。圆筒螺旋面展开为一等腰直角形。三角形两直角边各为 1 m。一个边为圆筒的轴长度,另一个边为圆筒截面的周长,三角形的斜边等于螺旋面的实际长度。螺旋面由反光率较高的金属 ICR_{13} 做成,氦氖激光管装在其上方。当电机驱动圆筒旋转一周,激光束便照射到螺旋面上,以水平方向反射出来,从而产生自上而下扫描的一行平行光线。由于是连续型扫描,故产生的平行光线为连续性的一行。

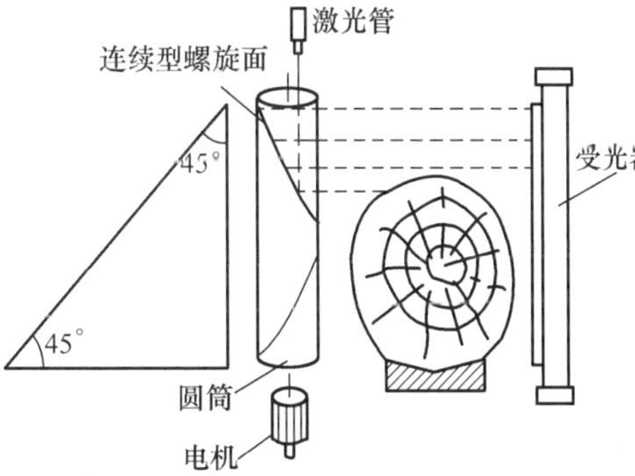

图 13-3 螺矩式直径光电检尺装置示意图

断续型的装置是在圆筒上沿着螺矩轨迹镶贴一系列小平面镜,每一个小平面镜的法线和筒中心轴线在同一平面内,并与轴线成 45°,例如上述连续型的圆筒螺矩轨迹共镶 57 片小平面镜,每片轴向距离为 0.5 cm。圆筒转一圈,扫描一次,产生 57 条平行光线。

受光器除采用光电三极管或一行光导纤维束外,也可采用雷玛型的抛物镜式的受光器。利用抛物镜聚焦原理,把发光器产生的平行光线聚集在焦点上。在聚焦点上安装一光电元件,把光信号转换为电信号。

同步系统可以采用直接脉冲式或间接脉冲式。断续型螺旋式直径检尺装置，实际上也属于一种直接脉冲式的同步系统。如图 13－3 所示，57 条断续的平行光线全部收到后，即转换为 57 个电脉冲。原木遮住一部分光线，受光器就只能接收到未被遮断的另一部分平行光线，而转换为电脉冲，经过处理电路换算成直径尺寸。

②优缺点

• 优点

(a)扫描均匀，由于螺旋面是沿螺矩轨迹安装的，所以产生的扫描平行光线比较均匀。

(b)检测速度快，有效扫描周期短。该装置每秒扫描 22～24 次，有效扫描周期为41～44 ms。

• 缺点

(a)旋转体大，机械磨损大。

(b)断续型检尺精度低，只能以 0.5 cm 为测量单位。

(c)加工困难。

断续型螺旋面的安装，是沿螺矩轨迹手工镶贴一定数量的小平面镜。工作量大，镶贴的角度要求严。连续型的螺旋面，由于形状特殊，需用专用设备进行加工。

(3)圆盘式直径检尺装置

圆盘式直径检尺装置如图 13－4 所示。

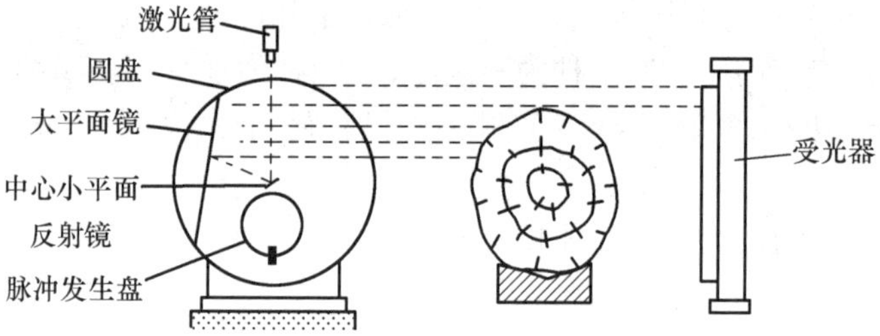

图 13－4 圆盘式直径光电检尺装置示意图

①工作原理

圆盘式直径检尺装置，发光器由圆盘、中心小平面反射镜、大平面反射镜、激光管和驱动电机等部件组成。圆盘直径为 1 m，中心小平面反射镜为 $6\times8\ mm^2$，装于圆盘的中心，镜面和圆心点相切。大平面反射镜和小平面反射镜之间的夹角为 45°，大平面反射镜相当于圆周弦。激光管固定在上方，与水平成 90°角。

当电机带动圆盘旋转时，激光束通过中心小平面镜反射到大平面镜，再由大平面镜反射，形成一行扫描的平行光线。

受光器与前述相同不再叙述。

同步系统同样可采用直接脉冲式、间接脉冲式。由于这种装置所得的平行光线疏密不均匀，根据疏密规律，推导出公式，算出脉冲发生盘上信号孔之间的间距，在脉冲发生盘周围打有 200 个信号孔，脉冲当量为 0.5 cm/每脉冲。原木进入检尺区，遮断一部分发光器发射的平行光线，使受光器只能接收未被遮断的光线。通过同步系统把光信号转换为电脉冲，经电路处理后，算出原木直径的尺寸。

②优缺点

● 优点

(a)加工方便。

(b)检测速度快,有效扫描周期短。

● 缺点

(a)旋转体为金属圆盘,质量大,机械磨损也大,并有噪声,长期使用稳定性差。

(b)检尺精度低,只能以 0.5 cm 为测量单位。

(c)结构复杂,加工周期长。

(4)透镜式直径检尺装置

透镜式直径检尺装置如图 13-5 所示。

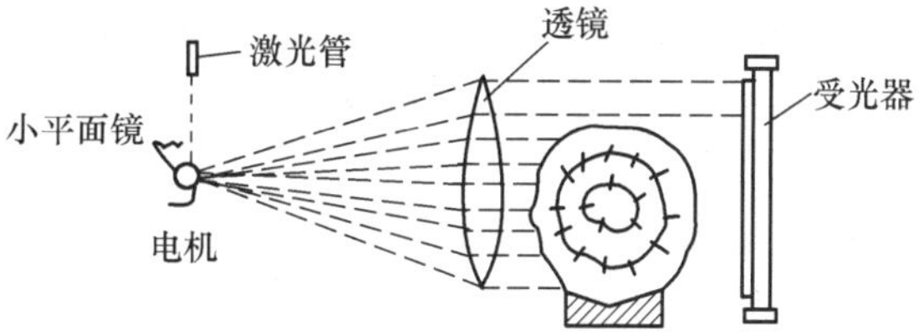

图 13-5　透镜式直径光电检尺装置示意图

①工作原理

发光器由双凸透镜、激光管、旋转小平面镜及驱动电机等组成。

激光管固定于上方,旋转的小平面反射镜镶贴在驱动电机的转轴上,镜面和电机转轴的中心轴线相切,安装时使小平面镜旋转轨迹的圆心与透镜的焦点相重合。

当电机运转时,带动小平面镜旋转,激光束照射到小平面镜上,经过小平面镜反射,通过双凸透镜的折射,产生自上而下的扫描平行光线。受光器及同步系统与前面讲述原理一样,不再叙述。

②优缺点

● 优点

(a)旋转体小,机械磨损小,工作稳定。

(b)检尺速度快,有效扫描为 14 ms,周期短。

(c)曲面为圆弧轨迹,加工较容易。

● 缺点

(a)双凸透镜占据空间大。

(b)透镜用光学玻璃制成,容易破碎。

(5)抛物镜式直径检尺装置

抛物镜式直径检尺装置如图 13-6 所示。

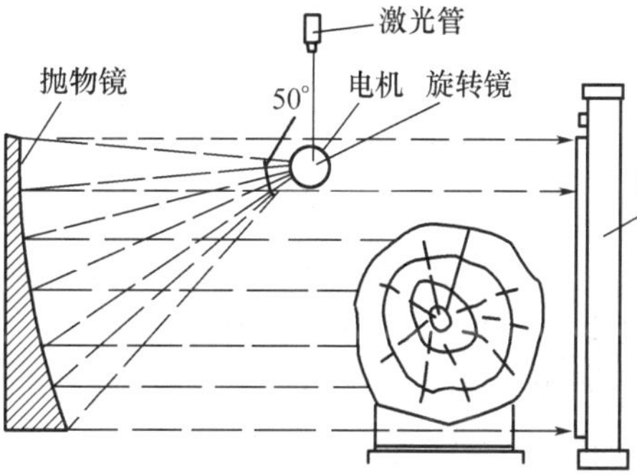

图 13-6　抛物镜式直径光电检尺装置示意图

①工作原理

发光器由抛物镜、激光管、旋转小平面反射镜及步进电机等组成。

抛物镜口长 1 000 mm,用反光率较高的金属 ICR_{13}制成。激光管固定在上侧,小平面镜镶贴在步进电机轴上,镜面和转轴的中心轴线相切,位于抛物镜的焦点上。小平面镜对抛物镜的旋转角定为 25°,空间角为50°。

激光束照射到旋转的小平面镜上，经小平面镜反射到抛物镜，再经抛物镜反射出来，产生自上而下的平行光线。受光器采用一行光导纤维束，以1 mm为测量单位，检尺精度高。同步系统采用步进电机为动力源，其步距角为1.5°，控制电机的脉冲频率为1 000 Hz，电机转速4.1 r/s，若取4 r/s，则扫描周期T为

$$T = 25°/(4 \times 360°) = 17.4 \text{ ms}$$

抛物镜产生的平行光线在直线上的投影，一般为中密边疏。选择最佳点，根据作图法分析及实际测定，确定转角为25°，空间角为50°，扫描近似均匀，使扫描检尺误差减到极小。

原木进入检尺区，遮断发光器产生的部分平行光线，使受光器接收未被遮断的部分平行光线。经同步系统把光信号转换成电脉冲，再经处理电路计算出原木直径尺寸。

②优缺点

- 优点

(a)旋转体小，结构简单，机械磨损小。

(b)工作稳定，性能可靠。

(c)有效扫描为17.4 ms，周期短。

(d)检尺精度高。

- 缺点

(a)加工工艺要求高。

(b)受光器的接收灵敏度要高。因为激光束经过二次反射后产生的平行光线亮度已有减弱。

2. 原木最小直径的自动测量装置

最小直径测量装置，是从每根原木的一系列测量数据中确定其最小值。每秒钟测20次，从两个互相垂直的方向测量，该装置分辨能力为0.63 cm。

(1)测量装置的组成

最小原木直径的自动测量方框图如图13－7所示。它由一个V形扫描器和两个光电检测器组成的光电扫描设备，一个数据处理柜，一个供电设备，一个向扫描灯泡电池组供电的变压器，一个显示装置组成。

(2)工作原理

光电扫描设备包括一个V形光电扫描器和两个安装在立柱上的光电检测器 P_1 和 P_2 组成。扫描器有两个臂 A_1 和 A_2，彼此互成直角。每个臂上有160个灯泡，排列成101 cm长，间距为0.63 cm。灯泡供电采用降低的电压以延长使用寿命。一条带缝隙的皮带环绕着整个灯泡运转。缝隙每次允许一个灯泡的光线通过。这样，检测器 P_1 就接收到臂 A_1 传来的脉冲，而

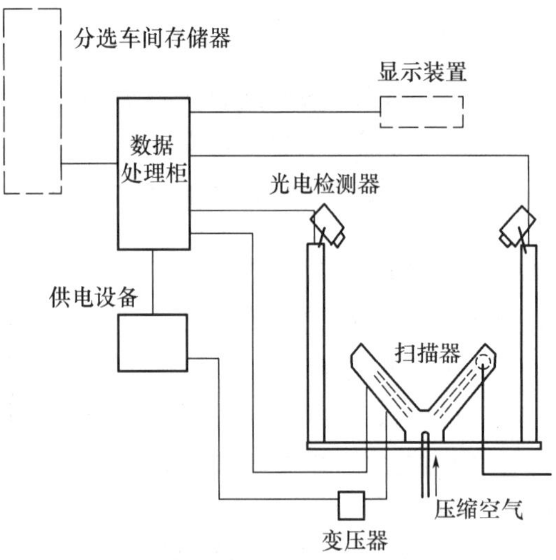

图13－7 原木最小直径测量装置图

P_2 接收至来自臂 A_2 的脉冲，两个光电检测器每秒钟各接收 20 个脉冲列，同时向数据处理柜的主存器输送相应的脉冲列，该存储器对收到的脉冲计数。

当原木通过扫描器的两臂之间时，原木就会挡住一些灯泡，使得从检测器传到主存储器的脉冲数减少，从减少的脉冲数即可测得原木的直径。光电检测装置如图 13－8 所示。

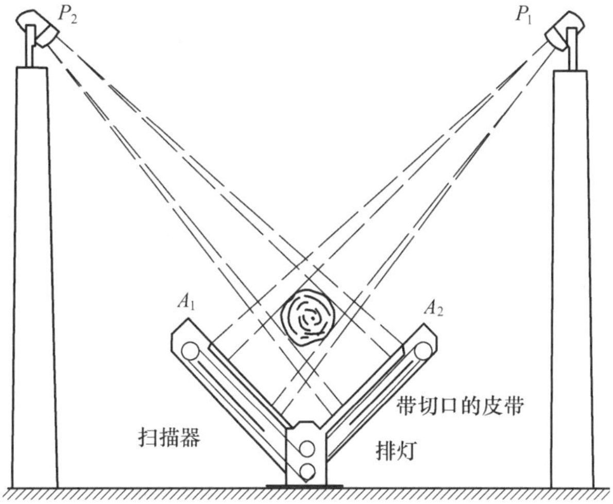

图 13－8　原木最小直径不电检测置

除了主存储器以外，数据处理柜还有另一个存储器用来存储被扫描原木的最大计数。数据和处理柜将接收的两个串行脉冲列进行比较，并将其中最大的存储在最大存储器中。每一次扫描都重复此过程，当原本通过后，即可选出检测的最大脉冲列。这一最大的脉冲列即相当于原木的最小直径，并以二进制码在一个辅助存储器中显示出来。

二、原木自动检尺装置

1. 长度检尺装置

长度检尺装置如图 13－9 所示，整个装置由光电码盘及有木信号传感器两部分组成。

(1)光电码盘

光电码盘装在传送带的转轴上，圆盘周围开 100 个圆孔，两孔间隔角为

$$\beta = 360°/100 = 3.6°$$

圆盘转一周对应传送带位移 1 m，每转过一孔即转过 3.6°，对应传送带的位移 1 cm。原木在传送带上纵向运输时，转轴上码盘也随之转动，光敏元件受到的光时通时断，于是产生脉冲。脉冲当量取 1 脉冲/cm。脉冲送入长度计数器计数，这样根据脉冲数的多少测出原木的长度。

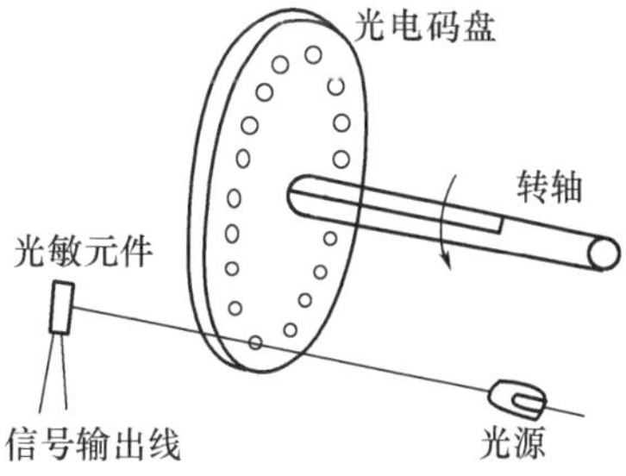

图 13－9　长度检尺装置示意图

(2)有木信号传感器

有木信号传感器用来产生长度计数器的开关信号。当自动线工作时，光电码盘就随着

转轴一起转动,不断产生脉冲。在原木进入检尺区时,有木信号传感器发出信号,这时才让产生的脉冲送入长度计数器计数。如原木离开检尺区,有木信号传感器又发出信号,停止计数。

有木信号传感器由光源及光敏元件组成,如图 13－10 所示。

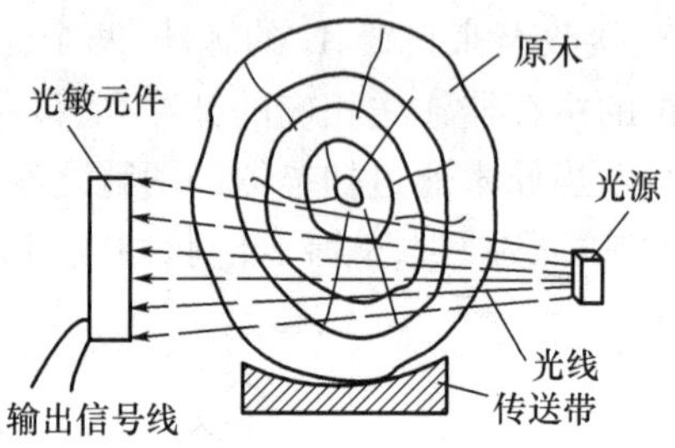

图 13－10 有木信号传感器

(3)长度检尺信号输入控制电路

长度光电信号输入控制电路如图 13－11 所示。

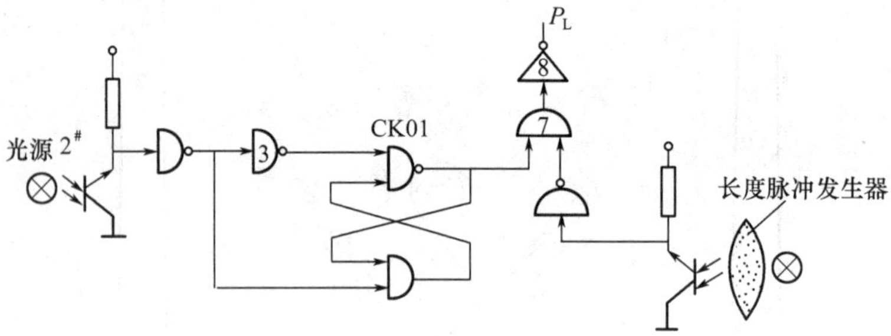

图 13－11 长度信号输入控制电路

当 2#光源被原木遮住以后,送出“1”信号,使 *RS* 触发器 CK01 置“1”,打开 YF7,输入自光电码盘送来的长度脉冲,经 YF8 反相输出长度检测信号 P_L 开始进行长度检尺。当原木离开检尺区后,2#光源又开始发射光线,则 CK01 置”0”,停止长度检尺。

2. 直径检尺装置

木直径检尺装置采用抛物镜式激光扫描,共有两套装置,互成直角,从两个方向测量。每套装置可分三个部分,即发光器、受光器及同步系统,如图 13－12 所示。

(1)发光器

发光器由抛物镜、激光管及旋转镜组成,抛物镜口的长短视原木直径检尺范围来定。在抛物镜的上侧,安装着 2 mW 的氦氖激光管。激光照射到位于抛物镜焦点的小平面镜上。小平面镜由步进电机带动旋转,抛物镜上反射的光点的轨迹便是一行平行光带,对进入检尺区的原木进行扫描检尺。

(2)受光器

光导纤维束、光电池及放大器组成直射式受光器,光导纤维束的受光面排成2 mm宽、1 000 mm长的一行去直接受光,再分成 10 小束,将受到光沿着弯曲的光导纤维传播给硅光电池,如图 13－12(b)所示。

(3)同步系统

同步系统采用三相步进电机,它的步距角是 1.5,抛物面镜和旋转镜的旋转角是 25°,扫描一次,驱动步进电机的控制脉冲 *F* 应为

$$F = \frac{旋转角}{步距角} = \frac{25°}{1.5°} \approx 16.66$$

为了使旋转镜的旋转角能和扫描的投影距离一一对应,扫描的振荡脉冲 *n* 和步进电机的控制脉冲 *F* 之间应有一定的比例 *K*,即

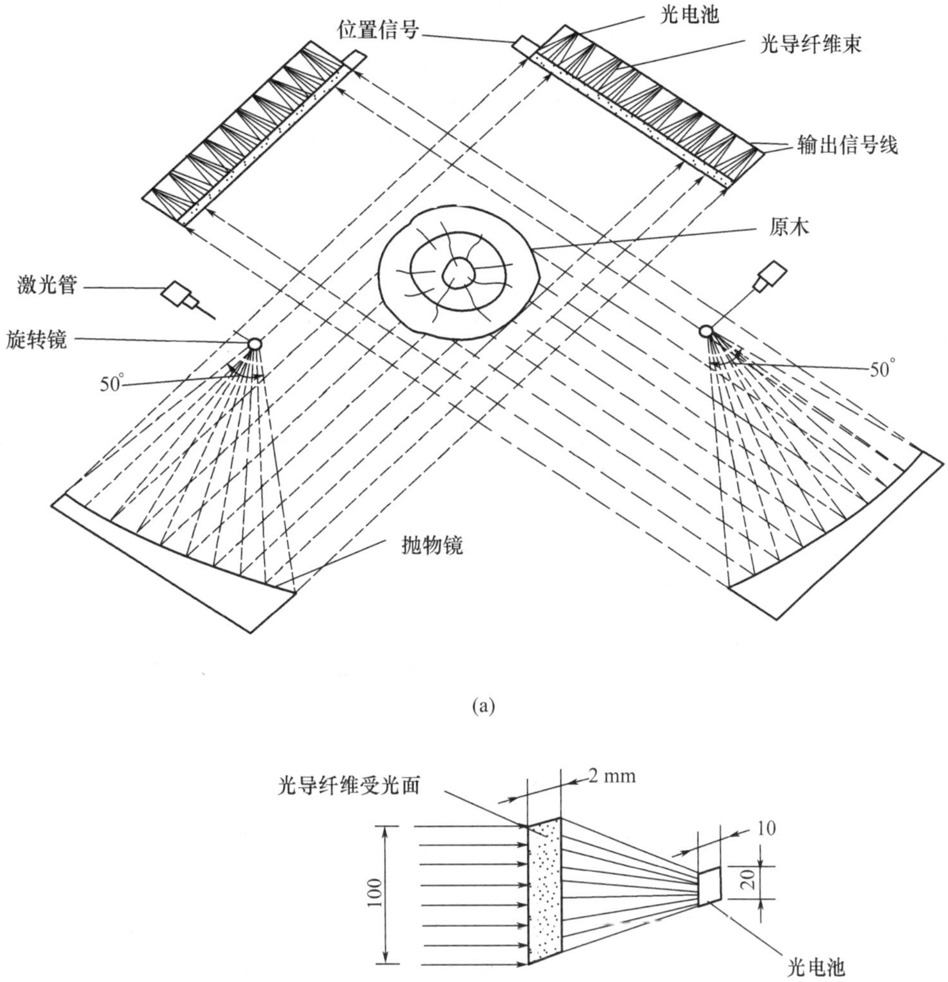

图 13－12　抛物镜式激光扫描装置示意图

(a)扫描装置示意图;(b)光导纤维束光电池装置示意图

$$K = \frac{n}{F} = \frac{1\ 000}{16.66} = 60$$

因此振荡脉冲 n 通过“60 分频器”就变为步进电机控制脉冲 F,这样使旋转镜的旋转角对应于投影距离,二者有较好的同步。

“位置信号”装在受光器光导纤维的前端。当平行光射到受光器,必先经过这一位置。“位置信号”就成为控制直径计数器,即 n 计数器进行计数的条件之一。直径计数器计满 1 000个脉冲,计数自行停止,对原木扫描也恰好结束。

两个“有木信号传感器”, 即遮光、照光信号传感器,它们的光源分别是 1# 和 2#,是用来对原木进行两次直径检尺产生控制信号的装置。其中一个“有木信号传感器’,即光照信号传感器也是同时进行长度检尺产生控制信号的装置。这两个传感器分别装在两套发光器和受光器的前面和后面。图 13－13 所示为有木信号传感器示意图。

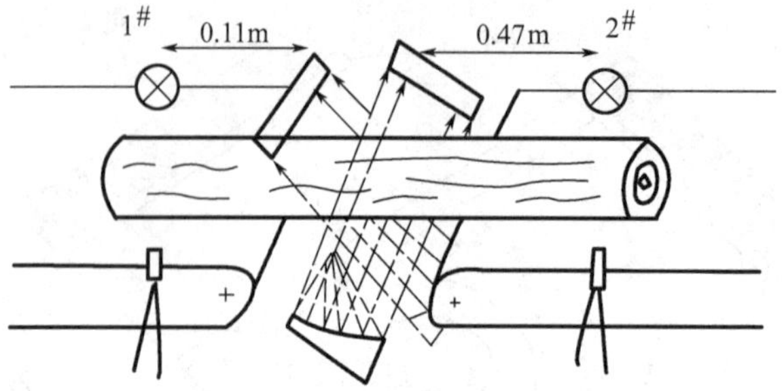

图 13－13 有木信号传感器示意图

当原木进入检尺区时，先经过光照信号传感器，打开长度计数器。接着原木经过发光器与受光器之间，遮住 1#光源，遮光信号传感器产生信号。这一信号是控制 n 计数器的又一个条件，这时就对原木的前端进行直径检尺。

当原木离开检尺区之后，2#光源又照到传感器的受光装置。光照信号传感器产生信号，这一信号一方面停止长度计数器计数，另一方面又是控制 n 计数器的另一个条件。这时就对原木的后端进行另一次直径检尺。两次检尺信号送入计算机，进行信息处理，取小头直径数据。当有效扫描周期 $T \leqslant 17.4$ ms 时，对两根原木直径反复检尺 10 次，它的误差小于 1 cm。

(4) 直径检尺信号输入控制电路

图 13－14 所示为直径光电信号输入控制电路。由 YF_1 和 YF_2 组成单稳电路，当原木遮住 1#光源时，单稳输出一个负脉冲，通过 YF6 使 n 计数器 CK02、CK03 置“1”。在激光扫描到光导纤维前端位置时，产生“位置信号”将 CK06，CK07 置“1”，和 CK02，CK03 一起，分别打开 HF9 和 HF 10，开始从脉冲源输入脉冲，一路送至 YF 11，YF 24，另一路送入 X 和 Y 两组 n 计数器 COX1－3 和 COY1－3，对直径扫描进行 1 000 脉冲定量控制。当光导纤维信号为“1”时，即输出 X 方向及 Y 方向的直径检尺信号 PDX 和 PDY。

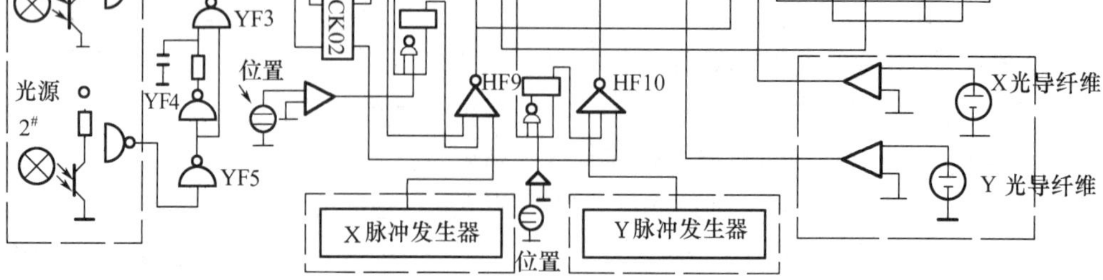

图 13－14 直径信号输入控制电路

当 n 计数器 COX1－3 和 COY1－3 计满 1 000 脉冲后，就分别使 CK02，CK03，CK06 及 CK07 置“0”，封住 HF9，HF10，停止输出脉冲，同时使 CK04，CK05 置“1”，使 YF19 输出一个 X，Y 扫描结束脉冲 PS，同时使 CK04 和 CK05 置“0”，这是第一次检尺。当 2# 光源又照到位置传感器时，使 YF4，YF5 组成的单稳电路输出一个负脉冲，通过 YF6 使 CK02，CK03 置”1”，当扫描平行光线使位置信号把 CK06，CK07 置”1”时，打开 HF9，HF 10送出直径检尺脉冲，以后重复第一次直径检尺过程，这是第二次直径检尺。

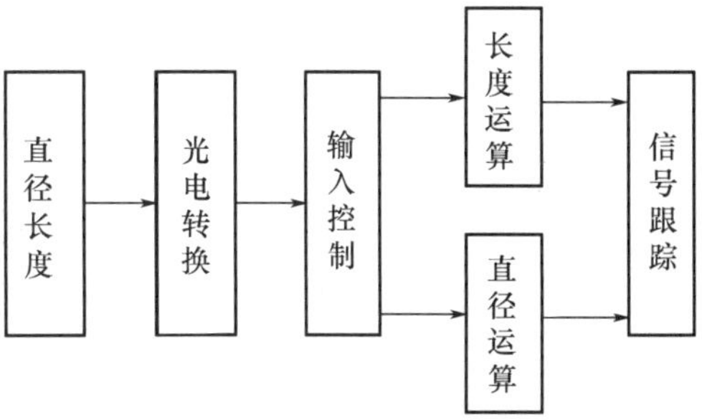

图 13－15　原木检尺装置方框图

下面给出原木检测方框图，如图 13－15 所示。

三、欧美原木测量装置

欧美原木测量装置种类很多，大多数采用光电检测，其工作原理分为两种类型：一类是利用原木反射光线的方法；另一类是利用原木挡住光线进行测量。从效果看，前者对原木颜色要求严格，浅色反光太大，深色反光太小，另外原木树皮、冰块等会造成假象，影响测量精度。

测量装置按原木运输方式不同可分为横运装置和纵运装置两种。

1. 横向运输的测量装置

图 13－16 所示为欧洲的横运测量装置原理简图。原木位于横向运输机上，测量装置有两个互相垂直的光电管，当光电管被遮住时，脉冲发生器即送出脉冲信号，并由一个计算器统计总和。每个光电管具有自己的计数器。脉冲发生器和运输机的导向辊配合，在其周围设有许多标志，可用磁铁或感应器核对，例如 1 cm 或 1 mm 行程相当于一个脉冲。如果装有多个光电管，则相应测得多个数值，可选最小或中间值。在原木长度已预先测出的条件下，即可按下式进行计算：

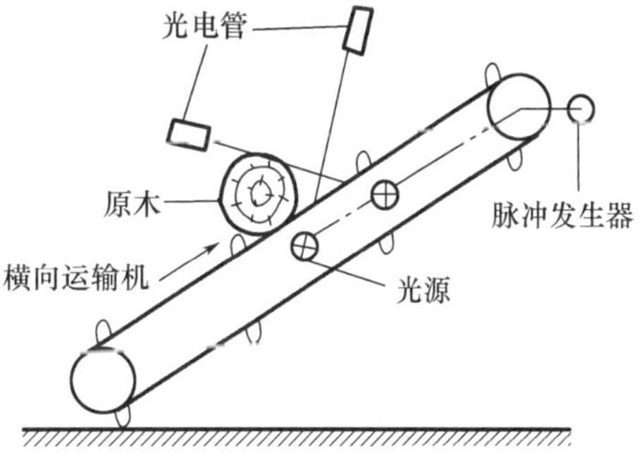

图 13－16　欧洲一种横运测量装置工作原理

$$V = \frac{\pi}{4}d^2L$$

式中　V——原木材积，m^3；

d——原木直径，m；

L——原木长度，m。

图 13－17 所示为北美横运测量装置。这种装置上设有 8 个光电检测器，可在每根原木的 8 处检测直径，由计算机算出每处平均直径值和尖削度。计算机给出原木的数据，如基本最小数值、平均最小数值、原木根数等。

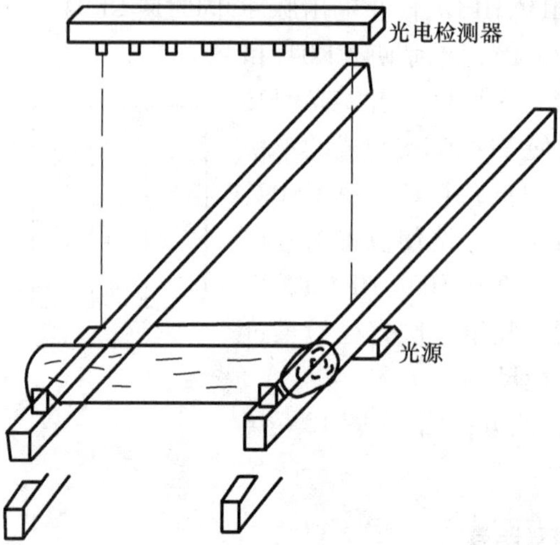

图 13－17 北美的一种横运测量装置

2. 纵向运输的测量装置

(1)雷玛型测量装置

雷玛型测量装置测量原木直径可同时从两个方向交叉进行测量，也可从三个方向测量。刚性测量框的光源为互成直角的发光体，如图 13－18 所示。光线投射在两个抛物面反射镜，(凹面镜)上。在每个反射镜的焦点上，按一定角度安装着一个平面镜，该平面镜由马达带动旋转，如图 13－19 所示，原木在光源之间通过时，在抛物面反射镜上产生一个和原木直径相等的影子。由于反射镜呈抛物面形，故原木影子的大小可以从平面镜处按一个角度测出，角度的大小与原木直径成正比例。

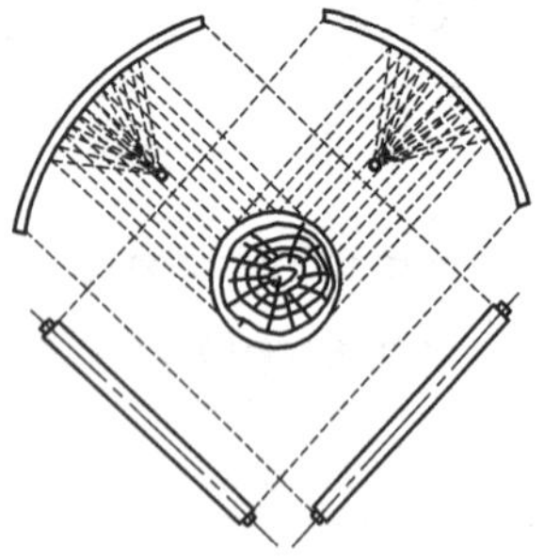

图 13－18 雷玛型测量装置的测量结构示意图

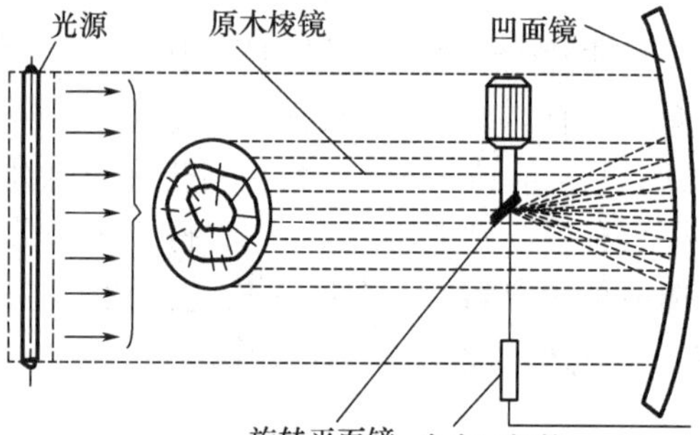

图 13－19 雷玛型测量装置的工作原理图

平面镜每转一圈，就扫描一次整个抛物面反射镜区域，并将平行光束导向一固定光电管(即光接收器)，该光电管即发出恰好与抛物面反射镜中原木影子相应的直径信号。

一个电子振荡器每单位时间发出恒定数量的脉冲，每一脉冲准确地相当于 1/3.2 mm。当受光器输出直径信号时，脉冲在一个计数器中积累起来。每秒钟可以记录 50 个测量值，即当运输速度为 2 m/s 时，每隔 4 cm 原木长度能测得一个直径值。

另一种雷玛型测量装置的平面镜每分钟转数为 1 800 转，每秒钟记录 30 个测量值，测得的信号通过信号处理装置转换为可显示的数字。

原木长度可利用简单的光电检测器和脉冲发生器来测定，脉冲发生器与原木运输机同步运转，根据原木影子遮住光电检测器时所产生的脉冲数即可计算原木长度。

（2）菲力浦型测量装置

菲力浦型测量装置如图 13－20 所示。两个互成 90°角的测量臂安装在测量点处，每一臂上装有一排紧密排列的灯泡，在排灯之前有一条具有横向缝隙的循环皮带（皮带长 6 520 mm），循环皮带由转数恒定的电动机带动，皮带速度准确地控制在 30 m/s。在排灯的对面装有一个受光器，原木在排灯和受光器之间纵向运行。循环皮带上的每个缝隙每次只有一个灯能向受光器发射光线。循环皮带每转一圈，每个灯每秒向受光器发射 20 次，原木的直径越小，则光脉冲的总和值就越大。原木长度测量方法上面已经讲述，这里不再重复。

（3）渥斯特型测量装置

如图 13－21 所示，在纵向运输机两侧安装垂直导向柱，导向柱上装有活动的发光器和受光器，它们互相之间的距离为 350 mm。其中一个升降架上安装两个受光器，另外一个升降架上安装两个发光器，两升降器同步升降。

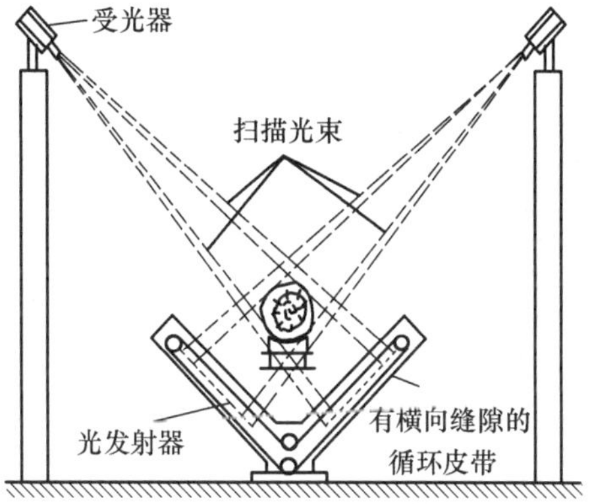

图 13－20　菲力浦型测量装置示意图

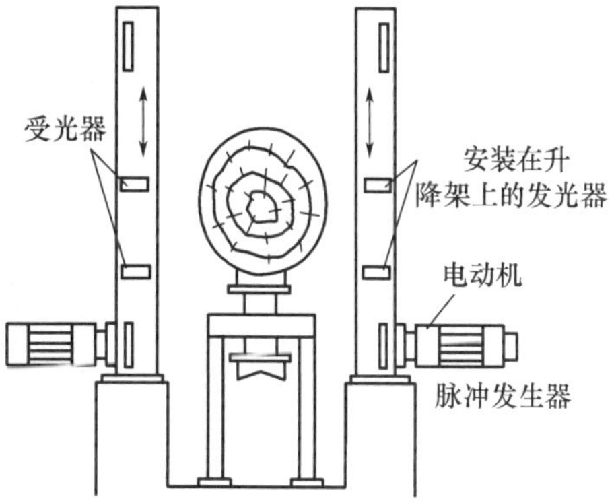

图 13－21　渥斯特型测量装置示意图

在静止状态时，两个升降架位于最下部。每一根原木到达测量区域时，即在 20 cm 后，每隔 2 m 原木长度测量一次直径，此时两个支架以 1 m/s 的速度上升。受光器因为原木的存在而被挡住（遮断）光线，在光线被遮断这段时间内，与升降马达驱动轴相连接的脉冲发生器产生脉冲，一个脉冲相当于 0.2 mm 行程。这种测量装置可以测量直径 700 mm 的原木，因为有两个测量发光器和受光器，故最大测量行程仅需 550 mm。

（4）西门子 AG 型测量装置

如图 13－22 所示，发光器和受光器同在一个壳体中，其对面装有一个特制的反射器，该反射器将光束平行地反射回去。一个光源发出光，光线经一棱镜汇成光束，并穿过一半透镜，而后光束被一小旋转镜投射到大抛物面镜上，并由此抛物面镜反射出去，经过要测量的原木直至对面的反射器。从那里，光线根据自动准直原理行经相同的路程返回：抛物面镜——旋转镜——半透镜。由半透镜反射回的光线部分射到光电管上。旋转镜由一同步电机驱动，使动径由上至下，即从 A 向 B，在测量范围内每秒扫描 100 次。当动径由 A 的位置向 B 的位置行进时，假如扫描的测量面无障碍，则光电管接收光线，假如有一原木位于光的一面,则原木遮住光线,光电管就不受光,由此而产生原木范围内的断续变暗,由电子设备记录下来,并以电压形式表示出来。

此方法测量原木直径是每隔 10 cm 原木长度测量一次,并将每 2 cm 原木长度上所测得的直径值积累并表示出来,即由 20 cm 原木长度处开始测,在 0.2 m,2.2 m,4.2 m,6.2 m 等处表示测得的直径的累计值。为使直径值不受枝桠和根叉的影响,可将每隔 10 cm 距离测得的直径值以 3 个为一组,选出其中的最小值。

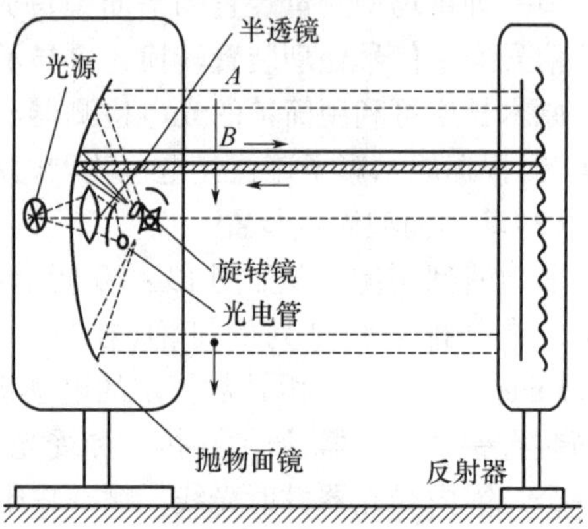

图 13-22 西门子 AG 型测量装置结构示意图

(5)大气科学型测量装置

它是用红外线扫描和数字控制相结合的方法在纵向原木运输机上快速自动测定原木直径和长度。这种装置的组成部分为:两个测量直径的扫描器,测量原木长度装置;一台小型电子计算机,如图 13-23 所示。原木直径扫描器为硅光电管自动线性扫描器;测长装置由材长位置传感器、材长微调扫描器组成。

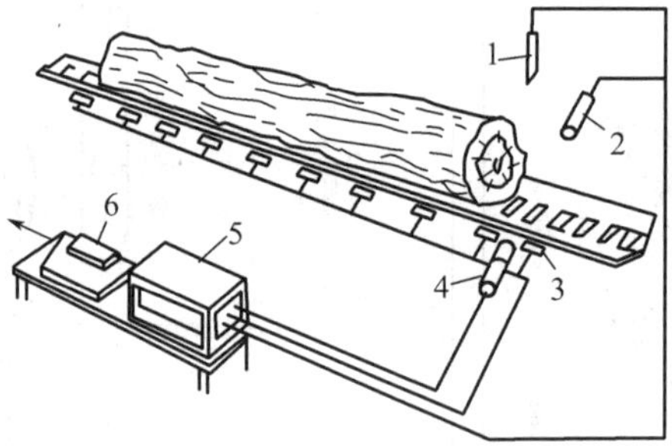

图 13-23 大气科学型测量装置示意图

1,2—材径扫描器;3—材长位置传感器;4—材长微调扫描器;5—微型计算机;6—打字机系统

第二节 传感器在制材生产中的应用

一、激光锯口指示器

激光锯口指示器是利用激光单位面积上光功率高(亮度大)、方向性和单色性好的特点,将一束激光原光束通过一定方法变换成指示光束,投射到木材面上形成一条直线,如图 13-24 所示为激光锯口指示器方框图。激光锯口指示器一般采用反射镜片旋转或振动扫描,如图13-25

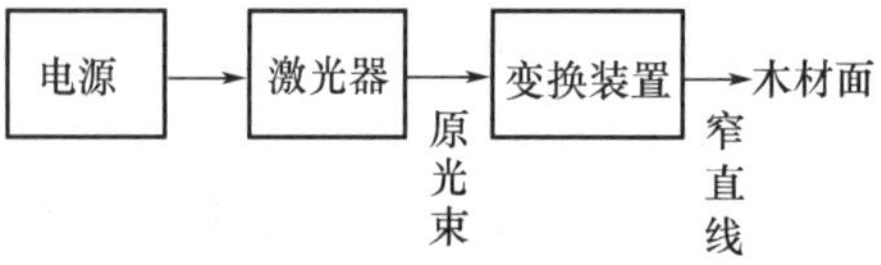

图 13-24 激光锯口指示器方框图

所示,另外一种全光学方式如图 13-26 所示。前一种方式需用机械动作,产生连续的指示直线图(实际上是很小的激光点快速地沿直线来回扫描);后一种方式是利用光学扩束,将

原激光束变成一个薄扇面，投射到木材面上形成一条指示线。

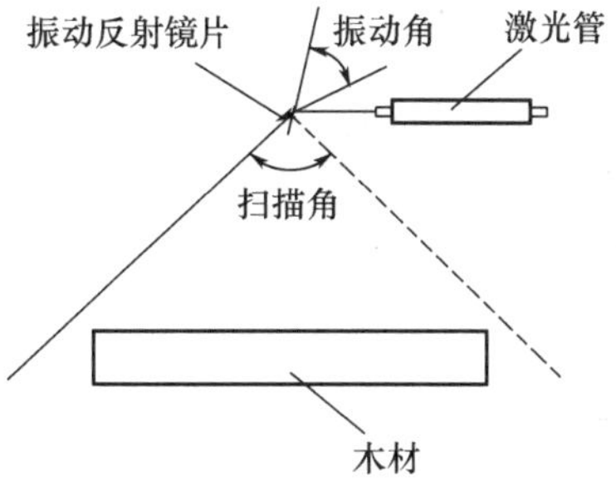

图 13－25　振动反射扫描激光锯口指示图

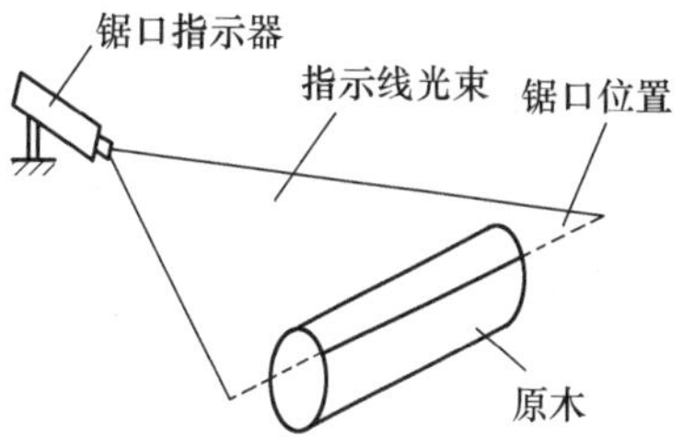

图 13－26　全光学型激光锯口指示器工作原理示意图

全光学方式的优点为指示线清晰稳定；使用激光器的功率范围大，1～25 mW 氦氖激光器都可；无机械动作，工作稳定；结构简单。国外一般都采用光学方式。

二、激光切割木材

激光切割木材，是借高能量、高密度的激光射线来完成的。用这种方法切割木材，具有以下优点：精度高，切缝极小；无机床振动，无噪音；不产生锯屑，无尘埃，不污染环境；能切割任何复杂型面的工件，被切割工件不会产生变形；可用于切割材质特别坚硬的木材，无需进行预处理。

激光切割木材的不足之处是切割厚度太大的材料时，切割速度较低，能量消耗较多，切割面有轻度碳化现象。

1. 激光切割木材装置

激光切割装置由五部分组成：激光发生器及用于热切的聚焦系统，激光切割喷头，瞄准系统，冷却系统及电源系统，数字控制系统。激光切割机的种类很多，常用的二氧化碳激光器的输出波长为 1.06 μm。

激光切割装置的主要工作元件为激光发生器和切割喷头。如图 13－27 所示为激光发生器和切割喷头示意图。

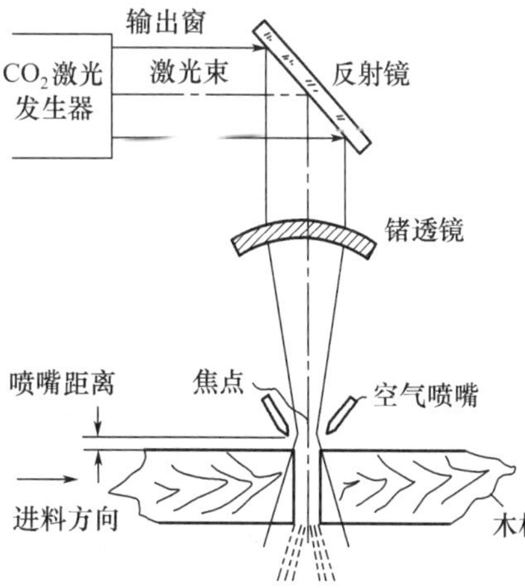

图 13－27　激光发生器和切割喷头示意图

由图 13－27 可见，激光束水平地从输出窗射出，在 45°的反射镜上偏转 90°成垂直光束，聚集的光束通过同轴的喷嘴向下，离喷嘴 1 mm 处形成 0.15 mm 的最小直径的空气喷嘴。

装置下面安装有可变速的进料系统，使工件横向穿过光束的焦点，进料速度可依激光能否完全穿透材料来选定。

锗透镜的焦距一般取短一些为宜。为了减少球差，可使用一面为凹曲面，另一面为凸曲面的锗透镜。

2. 激光切割木材的特性

(1) 切割速度与切割厚度的关系

切割速度越小,能切削的木材厚度越大,其关系曲线如图 13－28 所示。

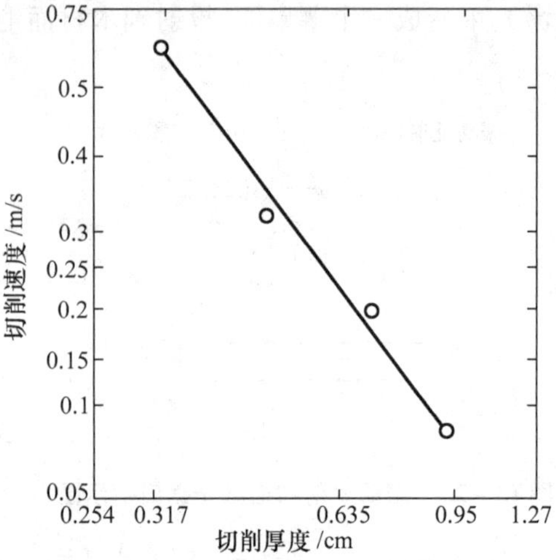

图 13－28　切割速度与切割厚度的关系

用功率为 5 W 的 CO_2 激光器切割花旗松木材时,切割速度与木材厚度的关系可用下式计算:

$$S = K/T^2$$

式中　S——切割速度,m/s;

T——木材厚度,cm;

K——常数,$K=13.9$。

(2)切割速度与激光功率的关系

激光功率增加时,切割速度可以相应增加,如图 13－29 所示。厚度为 0.3 cm 的花旗松木材切割速度与功率的关系可用下面的公式进行计算:

$$S = KP^{1.35}$$

式中　S——切割速度,m/s;

P——激光功率,kW;

K——常数,$K=13.9$。

(3)切割速度与切割材料密度的关系

当切割功率不变时,随着切割材料密度(木材容积量)的增加,切割速度下降,两者近似成直线关系,如图 13－30 所示。

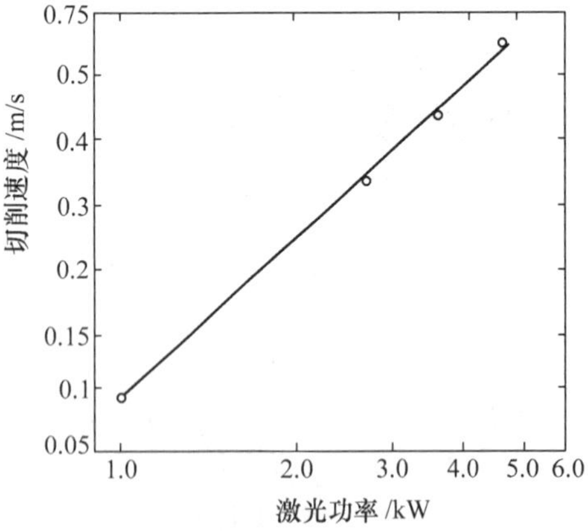

图 13－29　激光功率与切割速度的关系

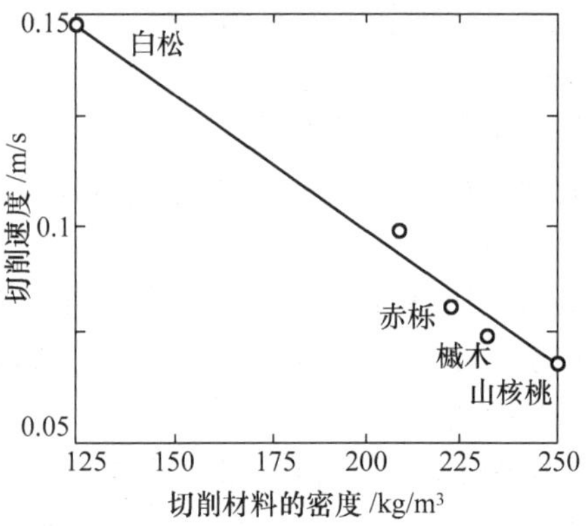

图 13－30　切割速度与切割材料密度的关系

三、电子数控摇尺机

1. USY 霍尔传感电子数控摇尺器的特点

(1)霍尔传感电子数控摇尺器的特点

①体积小,抗震性能强;

②灵敏度高,大于 0.048 T;

③输出电压恒定，适用幅度宽；

④耐高低温性能好（$-40° \sim 150$ ℃）；

⑤工作电流大，可输出 $4 \sim 12$ mA。

（2）霍尔传感电子数控摇尺器的结构

它由同步信号发生器及信号接收控制两部分组成。图 13－31 所示为霍尔效应摇尺机结构示意图，图中虚线框内为同步信号发生器，在原有减速箱的高速轴端接上同步调整齿轮、磁钢及霍尔传感元件。

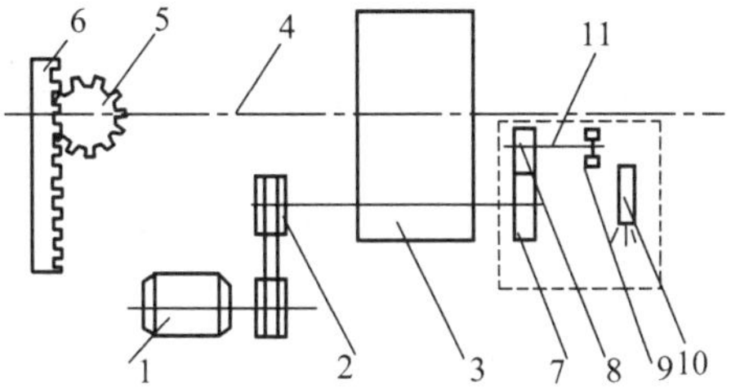

图 13－31　霍尔效应摇尺机结构示意图

1—电机；2—传动皮带；3—减速箱；4—主轴；5—齿轮；6—齿条；
7，8—新增同步调整齿轮；9—磁钢；10—霍尔传感元件；11—输出轴

信号接收控制器接收同步信号发生器发来的脉冲信号，经控制器计数整理，发出执行指令，实现机械制动，图 13－32 所示为摇尺机控制台。

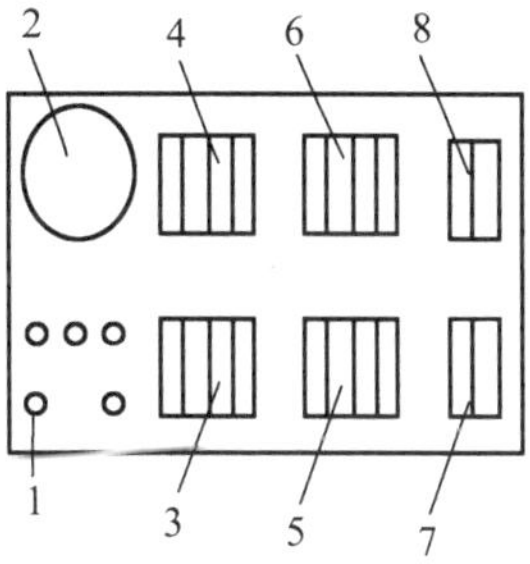

图 13－32　摇尺机控制台

1—按钮；2—脉冲显示电压表；3—慢车摇尺指令拨盘；
4—余量尺数字显示窗；5—快车摇尺指令拨盘；
6—摇尺数字显示窗；7—零点调整盘；
8—零点调置数字显示窗

（3）工作原理

当按动自动摇尺按钮，摇尺电动机启动，霍尔传感器 H 受磁铁感应发出方波脉冲，同时 S 端获得触发信号，Q 输出“1”电平（余尺量做减法），Y_{1b} 端获“1”电平，方波通过 Y_1 输入零点调制计数板，计满指令数，发出执行信号。控制端 b 变为“0”，控制端 c 变为“1”，零点调制停止工作，自动摇尺进入工作。当计满自动摇尺指令数，则发出执行信号，C 端变为“0”电平，同时电动机制动。这样就完成一次自动摇尺工作。图 13－33 所示为摇尺机工作原理示意图。

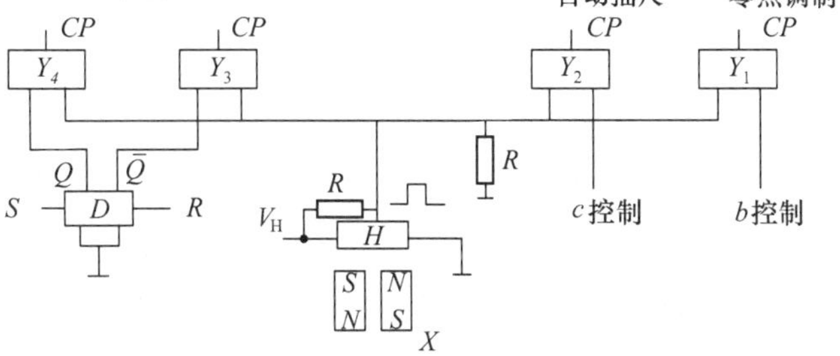

图 13－33　摇尺机工作原理示意图

2. WJY－1 型微机控制摇尺装置(见图 13－34)

微机控制摇尺系统,实际上是一个一维坐标下的位移控制系统。微机通过执行机构和检测元件控制卡木桩进给和后退,达到了灵活准确控制的目的。

脉冲信号发生器与通轴通过齿轮、齿条传动,把通轴的转动(亦即卡木桩的直线运动)转化为电信号——脉冲信号,通过输入接口送入计算机进行计数。这样卡木桩的直线运动情况就可以通过检测元件——脉冲信号发生器和接口随时反映到计算机里。当自动进尺达到预定位置时,计算机就发出信号给执行机构以不同的控制,实现换速、制动停机等控制。这就是微机摇尺的整个工作过程,摇尺机微机控制系统原理框图如图13－34所示。当木桩前后运动时,木桩的直线运动转化为脉冲信号发生器的圆周运动,使之有脉冲发出。车桩每前进(或后退)100 mm,脉冲信号发生器的轴旋转一周,同时发出 1 000 个计数脉冲,即脉冲当量为 0.1 mm 脉冲。脉冲信号发生器由光电传感器及电子线路组成,如图 13－35 所示。

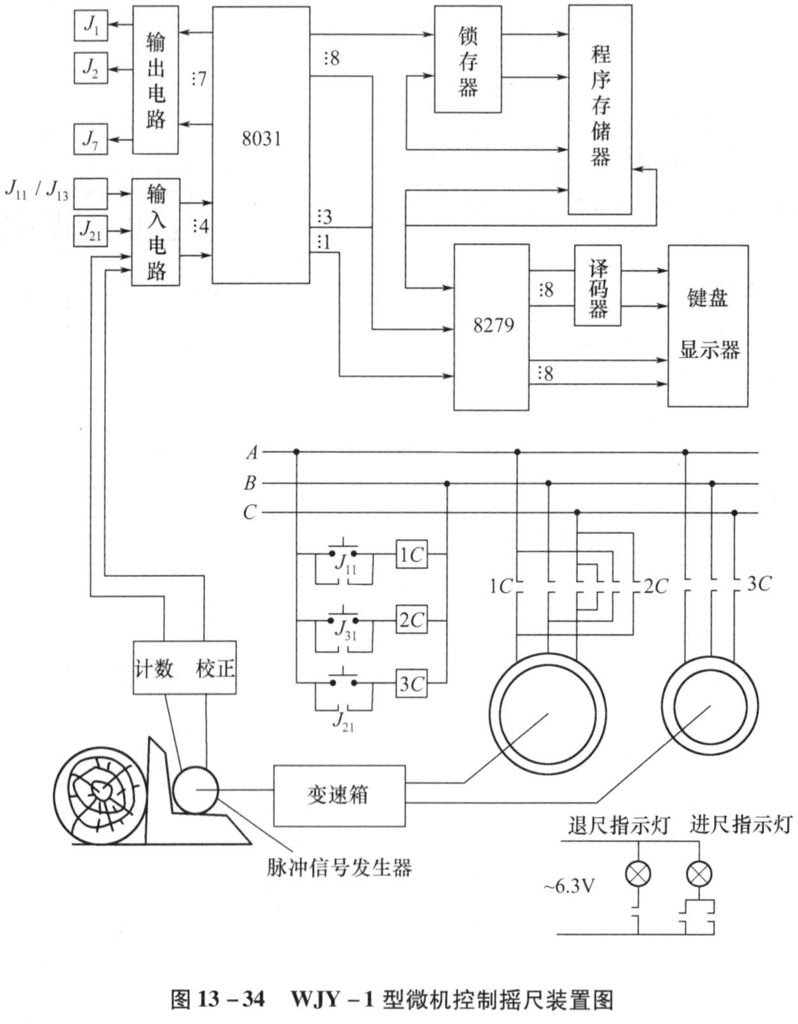

图 13－34 WJY－1 型微机控制摇尺装置图

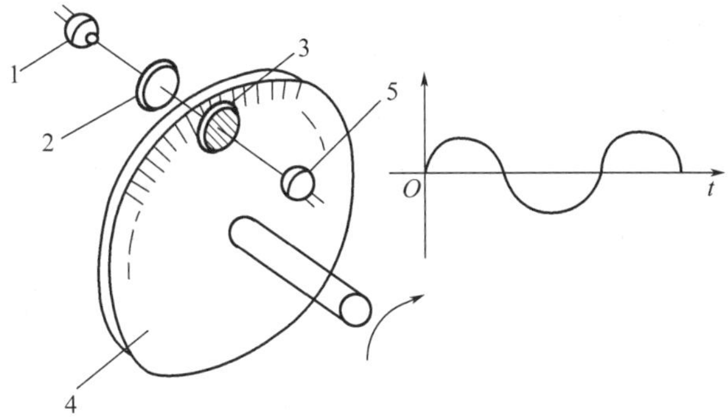

图 13-35　光电传感器结构图

1—光源;2—透视镜;3—指示器;4—旋转盘;5—光电元件

光栅盘与转轴同轴相连,指示盘与旋转盘具有相同间距的缝隙,通电后聚光的光线照射在光栅上,当盘随轴转动时,光线通过光栅照射在光电管 3DU 上,使其导通,经过 3DKZ 构成的放大器放大后,输出到双稳态多谐振荡器的输入端,从而产生适当宽度的脉冲。脉冲信号发生器内部电路如图 13-36 所示。

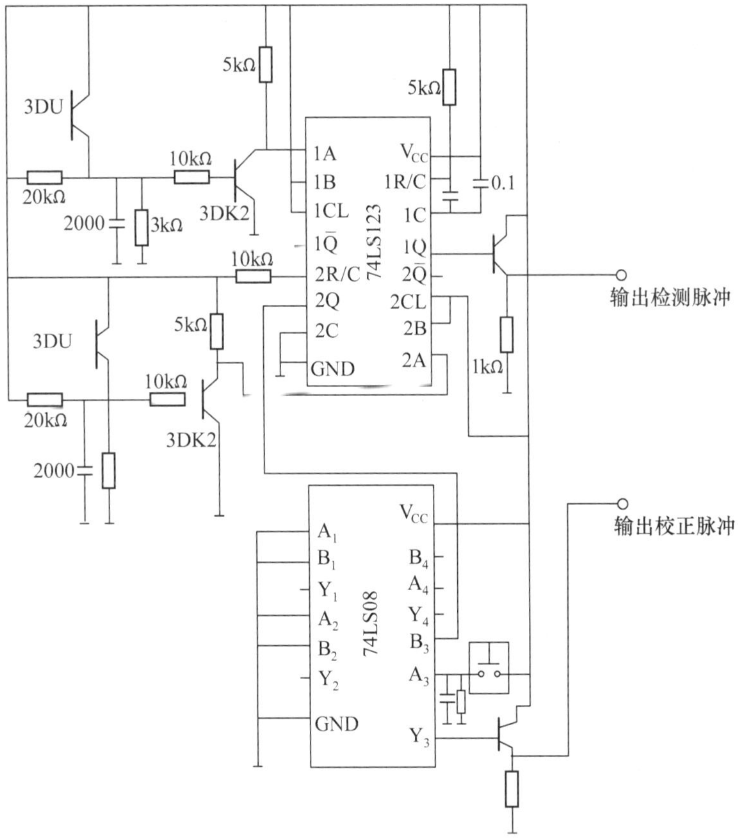

图 13-36　脉冲信号发生器原理图

四、板材几何尺寸自动检测装置

板材几何尺寸自动检测装置原理方框图如图 13－37 所示。

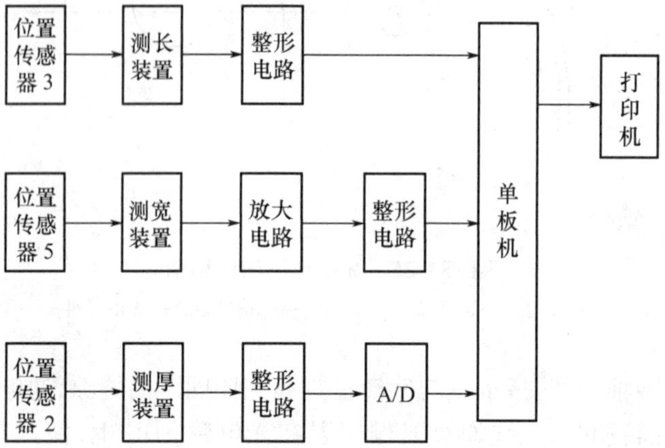

图 13－37　板材尺寸自动检测装置原理方框图

1. 检测原理

(1)长度检测工作原理

长度测量装置如图 13－38 所示。光码盘与滚轮同轴连接,板材纵向运行过程中带动滚轮旋转时,光电码盘也作同样旋转。光电码盘一侧安装电源,另外一侧安装光敏元件,当光码盘旋转时,光敏元件被照射,被照射一次就输出一个脉冲信号。

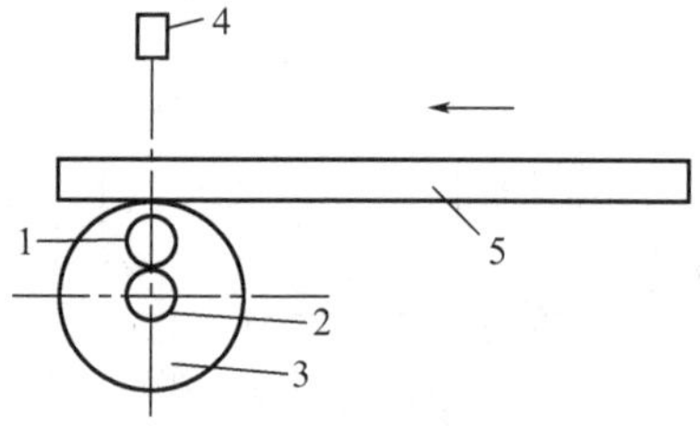

图 13－38　测长装置示意图

1—光源;2—光码盘;3—滚轮;4—光敏元件;5—被测板材

(2)测宽工作原理

图 13－39 所示为测宽装置示意图,当直流电机旋转时,带动小平面反射镜一起转动,激光束照射到小平面反射镜上,经过小平面反射镜的反射再经过双凸透镜的折射,产生自左到右的扫描平行光线,板材在检测台上进入透镜下面,扫描光线被板材遮挡住时,光纤放大器输出由低电平变为高电平,打开计数门,计时/定时器开始计数,当扫描光线离开板材时,放大器输出由高电平变低电子,关闭计数门。根据打开计数门所通过的脉冲数得到板宽。

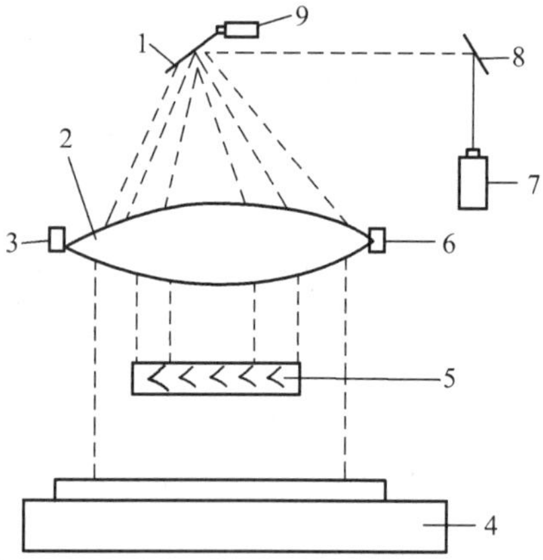

图 13－39　测宽装置示意图

1—小平面反射镜;2—透镜;3—位置传感器;
4—受光器;5—被测板材;6—位置传感器;
7—激光器;8—平面反射镜;9—直流电机

(3)厚度检测工作原理

测厚装置如图 13－40 所示。板材通过测厚滚轮时,滚轮通过测杆与旋转变压器固定在一个转轴上,由于板材厚度不同,测杆转动角度也不同，而旋转变压器旋转角度与测杆转角相同，在激励电源不变情况下，旋转变压器的输出电势与转角 θ 有严格的正、余弦关系。这就可以把被测板材的厚度转换为电压信号。

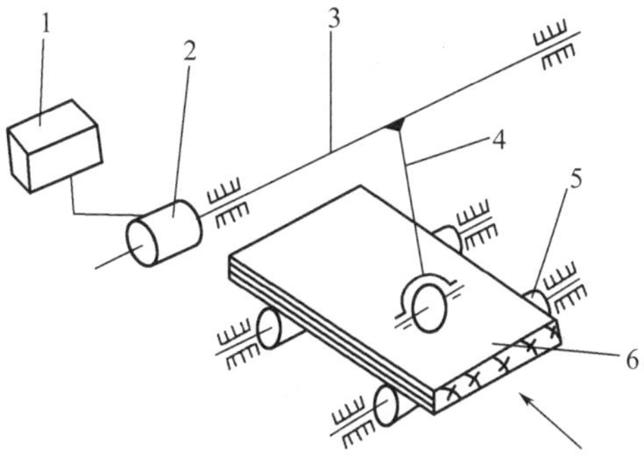

图 13－40　测厚装置示意图

1—振荡器；2—旋转变压器；3—轴；4—测杆；5—滚杠；6—被测板材

2. 检测工作过程

图 13－41 所示为检测示意图。板材前端到达位置传感器 3 时，开始长度计数。板材前端运行到位置传感器 5 时，宽度开始检测，激光扫描照射到位置传感器 1 时，宽度开始计数，当扫描光束照到位置传感器 2 时，测宽一次计数结束，测厚计数开始。扫描传感器再次照到位置传感器 1 时，测宽计数再次开始，测厚计数结束。宽厚测量交替进行，每交替一次需要 21 ms，直到板材末端离开位置传感器 4 时，测宽、测厚结束。

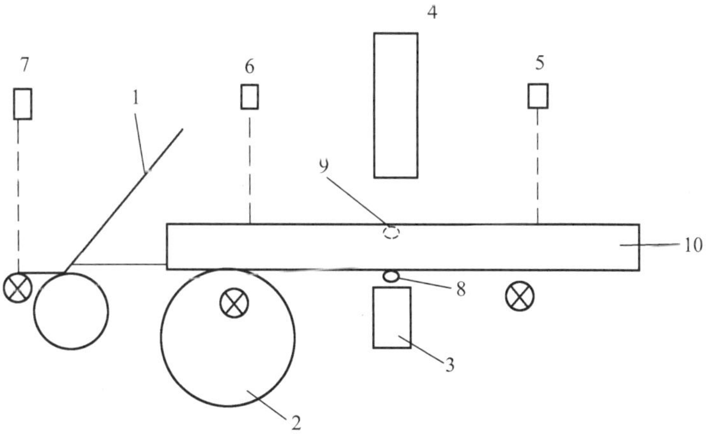

图 13－41　板材检测过程示意图

1—厚度传感器；2—长度传感器；3—受光器；4—发光器；5—位置传感器 4；6—位置传感器 3；7—位置传感器 5；8—位置传感器 1；9—位置传感器 2；10—被测板材；

在测宽厚同时，测长一直进行，直到板材末端离开位置传感器 3 时，测长结束，第一块板检测也全部结束。第二块与第一块相距 2 cm 可以进行检测。

第三节 苗木生长状态的测试

苗木的生长状态由许多参数来表征，如高度、直径、光合作用强弱、叶面积、活性度等。在此仅就直径和活性度的测量方法作以简单介绍。

一、苗木直径的测定

苗木茎直径的变化除了生长因素外，还受蒸腾、温度及光合作用的影响。对苗木茎直径的精确测定，对分析苗木的生长机理是非常有价值的。

本装置主要由半导体激光器、光敏三极管、步进电机及相应的传动机构组成，在计算机的控制下进行动作，对苗木茎直径进行测量，其工作原理如图 13－42 所示。其中半导体激光器作为光源，光敏三极管作为检测元件，将光信号转换为电信号送入计算机。同时以步进电机驱动螺杆旋转，带动与螺母连在一起的检测部分对苗木茎进行扫描。计算机每发出一个脉冲，步进电机就旋转一步，相应的检测部分则前进，且有 d = 步距角 × 螺距/360 mm。

当光线被苗木挡住瞬间，光敏三极管处于高阻状态。计算机检测到该状态后，开始对输出脉冲计数。当光束扫过苗木茎后，光敏三极管又导通。计算机检测到该信号后，便停止计数，则计数值与每步前进距离之积就是直径。如步距角为 15°，螺距为 1 mm，则测量误差小于 1/240 mm。

二、苗木活性度的测定

1. 用电极式传感器测定植物特征的原理

用阻抗法测定植物特征，一般采用电极式传感器。常用的有平板式电极和圆柱式电极两种，如图 13－43 所示。

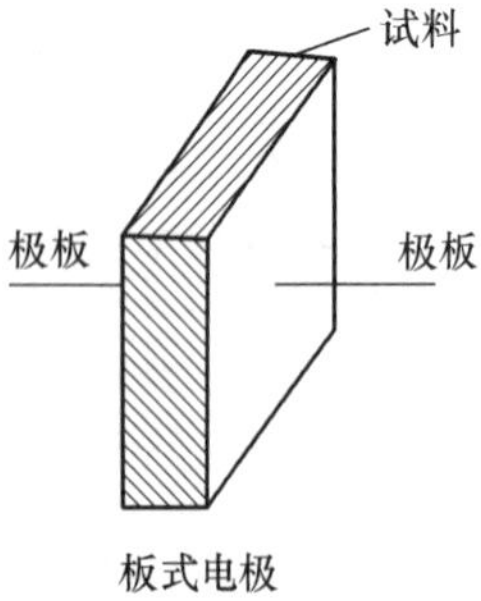

图 13－42 苗木茎传感器原理图

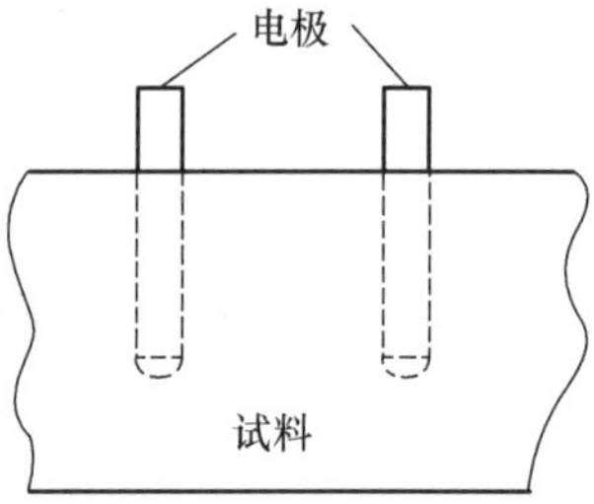

图 13－43 电极安装示意图

平板式电极在测量时，要将试料切成矩形，夹在两电极板中间，这样做很不方便。但其优点是便于根据试料电阻率的大小调节电极间距及极板面积，以适应测量装置的测量范围，而圆柱式电极在测量时只要插入试料中即可，比较方便。

测量信号有直流和交流两种。直流信号容易引起试料内部极化，影响测量精度，且获得的信息量也较少。因此，测量时多用交流信号。此外也可以在时域用阶跃信号、单位脉冲信号及伪随机信号激励，获取响应后，将激励和响应进行傅里叶变换，获得各频率下的阻抗。此法获取的信息量最多，但装置也最复杂。

植物体的宏观电路模型如图 13－44 所示，其中 Z_p 为细胞膜的极化阻抗，R_e、R_i 分别为细胞内外的电流通路等效电阻。总之宏观上可将植物体等效成一阻抗：$Z = R - jX$。

可以证明，以植物阻抗实部 R 为横轴，虚部 X 为纵轴，用 $f = 0$ 到 $f \to \infty$ 的交流信号对植物阻抗进行测定，并将其逐点画在坐标上，其轨迹为圆弧的一部分，叫做阻抗圆图，如图 13－45所示。

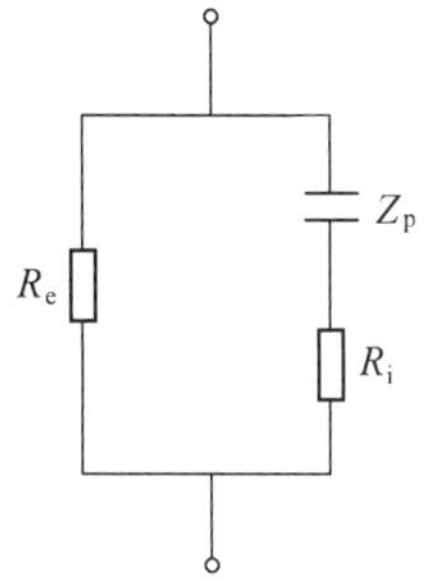

图 13－44　植物电路模型

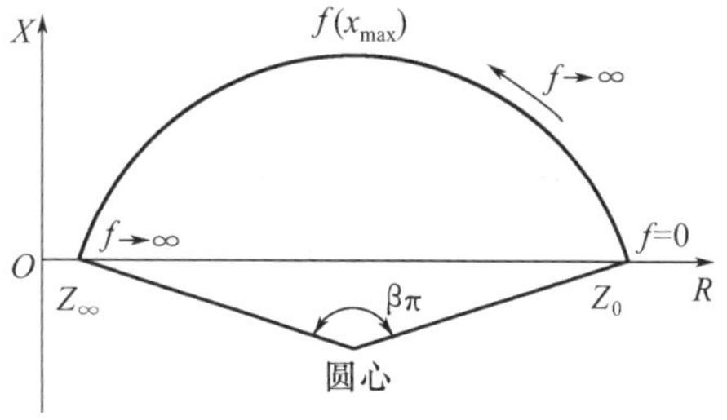

图 13－45　植物的阻抗圆图

通过对植物阻抗圆图中各特征值 $f = 0$ 时的阻抗 Z_0，$f \to \infty$ 时的阻抗 Z_m、对应 X 为最大值的频率 f_m、圆心角 $\beta\pi$ 等进行分析，可以了解植物的含水率、成熟度、新鲜度、养分含量、活性度等许多特性。因此，对上数各参数的测定是非常有意义的。下面着重介绍一种植物阻抗自动测试装置，并简述通过圆图分析活性度的方法。

2. 植物阻抗测试装置

植物阻抗测试装置的原理框图如图 13－46 所示。三个不同频率的振荡器发出恒值正弦电压 $V_1 = V_0 \sin\omega t$。下面就第一路进行说明。通过计算机选通第一路到达电压电流变换器（V/I），将正弦电压变成正弦变化的恒值电流，且有

$$I = \sqrt{2} A U_0 \sin\omega t = \sqrt{2} I_0 \sin\omega t$$

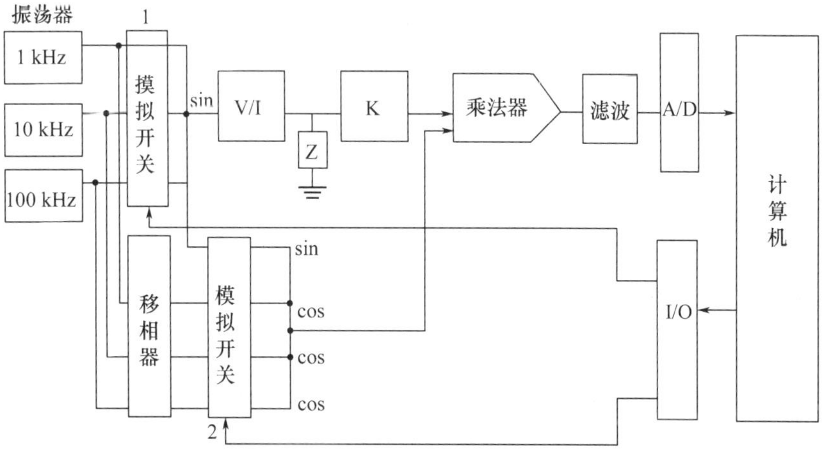

图 13－46　阻抗测定装置原理图

式中 $I_0 = AU_0$;

A——比例常数

此电流加在试料 Z 上,在其两端产生一与其阻抗 Z 成正比的电压

$$U_2 = I \cdot Z = \sqrt{2} I_0 Z \sin(\omega t - \theta)$$

式中 $Z = Z\cos\theta - jZ\sin\theta$;

θ——阻抗角。

通过放大器 K 输出电压为

$$U_3 = \sqrt{2} K I_0 Z \sin(\omega t - \theta) = K_1 Z \sin(\omega t - \theta)$$

式中 K——放大器放大倍数;

$K_1 = \sqrt{2} K U_0$(常数)。

同时通过模拟开关 2 选通同频率的 U_1 与 U_3 送入乘法器,相乘得

$$\begin{aligned} M_1 &= U_1 \cdot U_3 = K_1 \cdot U_0 \sqrt{2} Z[\cos\theta - \cos(2\omega t - \theta)] \\ &= K_2 Z[\cos\theta - \cos(2\omega t - \theta)] \end{aligned}$$

式中 $K_2 = \sqrt{2} K_1 \cdot U_0$(常数)

通过低通滤波器滤去高频分量可得到与阻抗 Z 实部成正比的信号为

$$U_R = K_2 Z\cos\theta$$

同理,通过模拟开关选择同频率信号经移相 90°的信号与 $U_i = \sqrt{2} U_0 \cos\omega t U_3$ 同时送入乘法器时,有

$$\begin{aligned} M_2 &= U_1 \cdot U_3 = K_1 U_0 I_0 Z[\sin\theta - \sin(2\omega t - \theta)] \\ &= K_2 Z[\sin\theta - \sin(2\omega t - \theta)] \end{aligned}$$

经滤波后得到与 Z 的虚部成正比的信号为

$$U_X = K_2 Z\sin\theta$$

由 U_R, U_X 可算出 R, X,得到阻抗圆图上的一点。依次选通另外两个振荡器发出的信号,可得到阻抗圆图上的另外两点,由三点可唯一确定出一个圆。由计算机将 Z_0, Z_m, f_m, β 等特征值算出后,便可对植物的特征进行分析了。

3. 活性度分析

依据上述装置采集到的数据,在计算机中将阻抗圆图的 f_m 算出来。一般来说,f_m 大的活性度大,f_m 小的活性度亦小,但这是对同一种植物而言,对于不同植物应具体标定。

第四节 传感器在其他方面的应用

一、DJW-5 型带锯条位移振幅测试仪

DJW-5 型带锯条位移振幅测试仪是为制材行业在生产过程中实现对带锯条横向振动的检测与监控而研制的专用仪器。使用该仪器可在带锯机进行锯割或非锯割过程中对带锯条的横向振动的位移量及振幅值实现连续的非接触测量,并能直接显示其数值,或打印输出位移、振幅随时间变化的曲线。

在原木的锯割过程中,带锯条的横向振动幅度对原木锯割的锯口宽度及锯路的直线度

都有影响，从而直接影响到制材生产的出材率及产品质量。而科学研究的结果表明，影响带锯条横向振动的因素与制材生产中诸多工艺参数的选择有关（如锯轮转速、带锯条的张紧力、不同材质的跑车进料速度、材质在不同湿度下的进料速度等）。该仪器可用于研究制材生产中诸多工艺参数的最佳选择，实现制材生产过程的最优控制，提高制材生产的出材率及产品质量，降低损耗及成本。

DJW－5 型带锯条位移振幅测试仪主要由传感器、变换器、放大器及显示器四个部分组成，其结构原理框图如图 13－47 所示。

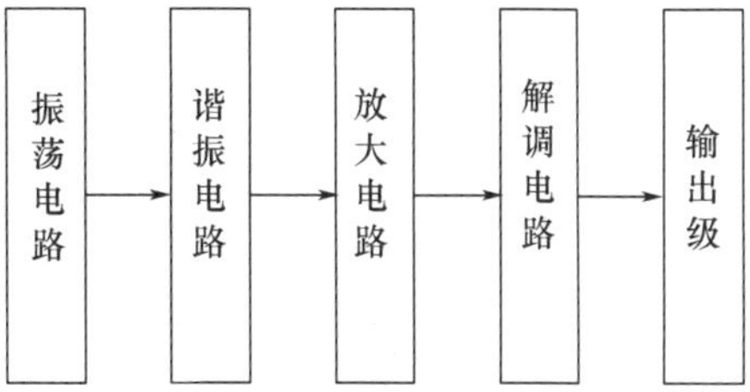

图 13－47 DJW－5 型带锯条位移振幅测试仪结构原理框图

DJW－5 型带锯条位移振幅测试仪的传感器，选用电涡流式传感器来检测带锯条横向振动的位移。这种传感器可实现对被测物体位移量的连续的非接触式测量，且适用于多粉尘、锯屑的恶劣工作环境，具有很强的抗干扰能力、很高的分辨率及线性度。

电涡流式位移传感器由一个带磁芯的圆柱形线圈构成。测量时，将传感器的端面与被测体平面相平行固定安装。当传感器线圈中通过高频电流时，将产生穿过传感器线圈轴芯的磁通，并在被测体表面感生电涡流。此电涡流的大小随着传感器端面与被测体表面间的距离的改变而变化。由于电涡流产生的磁通与传感器线圈中的原磁通的相位相反，从而削弱了传感器线圈中的磁通，使传感器线圈的电感量减小。这样，通过电涡流传感器就可以将检测到被测体位移量变化信号转换成传感器线圈的电感量变化信号输出。变换器由振荡电路、谐振电路、解调电路及放大电路组成，其作用是实现信号的变换，即将传感器线圈的电感量变化信号转换成电压变化信号输出，其结构原理框图如图13－48所示。

振荡电路由石英晶体和晶体三极管组成电容三点式正弦波振荡电路，产生 1 MHz 高稳定度等幅正弦波，用以对传感器线圈产生高频激励，振荡电路工作原理如图 13－49 所示。

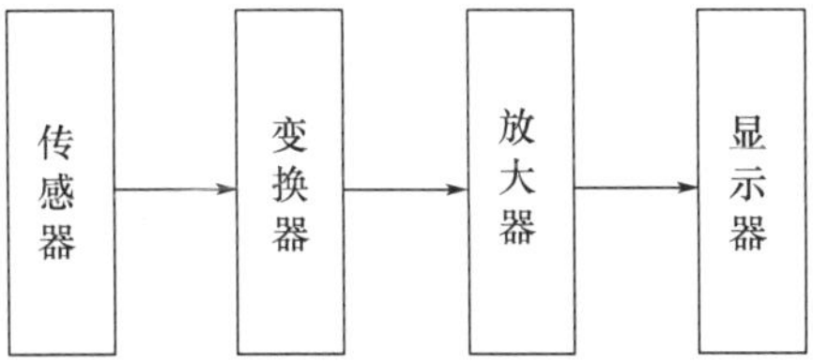

图 13－48 变送器结构原理图

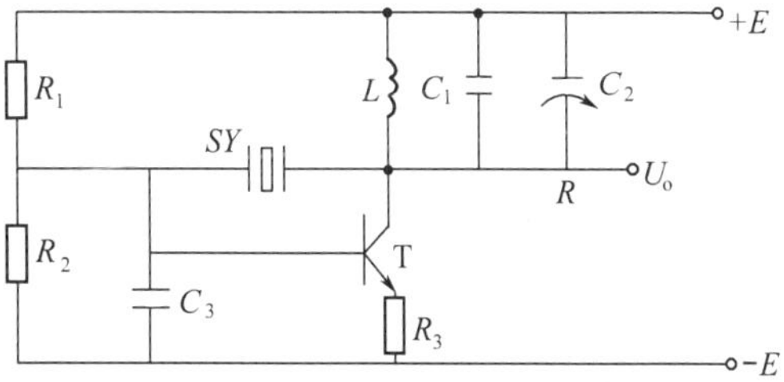

图 13－49 振荡电路原理图

谐振电路由传感器线圈及电容组成 *LC* 并联谐振电路。当被测体处于初始安装位置（无位移）时，调整电容使电路达到谐振状态。当被测体产生位移时，引起传感器线圈电感量的变化，使电路失谐，从而将振荡电路产生的等幅正弦波被调制，其包络线即为随传感器线圈的电感量变化而成比例变化的电压信号。将此信号经放大器放大，再经过解调电路将调制信号的包络线部分解调，经三极管集电极将此信号输出。输出级组成电压跟随器，用以隔离前后级。

放大器由位移信号通道、振幅信号通道及功率输出驱动级组成，其作用是实现位移信号及振幅信号的输出，并提供与外部设备联机的接口。

显示电路由表头转换电路、量程转换电路、仪表显示电路和报警设定电路组成，其结构原理框图如图 13－50 所示。

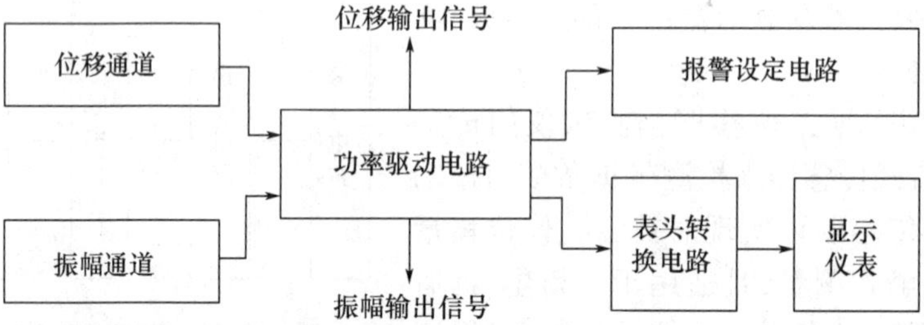

图 13－50 放大器、显示器原理框图

DJW－5 型带锯条位移振幅测试仪技术指标：

1. 测量范围

位移：D_0 ±5 mm（D_0 为初始安装间隙）。

振幅：10 mm。

2. 线性度

静态：<1.5%。

动态：按静态推算。

3. 灵敏度：>2 mV/μm。

4. 频率范围：≤10 kHZ。

5. 频率特性：<0.2 dB。

6. 温度漂移：<0.2%/℃（开机后 30 min）。

7. 电源电压：AC 220 V。

8. 电源纹波系数：<0.2%。

二、金属探测仪

在木材加工过程中，需要预先清除埋藏在木材中的残留金属物体，以免在木材中残留的金属物体损坏锯片，甚至造成人身伤亡事故。用于探测木材中金属的仪器很多，下面介绍两种常用的仪器。

1. 电涡流式金属探测仪

电涡流式金属探测仪由以下 4 个基本部分组成：

（1）电磁波辐射系统，利用探测线圈发出一束交变的磁通作为激发涡流的能源；

（2）涡流信号接收系统，它能检测到涡流引起的电磁场变化；

（3）放大器，将接收系统获得的电信号放大；

（4）指示装置和执行机构，发现金属物体后产生音响及灯光报警信号，或使指示仪表的指针发生偏转，或驱动继电器的工作线圈发生动作等。

电涡流探测仪的工作原理图如图 13－51 所示。

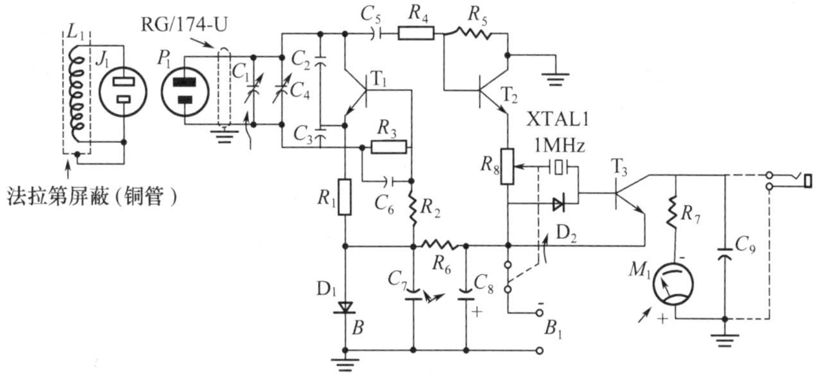

图 13－51　电涡流式金属探测仪原理图

晶体三极管 T_1、探测线圈 L_1 及电容元件构成卡比兹振荡器，振荡频率由探测线圈的电感量 L 及电容 C_1，C_2，C_4 决定。振荡器的输出信号从 T_1 的集电极通过 C_5，R_4 耦合到晶体管 T_2 的基极。T_2 作为射极跟随器，电压增益小于 1，信号从 T_2 的发射极通过电位器 R_8 由晶体滤波器 XTAL1（工作频率 1 MHz）加到晶体管 T_3 的基极。

晶体以串联谐振方式工作，作为高选择性窄带带通滤波器。振荡器输出的高频信号经过晶体滤波器之后，被二极管 D_2 及晶体管 T_3 的基－射结检波，产生的直流电压被 T_3 放大后由毫安表 M_1 指示。

现在来看一看探测线圈接近金属物体时电路的工作情况。接通电源后，调节振荡器的工作频率，使其等于晶体滤波器通频带的低端频率（略低于 1 MHz），调节电位器 R_8 使电流表 M_1 的读数为 0.2 mA。当探测线圈的周围存在金属物体时，金属物体的涡流使探测线圈的电感量减小，从而使振荡频率增大，晶体滤波器的阻抗减小，加到晶体管 T_3 基极上的信号增大，使电流表的读数增大。也可以将振荡频率调到晶体滤波器通频带的高端频率（略高于1 MHz），当探测线圈接近金属物体时，将会使电流表的读数减小。

2. 电感电桥式金属探测器

电感电桥式金属探测器的工作原理如图 13－52 所示。电路共分 3 部分，包括振荡器、电感电桥和放大器。

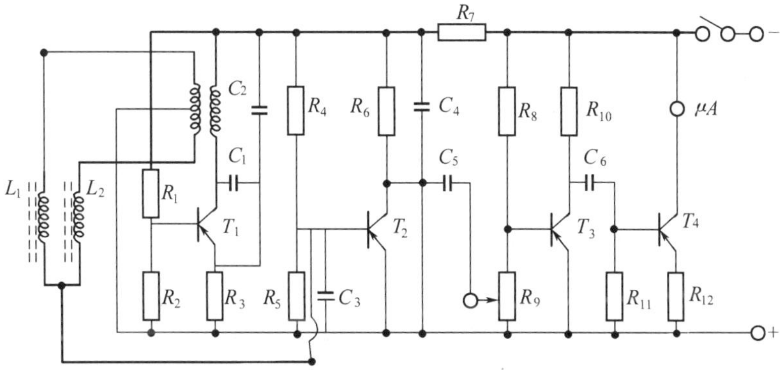

图 13－52　电感电桥式金属探测器原理图

(1)振荡器

振荡器采用电容三点式振荡电路,变压器 T 的初级绕组作为振荡回路电感。为防止磁路饱和引起波形失真和减少损耗,铁芯有一个空气隙。C_1 和 C_2 是谐振回路电容。变压器初级绕组 180 匝,次级绕组 200 匝。变压器次级绕组的负载是两个串联的电感,阻抗很高,不会降低谐振回路的品质因数。

(2)电感电桥

变压器 T 的次级绕组有一个中心抽头,上下两边匝数相等,次级绕组的两个输出端子接到串联电感 L_1 和 L_2 上的两端,它们构成了电感电桥的四个桥臂。振荡信号作为电桥的电源。变压器次级中心抽头接电源的"+"极(即放大管 T_2 的发射极),L_1 和 L_2 的公共点通过 R_5 接 T_2 管的基极。L_1 或 L_2 其中一个作为探测电感,另一个作为基准电感。在没有金属物体存在时,由于 L_1 和 L_2 的电感量相同,变压器次级绕组中心抽头两边的匝数相等,因此电桥处于平衡状态,晶体管 T_2 的输入电压为零。如果 L_1(或 L_2)的下方出现金属物体时,将会使其电感量发生变化,电桥失去平衡,有交流信号加到 T_2 管的基极。可以看出,金属物体出现在探测线圈的轴线方向时,探测器的灵敏度最高,因为探测线圈的轴线方向上的探测磁场最强,金属物体的涡流所引起的探测线圈的电感量变化最大。另外,铁磁性金属物体所引起的电桥不平衡信号与非铁磁性金属物体所引起的信号相位相反。

(3)放大器

T_2 管的集电极输出信号通过耦合电容 C_5 加到电位器 R_9 上,R_9 与 R_8 构成电阻分压器为晶体管 T_3 提供一个稳定的工作点,它同时又是整个探测器的灵敏度调节装置。信号经 T_3 放大后,通过耦合电容 C_6 加到晶体管 T_4 的基极。T_4 没有静态偏流,是一个检波放大器,只有电平低于 T_4 管 b-e 结正向压降(约 -0.3 V)的信号才能产生基极电流,从而被放大。R_{12}发射极反馈电阻,它将 T_4 控制到合适的电压增益,同时又用来改善由于没有偏置而产生的非线性。被放大的信号经集电极输出,由毫安表指示。毫安表的读数与信号幅度成正比。如果整个放大电路没有失真的话,这个读数也与探测线圈电感量的变化成正比。

三、智能化安全因子检测与报警系统

该检测系统可对一氧化碳、烷类气体、苯类气体等多种有害性气体以及温度、光度等安全因子实现自动检测与报警,系统方框图如图 13-53 所示。

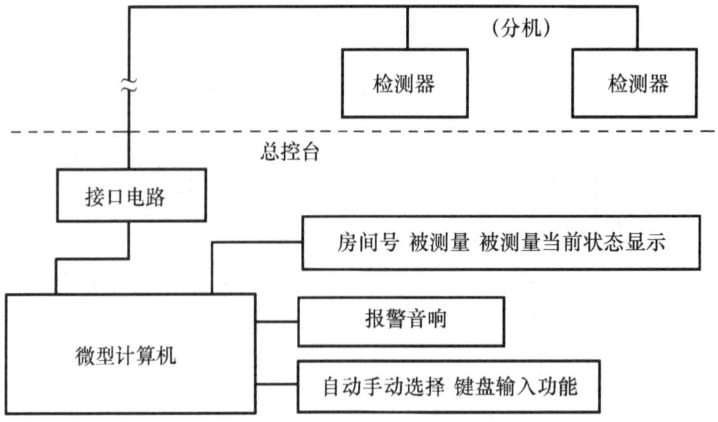

图 13-53 智能化安全因子检测系统框图

1. 系统性能

(1)控制单元:128 路。

(2)安全因子:光、温度、有害气体(烷类、一氧化碳、二氧化碳、酒精、烟等)。

(3)报警方式:分异常和危险两个等级报警。当被测量的值达到预定指标时,分别采用灯光和音响两种方式同时发出报警信号。

2. 传感器装置

传感器装置的结构如图 13-54 所示。它是由 CO 气敏元件、石油气气敏元件、热敏元件、光敏元件及模拟开关组成。下面仅以 CO 检测为例说明传感器装置的工作原理,其他敏感元件的工作原理有类似之处,这里不一一叙述。

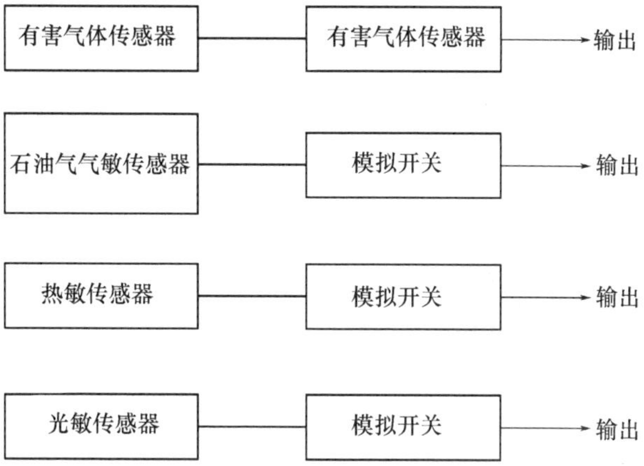

图 13-54 传感器装置结构图

3. 气敏元件

气敏电阻是一种半导体电阻元件,其阻值随着环境气体的成分及浓度的改变而显著变化,其阻值变化范围在 $10^3 \sim 10^5$ Ω 数量级之间。气敏电阻一般是由非化学配比的金属氧化物半导体材料烧结而制成的,分 N 型和 P 型两种。在 N 型半导体材料中,其晶格的阴离子缺位,当遇到离解能较小的易于失去电子的可燃性气体的分子时,电子从气体分子向半导体转移,使半导体中载流子的浓度增加,电阻减小;在 P 型半导体材料中,其晶格的阳离子缺位,呈空穴导电性。当遇到可燃性气体时,半导体中的载流于浓度下降,电阻增大。

4. 检测电路

图 13-55(a)所示为气敏电阻的图形符号,图 13-55(b)所示为检测电路的工作原理图。检测电路由气敏元件、比较器、模拟开关及译码器组成。

当环境气体中的有害气体浓度增加时,气敏电阻 SnO_2 的阻值减小,比较器 A_1,A_2 发生跳变,输出高电平,此信号经接口电路传送给单板机,单板机对各路信号按一定顺序接收并处理,从而实现对检测信号有序的显示或报警。

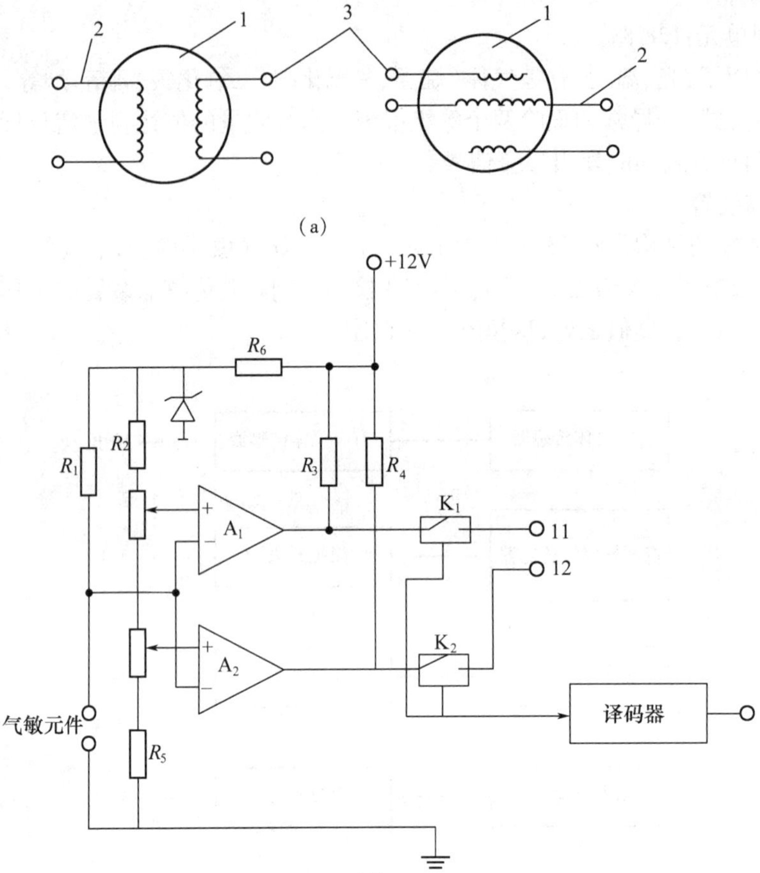

(a)

(b)

图 13－55　有害气体检测电路原理图

(a)气敏元件图形符号;(b)检测电路工作原理图

附录 I　传感器的命名方法及代号

中华人民共和国国家标准 GB 7666—87 规定了传感器的命名方法及代号,作为统一传感器命名及代号的依据。本标准适用于传感器的生产、科学研究、教学以及其他有关领域。

一、传感器的命名方法

1. 命名法的构成

一种传感器产品的名称,应由主题词加四级修饰语构成。

(1) 主题词——传感器。

(2) 第一级修饰语——被测量,包括修饰被测量的定语。

(3) 第二级修饰语——转换原理,一般可后续以“式”字。

(4) 第三级修饰语——特征描述,指必须强调的传感器结构、性能、材料特征、敏感元件以及其他必要的性能特征。一般可后续以“型”字。

(5) 第四级修饰语——主要技术指标(量程、精确度、灵敏度范围等)。

2. 命名法范例

(1) 题目中的用法。本命名法在有关传感器的统计表格、图书索引、检索以及计算机汉字处理等特殊场合,应采用上述所规定的顺序。

例 1:传感器. 位移. 应变[计]式. 100 mm。

例 2:传感器. 差压. 电位器式. 0 至 70 kPa。

例 3:传感器. 声压. 电容式. 100 至 160 dB。

例 4:传感器. 绝压. 应变[计]式. 放大[型] .0 ~ 3 500 kPa。

例 5:传感器. 加速度. 压电式. ±20g。

(2) 正文中的用法。在技术文件、产品样本、学术论文、教材及书刊的陈述句子中,作为产品名称应采用与上述相反的顺序。

例 1:100 mm 应变式位移传感器。

例 2:0 至 70 kPa 电位器式差压传感器。

例 3:100 至 160 dB 电容式声压传感器。

例 4:0 至 3 500 kPa 放大[型]应变[计]式绝压传感器。

例 5: ±20g 压电式加速度传感器。

(3) 修饰语的省略。当对传感器的产品名称简化表征时,除第一级修饰语外,其他各级可视产品的具体情况任选或省略。

例 1:业已购进 150 只各种测量范围的半导体压力传感器。

例 2:0 – 0 – 400 号新闻简报描述了我厂生产的电容式液位传感器。

例 3:附加的测试范围只适用于差压传感器。

在侧重传感器科学研究的文献、报告及有关教材中,为便于对传感器进行原理及其分类的研究,允许只采用第二级修饰语,省略其他各级修饰语。

(4) 传感器命名构成及各级修饰语举例一览表。表 I –1 列举了典型传感器的命名构成和各级修饰语的示例,可供传感器命名时参照。

二、传感器代号标记方法

本标准规定用大写汉语拼音字母和阿拉伯数字构成传感器完整的代号。

1. 传感器代号的构成。

传感器的完整代号应包括以下四部分:

(1)主称(传感器);

(2)被测量;

(3)转换原理;

(4)序号。

表 I -1 典型传感器命名构成及各级修饰语举例一览表

主题词	第一级修饰语——被测量	第二级修饰语——转换原理	第三级修饰语——特征描述(传感器结构性能、材料特征、敏感元件或辅助措施等)	第四级修饰语——技术指标	
				范围(量程、精确度、灵敏度)*	单位
传感器	速度	电位器[式]	直流输出	0 ~ 1 000	A 安[培]
	加速度	电阻[式]	交流输出	±5	℃摄氏度
	角速度	电流[式]	频率输出	-100 ~ +500	m 米
	冲击	电感[式]	数字输出	-430 ~ +415	Hz 赫[兹]
	振动	电容[式]	双输出	0.5%	K 开[尔文]
	力	电涡流[式]	放大		N 牛[顿]
	质量(称重)	电热[式]	离散增量		Pa 帕[斯卡]
	压力	电磁[式]	积分		°度
	声压	电化学[式]	开关		rad/s 弧度·秒$^{-1}$
	力矩	电离[式]	陀螺		cm/s 厘米·秒$^{-1}$
	姿态	压电[式]	涡轮		%RH 相对湿度
	位移	压阻[式]	齿轮转子		mod/L 摩尔·升
	液位	应变计[式]	振动元件		
	流量	谐振[式]	波纹管		
	温度	伺服[式]	波丝管		
	热流	磁阻[式]	膜盒		
	热通量	光电[式]	膜片		
	可见光	光化学[式]	离子敏感 FET		
	照度	光纤[式]	热丝		
	湿度	激光[式]	半导体		
	黏度	超声[式]	陶瓷		
	浊度	(核)辐射[式]	化合物		
	离子浓度	热电	固体电解质		
	电流	热释电	自源		
	磁场		粘贴		
	马赫数		非粘贴		
	射线		焊接		

* 仅指范围表达形式

四部分代号表述格式如图Ⅰ-1所示；在被测量、转换原理、序号三部分代号之间须有连字符"-"连接。

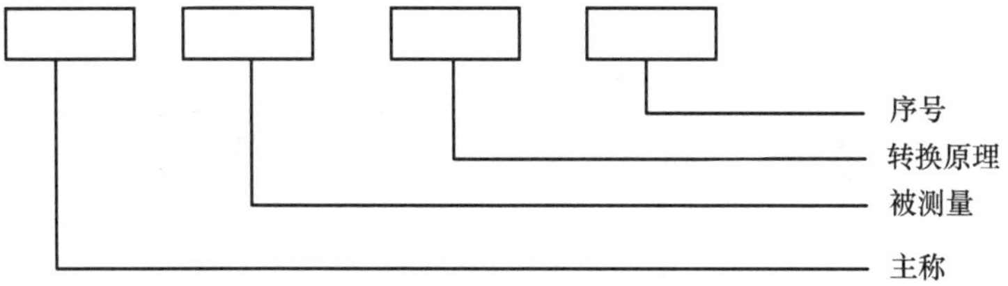

Ⅰ-1 传感器代号的构成

2. 各部分代号的意义

(1)第一部分——主称(传感器),用汉语拼音字母"C"标记。

(2)第二部分——被测量,用其一个或两个汉语拼音的第一个大写字母标记(见表Ⅰ-2)。当这组代号与该部分的另一个代号重复时,则取汉语拼音的第二个大写字母作代号,以此类推。对于有两个或两个以上被测量的多功能传感器,应作同样处理。当被测量为离子、粒子或气体时,可用其元素符号、粒子符号或分子式加圆括号( )表示。

(3)第三部分——转换原理,用其一个或两个汉语拼音的第一个大写字母标记(见表Ⅰ-3)。当这组代号与该部分的另一个代号重复时,则用其汉语拼音的第二个大写字母作代号,以此类推。

(4)第四部分——序号,用阿拉伯数字标记。序号可表征产品设计特征、性能参数、产品系列等,如果传感器产品的主要性能参数不改变,仅在局部有改进或变动时,其序号可在原序号后面顺序地加注大写汉语拼音字母A,B,C……(其中I,O两个字母不用)。序号及其内涵可由传感器生产厂家自行决定。

三、传感器代号

1. 常用被测量代号

常用被测量的代号应参照表Ⅰ-2的规定。

表Ⅰ-2 常用被测量代号

被测量	被测量简称	代号	被测量	被测量简称	代号
加速度	加通	A	电流		DL
加加速度	加加	AA	电场强度	电强	DQ
亮度		AD	电压		DY
细胞膜电位	胞电	BD	色度	色	E
磁		C	谷氨酸	谷氨	GA
冲击		CJ	湿度		H
磁透率	磁透	CD	照度		HD
磁场强度	磁强	CQ	红外光	红光	HG
磁通量	磁通	CT	呼吸流量	呼流	HL
胆固醇	胆醇	DC	O离子活[浓]度	活[浓]	OH[N]
呼吸频率	呼频	HP	声压		SY

2. 常用转换原理代号

常用转换原理的代号应参照表Ⅰ-3中的规定。

表Ⅰ-3 常用被测量代号

转换原理	转换原理简称	代号	转换原理	转换原理简称	代号
电解		DJ	光发射	发射	FS
变压器		BY	感应		GY
磁电		CD	霍尔		HE
催化		CH	晶体管	晶管	TG
场效应管	场效	CX	激光		JG
差压		CY	晶体振子	晶振	JZ
磁阻		CZ	克拉克电池	克池	KC
电磁		DC	酶[式]		M
电导		DD	声表面波	面波	MB
导感		DG	免疫		MY
电化学	电化	DH	热电		RD
单结		DJ	热释电	热释	RH
电涡流	电涡	DO	热电丝		RS
超声多普勒	多普	DP	(超)声波		SB
电容		DR	伺服		SF
电位器	电位	DW	涡街		WJ
电阻		DZ	微生物	微生	WS
热导		ED	涡轮		WU
浮子、干簧	浮簧	FH	离子选择电极	选极	XJ
(核)辐射		PS	谐振		XZ
浮子		FZ	应变		YB
光学式	光	G	应电		YD
光电		GD	压阻		YZ
光伏		GF	折射		ZE
光化学	光化	GH	阻抗		ZK
光导		GO	转子		ZZ
光纤		GQ			

3. 传感器代号标记示例

(1)应变式位移传感器

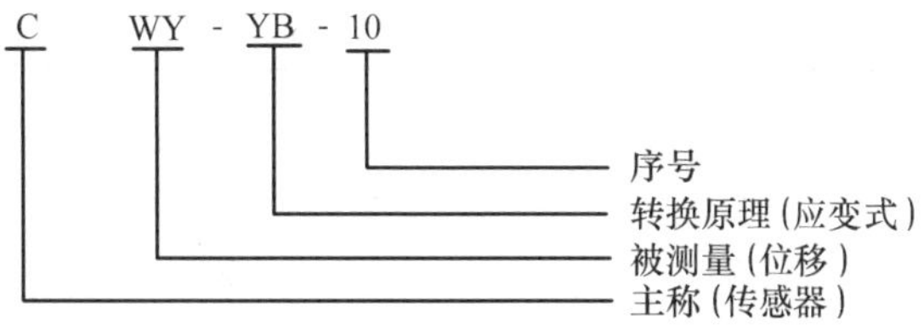

(2)光纤压力传感器

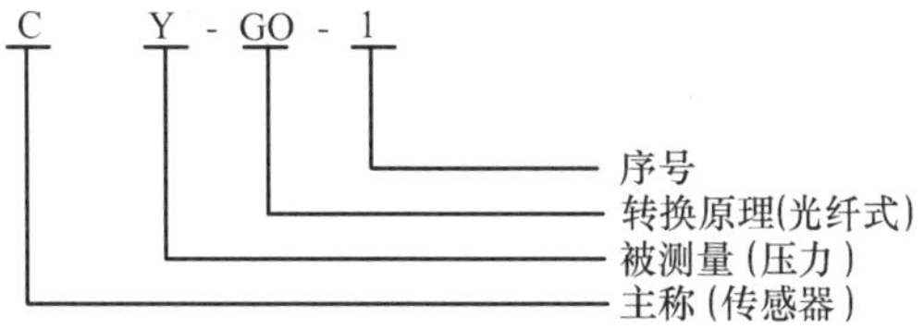

(3)谐振式压力传感器

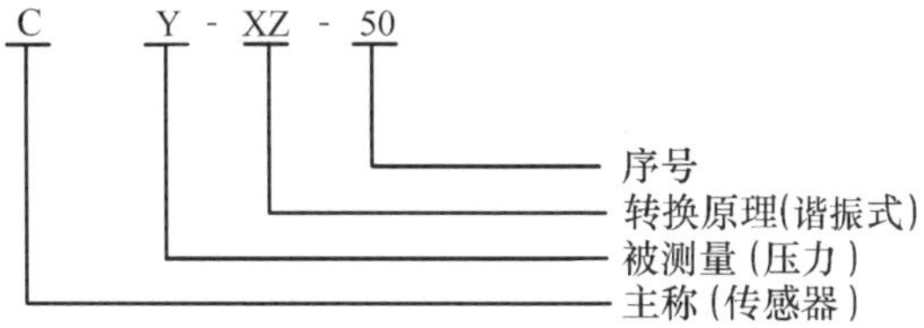

四、传感器产品名称

传感器产品名称与标记代号对照表如表Ⅰ-4所示。

表Ⅰ-4　传感器产品名称与标记代号对照表

产品名称	标记代号	产品名称	标记代号
谐振式压力传感器	CY-XZ-	流量传感器	CLL-
声表面流式压力传感器	CY-MB-	差压式流量传感器	CLL-CY-
光纤压力传感器	CY-GQ-	转子流量传感器	CLL-ZZ-
力传感器	CL-	涡流流量传感器	CLL-WQ-
应变[计]式力传感器	CL-YB-	磁电式流量传感器	CLL-CD-
电容式力传感器	CL-DR-	超声[式]流量传感器	CLL-SB-
磁阻式力传感器	CL-CZ-	热丝流量传感器	CLL-RS-
差动变压器力传感器	CL-BY-	激光[式]流量传感器	CLL-JG-
电位器式力传感器	CL-DW-	涡街[式]流量计	CLL-WL-
压阻式力传感器	CL-YZ-	电晕放电式流量计	CLL-DY-
压电式力传感器	CL-YD-	位移传感器	CWY-
谐振式力传感器	CL-XZ-	电位器式位移传感器	CWY-DW-
力矩传感器	CLJ	电容式位移传感器	CWY-DR-
应变式力矩传感器	CLJ-YB	电感式位移传感器	CWY-DG-
质量(称重)传感器	CZL	压阻式位移传感器	CWY-YZ-

表Ⅰ-4(续)

产品名称	标记代号	产品名称	标记代号
速度传感器	CS-	磁阻式位移传感器	CWY-CZ-
角速度传感器	CJS-	变压器式位移传感器	CWY-BY-
线速度传感器	CLS-	谐振式位移传感器	CWY-XZ-
感应式角速度传感器	CJS-GY-	电涡流式位移传感器	CWY-DQ-
电磁式角速度传感器	CJS-DC-	光学式位移传感器	CWY-G-
光纤位移传感器	CWY-GQ-	可见光传感器	CJG-
电位器式角位移传感器	CJW-DW-	红外光传感器	CHG-
位置传感器	CWZ-	紫外光传感器	CZP-
物位传感器	CWW-	照度传感器	CHD-
浮子式物位传感器	CWW-FZ-	亮度传感器	CAD-
差压式物位传感器	CWW-CY-	光导式光传感器	CG-GD-
电阻式物位传感器	CWW-DZ-	光伏式光传感器	CG-GF-
电容式物位传感器	CWW-DR-	光电子发射式光传感器	CG-GS-
超声波物位传感器	CWW-SB-	热释电式光传感器	CG-RH-
(核)辐射式物位传感器	CWW-FS-	色度传感器	CE-
光电式物位传感器	CWW-GD-	图像传感器	CTX-
浮子-干簧管液传感器	CYW-FH-	光纤图像传感器	CTX-GQ-
激光物位传感器	CWW-JG-	霍尔式磁传感器	CC-HE-
姿态传感器	CZT-	磁阻式磁传感器	CC-CZ-
厚度传感器	CO-	磁场强度传感器	CCQ-
(核)辐射厚度传感器	CO-FS-	光纤磁场强度传感器	CCQ-GQ-
超声波式厚度传感器	CO-SB-	磁通传感器	CCT-

附录Ⅱ　传感器材料

传感器是利用材料的固有特性或开发的二次功能特性,再经过精细加工而制成的,例如利用高温超导材料的研究成果,开发出约瑟夫逊效应磁敏器件。所以没有好的材料就不可能有好的传感器,新的材料出现将推动传感器跃上一个新台阶。但由于制作一种传感器有很多材料可供选择,同时一种材料又可能对很多信息具有敏感特性,所以传感器所涉及的材料问题十分错综复杂。

传感器材料按材料所起的作用分为敏感材料和辅助材料。敏感材料是传感器材料的核心,传感器主要是以敏感材料的固有特性或开发的二次功能特性为理论基础,因而敏感材料的开发是传感器材料开发技术的重点。敏感材料的品种繁多,性能要求严格,例如有半导体材料、石英敏感材料、高分子敏感材料等。

辅助材料是传感器发展不可缺少的组成部分。对辅助材料的选择与应用是否合理将直接影响传感器的静态、动态特性及稳定性、可靠性和寿命。所以应根据传感器不同的应用场合,选择符合特殊要求的辅助材料。例如传感器用的保护材料就有耐高温氧化材料,抗电磁干扰材料,耐磨抗冲刷材料,防爆材料等。例如电阻应变计主要需要四种材料:电阻敏感栅、基底、黏结剂和引出线,电阻敏感栅材料属敏感材料,其他三种属辅助材料。

按材料的特性可将传感器材料分为半导体材料,敏感陶瓷材料,石英敏感材料,金属 及合金材料,无机材料,有机材料,生化材料,高分子敏感材料、超晶格等。

一、半导体材料

由于半导体材料对很多信息量具有敏感特性,又有成熟的集成电路工艺,易于实现多功能化、集成化和智能化,同时也是好的基底材料,所以是理想的传感器材料。硅材料的质量轻,密度为不锈钢的 1/3,而强度却为不锈钢的 3.5 倍,它具有高的强度密度比和高的刚度密度比。

1. 单晶硅

当今,固态传感器大部分是用单晶硅材料制造的,因为单晶硅具有优良的机械、物理性能,材质纯,内耗低,功耗小。单晶硅的机械品质因数可高达 10^6 数量级(实际值往往比最大值小几倍),滞后和蠕变极小,几乎为零,机械稳定性好。单晶硅具有很好的热导性,是不锈钢的 5 倍,而热膨胀系数则不到不锈钢的 1/7。单晶硅这种半导体材料具有优良的电学性质,其压阻效应取决于晶向,应变灵敏系数比金属的高 1~2 数量级。

单晶硅传感器的制造工艺与硅集成电路工艺有很好的兼容性。硅传感器与信号处理电路单片集成,将对传感技术产生巨大影响,可实现微型化,低功耗,并有利于提高传感器的一致性、可靠性和缩短响应时间。

基于单晶硅的优良机械性能、电学性能,用微机械加工方法不仅已制成实用的扩散硅压阻式集成压力传感器,近年来还研制成多种小型和超小型的、性能优良的传感器,如硅电容式集成压力传感器、硅谐振式压力传感器和硅加速度传感器等。

2. 多晶硅

多晶硅是许多单晶(晶粒)的聚合物,这些晶粒的排列是无序的,不同晶粒有不同的单晶取向,而每一晶粒内部具有单晶的特征。晶粒与晶粒之间的部位称为晶界,晶界对压阻效应的影响可以通过控制掺杂浓度来降低。晶粒大小对压阻效应也有一定影响,晶粒越大,压阻效应越大,即应变灵敏系数越大(单晶情况下为最大)。图Ⅱ-1 所示为晶粒直径与应变灵敏系数的关系。因此低温淀积的多晶硅压阻膜经过高温处理后晶粒明显增大,有利于提高压阻效应。

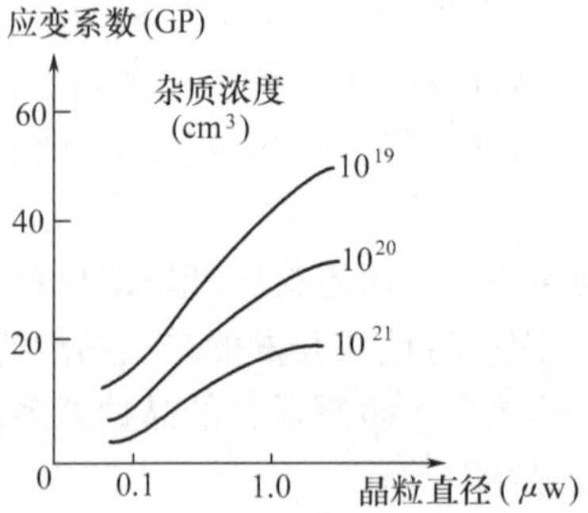

图Ⅱ-1 晶粒直径与应变系数的关系

多晶硅压阻膜与单晶硅压阻膜相比,其优点是可在不同的衬底材料(如金属材料衬底)上制作,而制备过程与常规半导体工艺相容且无 PN 结隔离问题,因而有良好的温度稳定性。多晶硅压阻膜的应变灵敏系数虽比单晶硅膜低,但仍比金属高一个数量级。用多晶硅压阻膜可有效抑制传感器的温漂,是制造低温漂传感器的好材料。

3. 非晶体硅

非晶体硅在可见光范围内具有高的光吸收系数;材料性能稳定,随时间变化很小,且有较高的机械强度;淀积温度低(200~300 ℃),可以使用多种材料作衬底,并且可在大面积上淀积(或喷镀),如可在像飞机表面那样大的曲面上进行喷镀。

非晶体硅不仅在光电器件中广泛应用(如太阳能电池),而且在传感器中也有相当大的潜力。例如用它制作光传感器、成像传感器、高灵敏度的温度传感器、微波功率传感器、触觉传感器等。

4. 硅蓝宝石

硅蓝宝石材料,是在蓝宝石($\alpha-Al_2O_3$)衬底上应用外延生长技术形成的硅薄膜。由于衬底是绝缘体,可以实现元件之间的分离,且寄生电容小。蓝宝石的机械强度为晶体硅的 2 倍多,蠕变极小,优于单晶硅;耐辐射能力强;化学稳定性好,耐腐蚀性强。

扩散硅式压力传感器,为了在 N 型硅基片上形成 P 型扩散硅层,基片之间必须有一个 PN 结,由这种 PN 结形成的绝缘不能在 150 ℃以上的高温下使用。而硅蓝宝石膜由于和基片之间是完全绝缘的,可制作在高达 300 ℃温度下使用的性能稳定的传感器。其制备工艺与集成电路工艺相容。

5. 化合物半导体材料

先进的成像传感器(探测器)采用化合物半导体材料,如碲镉汞($Hg_{1-X}CdxTe$)、锑化铟(InSb)、硅化铂(PtSi)、砷化镓(GaAs)等。这些材料均需在致冷条件下使用,致冷温度一般为(77 K)。

实用的光敏成像器，主要针对红外辐射在大气传输中“透明度”最好的三个大气窗口，即1～3 μm，3～5 μm和8～14 μm三个波段的传感器。现在也在开发更长波段的应用。对于1～3 μm波长辐射敏感的成像器有PbS，InAs，$Hg_{1-X}CdxTe$材料等；对于3～5 μm波长辐射敏感的成像器有InSb，PbSe，$Hg_{1-X}CdxTe$材料等；对于8～14 μm波长敏感的成像器有掺杂Hg的Ge非本征型半导体材料，掺杂Ca的Si非本征型半导体材料，PbSnTe和$Hg_{1-X}CdxTe$等材料。其中三个元素$Hg_{1-X}CdxTe$是一种本征型吸收材料，敏感波长可以从1 μm到30 μm变化；调整组分可以制作适合三个大气窗口的器件，也是最有成效的长波红外成像器。

半导体材料今后仍会占主导地位。近年来超晶格结构制备技术、超精细机械加工的立体工艺技术等将为半导体类传感器带来突破性进展。化学场效应二极管类传感器随着硅MOS电路的完善、栅膜材料技术提高和立体工艺技术的深化，将成为一类很有希望商品 化的智能传感器。

二、敏感陶瓷材料

传感器用的陶瓷材料与一般陶瓷不同，它是以化学合成的物质为原料，控制其中的组分比，经过精密的成型烧结，制成适合传感器需要的敏感陶瓷材料，有的称其为精密陶瓷材料，有的称其为功能陶瓷材料。充分利用功能陶瓷具有的耐热性、耐腐蚀性、多孔性、光电性、介电性和压电性等许多独特的性能，已开发出多种传感器，如陶瓷温度（新型热敏电阻）、气体、湿度、光电、离子、超声、加速度、力、陀螺传感器等。

此外陶瓷材料作为传感器辅助材料最常见的是保护材料和绝缘材料，随着厚膜和薄膜传感器的迅速发展，陶瓷基底材料就成为人们关心的焦点，目前常用的有$A1_2O_3$、宝石等材料。陶瓷基底材料还具有其他功能，例如InSb薄膜磁敏传感器需要高密度和高磁导率的铁氧体材料，它起着基底、保护和集磁三个作用。随着传感器的迅速发展，陶瓷基底材料的表面状态、晶粒取向、热学性能、电学性能和满足工程化生产要求等问题已引起关注，采用精细复合技术制备新基底材料已在探索之中。

敏感陶瓷膜材料和多层膜、复合膜、纳米膜等技术，大大改善和提高了传感器的特性，也使表面超声传感器（SAW）得以迅速发展。特别是膜材料、精细加工和信息处理技术紧密结合使研究开发智能传感器成为可能，如电子鼻的问世。

三、石英敏感材料

石英的化学组成为SiO_2，理想形状为六角锥体，它是各向异性材料，不同晶向具有不同的物理特性。石英晶体又是绝缘体，在其表面淀积金属电极引线，不会产生漏电现象。它和单晶硅一样具有优良的机械物理性质。石英材质轻，密度为不锈钢的1/3，它的弯曲强度为不锈钢的4倍。石英晶体具有压电特性，可制成压电传感器和各种谐振式传感器。石英晶体高温工作区间是200 ℃～250 ℃。在20 ℃～200 ℃区间，d_{11}的温度系数为0.016/℃，低于这一区间变化不明显。

石英玻璃（非晶态的SiO_2）的物理特性与方向无关，这种透明的石英玻璃又叫熔凝石英。它的机械物理性能和化学性能极优，材质纯、内耗小、机械品质因数高、弹性储能比大，滞后和蠕变极小，有极其稳定的机械和化学性能。石英玻璃与大多数材料的区别是在700 ℃～800 ℃以前，它的弹性模量随温度的增高而增大，以后则随温度的升高而下降。石英玻璃的允许使用温度为1 100 ℃，它是制造高精度传感器的可靠而理想的敏感材料。如先进的半球谐振陀螺的谐振子、精密标准压力计的敏感元件(石英弹簧管)都是采用这种理想材料制成的。

四、金属氧化物及合金材料

1. ZnO 薄膜

作为压电体、光导体、光波导和半导体材料的氧化锌(ZnO)是一种多用途的材料。它是六角晶结构、各向异性体,具有大的压电系数、大的声光、电光和非线性光学系数,在可见光区具有光学透明和相当大的折射率。

由于 ZnO 膜具有大的压电耦合系数,故一般认为它是最有用途的一种压电薄膜材料。在低频段内,用 ZnO 膜作压电换能器的传感器,实例有硅谐振膜压力传感器、压电微音器和硅振梁力传感器等。在高频段(兆赫级),常常把 ZnO 薄膜应用于制作声表面波(SAW)传感器的压电叉指换能器。另外,ZnO 薄膜也可应用于各种传感器的平面光波导。

综合利用 ZnO 的光电导、半导和压电性能,可将表面光压电效应用于驱动微机械构件。如图Ⅱ -2 中所示,ZnO 表面受到周期性光照,从而导致其表面应力发生变化,若此变化的频率与硅梁的固有频率相同,硅梁即可产生谐振振动。

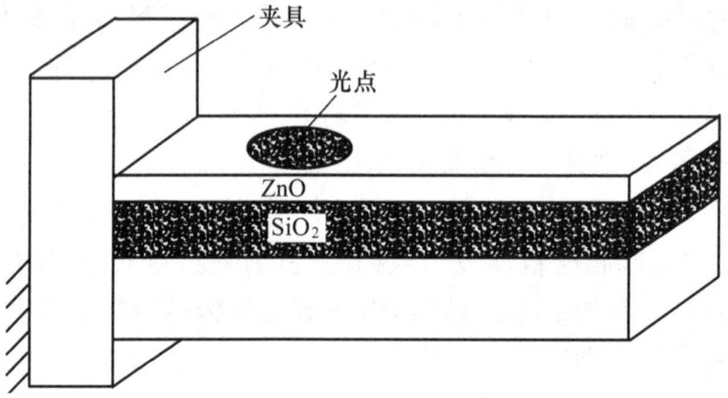

图Ⅱ -2 光驱动 ZnO/SiO_2 悬臂梁

导电性 ZnO 薄膜还用于像 LED 和太阳能电池之类的光电子器件中的透明电极材料。类似于其他的金属氧化物半导体,ZnO 可与 O_2,CO,CO_2 之类的气体反应,从而可设计成 ZnO 薄膜化学传感器。

总之,ZnO 是一种具有独特性能多用途的敏感材料,溅射的 ZnO 膜可用作压电换能器、平面光波导、氧化和还原气体探测以及用作各种器件的透明电极。但是控制 ZnO 膜的性能是相当麻烦的,淀积参数、基片类型、基片预处理和淀积后的热处理都明显地影响膜的性能。可以预见,通过适当的材料研究及其工艺技术克服这些问题,很有可能制作具有简单的化学组成,而颇具综合性的材料。

2. 非晶态磁性合金

非晶态磁性合金没有像晶体材料那样的磁性导向性,在旋转磁场中的各个方向上的相对磁导率都高。在各类非晶态磁性材料中,以磁致伸缩为零的材料(如 $Fe_{4.7}CO_{70..3}B_{15}Si_{10}$)磁导率最高。基于该特性可设计成灵敏、稳定和快响应的磁场传感器或磁强计。

非晶态磁性合金的电阻率为(130 ~ 180) μΩ · cm,比坡莫合金高 3 ~4 倍。又由于合金带一般厚度为 20 ~ 40 μm,故在交变磁场作用下,涡流损耗小,可用来制作响应快,高频特性好的低损耗的传感器。

富铁的非晶态磁性合金（如 $Fe_{81}Si_4B_{14}C_1$），磁致伸缩效应很大。利用应力磁效应（逆磁致伸缩效应）可制作灵敏度高的多种传感器和执行器，如振动传感器、力传感器和隔振器等。

非晶态磁性合金丝和带的机械强度高，可高达 2000 ~ 3500 MPa，比钢琴丝还高；屈服强度高达 1 000 MPa；零磁致伸缩的非晶态合金具有很好的抗腐蚀能力，而富铁的只要掺以适量 Cr 或镀 N_i，则可以提高抗蚀能力。

总之，这类材料在传感器技术内已被应用，将来可根据传感器的具体特性要求来确定所用该类材料的组分和形状，并有希望得到进一步发展和应用。

3. 形状记忆合金

能记忆形状的合金引起人们的关注，它是一种新的传感器材料，记忆合金的代表性材料有 NiTi，CuZnAl 和 CuAlNi 等。利用记忆合金的特性可以研制出多种传感器和执行器。例如，把某种记忆合金在高温下定形后，倘若被冷却到低温产生形变，只要温度稍许升高（如从几 K 到 30K）就可以使该形变迅速消失，并回复到高温下所具有的形状；随后再进行冷却或加热，形状就保持不变。这个过程可以周而复始，仿佛合金记住了高温状态下所赋予的形状一样，这个现象说明了记忆合金的热弹性。

利用这个热弹性，不仅可以用作温度传感器，也能用作热执行器。如将记忆合金丝埋入复合材料的机翼面中，当通入电流热脉冲，会使翼面产生微振动，以消除某些不利的影响。另外，基于记忆合金的超弹性，可以制成微型位移传感器，触点传感器等。利用金属及合金材料（如磁性材料、弹性材料、电阻材料及热电偶材料、应变电阻合金、形状记忆合金等）的功能特性已设计了力敏、磁敏及流量等多种传感器。例如采用金属及合金制作膜型传感器，如厚膜、薄膜铂电阻温度计；利用坡莫合金沉积在衬底上，经过光刻工艺制造磁敏电阻；将应变电阻合金沉积在基底上生产应变计等。特别是 20 世纪 90 年代初，金属及合金多层膜和复合膜技术及特性研究成为新的热点，例如利用大的磁阻效应大大提高磁敏元件特性。金属及合金浆料、引线和保护材料等还是传感器不可缺少的主要辅助材料。随着传感器发展，金属敏感材料向精、细、箔、非晶态化、超导化、超微粒子化的方向发展，科研人员也正开发新材料和新功能，在传感技术的发展中有着广阔的应用前景。

五、无机材料

这里主要指新型玻璃材料。光纤传感器具有体积小、质量轻、灵敏度高、抗干扰和耐腐蚀性强等优点，特别是近来在智能系统中扮演重要角色，倍受人们重视。敏感光纤材料有快离子导体光纤，如银、钠、锂的卤化物玻璃和硫属化合物玻璃等。近来正在探索中的纳水精细复合光纤或玻璃，将会推动传感技术发展。作为传输或利用光学特性的光纤材料，已随光通信工业得到迅猛发展。高透明、多层布线的玻璃基底材料是人们十分关注的材料。

一些材料部件或结构，常常会由于外力或疲劳等原因产生各种各样目测难以发现的损伤，严重威胁其安全使用，用 X 射线或超声波扫描要花大量时间与精力，且不能实时监测。一种较为先进的方法是：在结构或部件的制造过程中，在其内部关键部位埋入光纤传感阵列，对材料与结构由于外力、疲劳等产生的变形、裂纹、蠕变、层解等损伤进行实时监测，并可探测其内部应力、应变等变化。

六、有机材料

有机半导体、有机驻极体、有机光电、有机光致变色、有机磁性、有机导电等材料和高分子固态离子导体等已在气敏、湿敏、力敏、热敏和光敏等领域中得到应用。该类材料可通过缩聚、嫁接、嵌段等方法来实现结构的可调性、功能特性剪裁、功能复合等优点。

近来又报道了有机－无机复合功能材料，分子传感器和 L－B 膜等研究成果，对传感器的发展起到了促进作用。另外有机柔性基底材料、分离膜、表面致性膜等传感器辅助材料也表现出较好的应用前景。

七、生化材料

各种酶、微生物等敏感材料被用于制作生物传感器。生物传感器利用生物体固有分子识别能力来识别化学量，近来也研究利用人工合成的生化材料来识别化学量，广泛应用于医疗、环保、食品、生命科学和生物工程。虽然生化材料的稳定性和寿命、成膜技术和固化技术等还在不断探索提高中，但人们仍乐观估计“家庭诊所”用的生物传感器系统将很快问世。

八、高分子敏感材料

铁电聚合物是指含有铁电晶体组织的特殊高分子聚合物，如聚氯乙烯、聚氟乙烯、聚偏二氟乙烯（代号为 PVF_2 或 PVDF）等。其中聚偏二氟乙烯性能优良，是一种压电、热释电敏感材料，在传感技术中有广泛应用前景。

PVF_2（PVDF）是由重复单元（CF_2-CH_2）长链分子组成的半晶态聚合物。分子量约为 10^5，分子链展开长度为 0.5 μm，相当于 2000 个重复单元。材料内组织是由分层结构的晶体与无定形组织混合而成。晶体薄层约占 50%，厚度约为 0.01 μm 左右。

PVDF 与其他压电材料相比具有如下独特性质：质地柔软而结实，可以制成大面积薄膜；具有与水及人体软组织相接近的低声阻抗（水的声阻为 1.5×10^6 kg/（$m^2\cdot s$），PVDF 为 2.7×10^6 kg/（$m^2\cdot s$），而压电陶瓷则在 35×10^6 kg/（$m^2\cdot s$）以上）；内阻大，Q 值低；具有平坦的宽频带响应特性（在 $10^{-5}\sim5\times10^8$ Hz 范围内响应平坦，振动模式单纯，余波极小）。但 PVDF 材料的尺寸稳定性和热稳定性（工作温度上限为 80 ℃）都比相应的陶瓷材料差一些。

PVDF 材料的一些最重要的应用是在电－声和机－电传感器方面，如用于声频、超声频波和机电传感器中，也可用于热电和光学装置上。

九、合成材料

采用原子合成法，通过控制材料的特性，可以合成理想的传感器材料，制造出自然界中不存在的材料。最近几年，研究出一种新的晶体合成法，材料的混合完全在原子级上进行控制。这种材料叫做人造晶格或超晶格。它是一种多层结构，如材料 A 和材料 B 是以给定的单原子层周期地叠加起来，依据这种多层结构周期可形成一种新的电位差周期，并能在小区域内产生量子效应，且其固有性质不随各种环境条件而变化。超晶格结构具有全新的 材料特性。

例如，通过在半导体和导体之间制成一种超晶格，在超低温（77 K）条件下，可以得到超导材料，并在此温度下可以使用由超导材料制成的超精密传感器实现超精密测量。如超弱磁场（10^{-9}Gs）、电压、温度、重力等超精密测量，测量精度可达 $10^{-5}\sim10^{-6}$。

利用超晶格结构可以随意控制材料的物理常数这一特点，今后有望做到，根据理想的传感器特性，去设计和合成需要的材料，这对传感技术的发展必将起到重大的促进作用。纳米级材料的制造技术，特别是溶胶－凝胶技术，已广泛应用于研究开发敏感陶瓷材料，它不但可精细控制材料组分和微观结构，改善和提高材料特性，还具有新效应。

附录Ⅲ　实 践 指 导

传感技术是实践性很强的一门技术,在制作传感器应用电路时,首先遇到了如何选择传感器的问题,由于传感器技术的研究和发展非常迅速,各种各样的传感器应运而生,给选用传感器带来了很大的灵活性。一般选择传感器时应考虑如下几方面的因素。

一、选择传感器时主要考虑的因素

1. 与测量条件有关的因素

(1)测量的目的;

(2)被测量的性质;

(3)测量范围;

(4)输入信号的幅值、频带宽度;

(5)精度要求;

(6)测量所需要的时间;

2. 与传感器性能有关的因素

(1)精度;

(2)稳定度;

(3)响应速度;

(4)模拟量与数字量;

(5)输出量幅值;

(6)对被测物体产生的负载效应;

(7)校正周期;

(8)超标准过大的输入信号保护;

3. 与使用环境条件有关的因素

(1)安装现场条件及情况;

(2)环境条件(湿度、温度、振动等);

(3)信号传输距离;

(4)所需现场提供的功率容量;

4. 与购买和维修有关的因素

(1)价格;

(2)零配件的储备;

(3)服务与维修制度,保修时间;

(4)交货日期;

二、选择传感器的一般步骤

选择传感器的一般步骤如下:

1. 借助于传感器分类表按被测量的性质,找出符合用户需要的传感器类别,再从典型应用中初步确定几种传感器。

2. 借助于常用传感器比较表、价格表，按被测控量的检测范围、精度要求、环境要求以及经济性等情况再次确定传感器的类别。

3. 借助于传感器的成品目录选样本或传感器手册查出传感器的规格型号和性能、尺寸。

以上三个步骤不是绝对的，对于经验丰富的工程技术人员可以直接从传感器的产品目录选型样本中确定选用的传感器类型、规格、型号和性能尺寸。

三、传感器的开发方法

要开发新的传感器，一般从以下五个方面入手：

1. 利用以前的材料发现新的效应，研制出具有新原理的传感器件。

2. 新技术的问世，使以前的材料、以前的某种效应结合新技术应用于传感技术。

3. 开发新材料，发现新效应，并使其有可能应用于传感技术。

4. 改造已有的传感器，使其性能更优，应用更方便，成本更低。

5. 了解市场，面向实际需要开发实用的传感器。

四、传感技术新趋向

目前的传感器，无论在数量上、质量上和功能上，还远不适应社会多方面发展的需要。当前，人们在充分利用先进的电子技术条件，研究和采用合适的外部电路以及最大限度地提高现有传感器的性能价格比的同时，正在寻求传感器技术发展的新途径。

1. 开发新型传感器

开发高性能、多功能、低成本和小型化的新型传感器。例如利用量子力学诸效应研制的高灵敏阈传感器，用来检测极微弱信号，是传感器技术发展的新趋势之一。例如，利用核磁共振吸收效应的磁敏传感器，可将检测限扩展至地磁强度的 10^{-7}；利用约瑟夫逊效应的热噪声温度传感器，可测量 10^{-6} K 的超低温；利用光子滞后效应，开发响应速度极快的红外传感器；利用化学效应和生物效应开发实用的化学传感器和生物传感器，这些都是有待开发的新领域。

2. 传感器的集成化和多功能化

固态功能材料——半导体、电介质、强磁体的进一步开发和集成技术的不断发展，为传感器集成化开辟了广阔的前景。所谓集成化，就是在同一芯片上，或将众多不同类型的单个传感器件集成为一维线型、二维阵列（面）型传感器；或将传感器件与测量、补偿等电路集成一体化。前一种集成化使传感器的检测参数由“点－线－面－体”多维图像化，甚至能加上时序，变单参数检测为多参数检测；后一种集成化使传感器由单一的信号变换功能，扩展为兼有放大、运算、干扰补偿等多功能——实现了横向和纵向的多功能化。

3. 传感器的智能化

“电五官”与“电脑”的结合，不仅具有信号检测、转换功能，同时还具有记忆、存储、解析、统计处理及自诊断、自校准、自适应、自我学习等功能，进一步将传感器与计算机的这些功能集成于同一芯片上，就成为智能传感器。

4. 研究生物感官，开发仿生传感器

大自然是生物传感器的优秀设计师，它通过漫长的岁月，不仅造就了集多种感官于一身的人类本身，而且还设计了许许多多功能奇特、性能高超的生物传感器。例如狗的嗅觉（灵

敏阈为人的 10^6 倍)，鸟的视觉(视力为人的 8～50 倍)，蝙蝠、飞蛾、海豚的听觉(相当于主动型生物雷达——超声波传感器)，蛇的接近觉(分辨力达 0.001 ℃的红外测温传感器)等等。这些动物的感官性能，是当今传感器技术所望尘莫及的。研究它们的机理，开发仿生传感器，也是引人注目的方向。

五、传感器应用电路制作步骤

1. 根据应用电路功能选定被测量；
2. 选择传感器；
3. 购置传感器查手册并进行性能测试；
4. 根据传感器性能及输出系统状况设计信号放大、温度补偿、线性化处理、抗干扰处理等信号处理电路；
5. 选择并购置信号处理电路中的元器件；
6. 在数字插线实验板或印刷电路实验板上研制、调试(特别要注意抗干扰问题)；
7. 传感器应用电路的标定；
8. 设计并制作印刷电路板和外壳；
9. 再次作性能标定，写说明书。

六、应用传感器经验点滴

1. 选择重复性好的传感器。若传感器重复性不好，常常必须加大电位器的可调范围，整机调整相当麻烦。

2. 传感器内是否装有温度补偿电路是挑选传感器时的重要标准之一。因为在传感器应用电路设计上要消除温度漂移较麻烦，因而最好传感器内就装有温度补偿，如压力传感器内部加上温度补偿电路可以使温度漂移减小。在没有适当传感器的场合，只有将电路放入恒温槽中或附加温度补偿电路。

3. 使用电池工作的传感器功耗较小。

4. 一般传感器输出的大小和线性的好坏正好矛盾，有带微机的测控电路，可选线性差些、输出较大的传感器，因为微机较容易对非线性信号进行线性化处理。

5. 有些特殊场合使用的传感器，要注意传感器是否有过载能力、防火、防爆以及防化学腐蚀要求等。

参考文献

[1]李瑜芳.传感技术[M].成都:电子科技大学出版社,1999.
[2]薛文达、谢文和、张呈祥.传感器应用技术[M].南京:东南大学出版社,1998.
[3]黄贤武、郑筱霞.传感器原理与应用[M].成都:电子科技大学出版社,1995.
[4]阮智利.自动检测与转换技术[M].北京:机械工业出版社,1996.
[5]刘学军.检测与转换技术[M].北京:机械工业出版社,1996.
[6]梁森.自动检测与转换技术[M].北京:机械工业出版社,2006.
[7]王俊省.微计算机检测技术及应用[M].北京:电子工业出版社,1996.
[8]刘广玉、陈明.新型传感器技术及应用[M].北京:北京航空航天大学出版社,1995.
[9]贾伯年、俞朴.传感器技术[M].南京:东南大学出版社,1993
[10]常健生.检测与转换技术[M].北京:机械工业出版社,1995.
[11]吴嘉祥.几何量传感器及其应用[M].北京:中国计量出版社,1997.
[12]袁希光.传感器技术手册[M].北京:国防工业出版社,1986.
[13]严钟豪、谭祖根.非电量电测技术[M].北京:机械工业出版社,1981.
[14]刘迎春.传感器原理设计与应用[M].北京:国防科技大学出版社,1989.
[15]强锡富.传感器[M].北京:机械工业出版社,1989.
[16]南京航空学院,北京航空学院.传感器原理[M].北京:国防工业出版社,1980.
[17]王化祥、张淑英.传感器原理及应用[M].天津:天津大学出版社,1999.
[18]董爱华.检测与转换技术[M].北京:中国电力出版社,2007.
[19]柳桂国.检测技术及应用[M].北京:电子工业出版社,2003.
[20]张福学.传感器敏感元器件大全[M].北京:电子工业出版社,1990.
[21]李楚、郑宏才.位移、长度、角度及速度传感器[M].武汉:湖北科学技术出版社,1986.
[22]陈锦荣.动态参量测试技术[M].北京:国防工业出版社,1985.
[23]李科杰.传感技术[M].北京:北京理工大学出版社,1989.
[24]王绍屯.自动检测技术[M].北京:冶金工业出版社,1985.
[25]潘新民、王燕芳.微型计算机与传感器技术[M].北京:人民邮电出版社,1988.
[26]刘恩科、朱秉升.半导体物理学[M].上海:上海科学技术出版社,1984.
[27]徐同举.新型传感器基础[M].北京:机械工业出版社,1987.
[28]刘瑞复.光纤传感器及应用[M].北京:机械工业出版社,1987.
[29]史玖德.光电管与光电倍增管[M].北京:国防工业出版社,1981.
[30]王洪业.传感器技术[M].长沙:湖南科学技术出版社,1985.
[31]张善锡.计量光栅技术[M].北京:机械工业出版社,1985.
[32]罗四维.传感器应用电路详解[M].北京:电子工业出版社,1993.
[33]朱伯申、张炬.数字式传感器[M].北京:北京理工大学出版社,1996.
[34]黄应川.非电量检测[M].北京:中国计量出版社,1995.
[35]四川省建筑科学研究所.电阻应变片测试技术[M].北京:中国建筑工业出版社,1983.

[36](英)G·A·伍尔沃特,数字式传感器[M]. 于汉秋,译. 北京:国防工业出版社,1981.
[37](日)高桥清. 传感器技术入门[M]. 颜杰先,译. 北京:国防工业出版社,1985.
[38](日)自动化技术编辑部. 传感器应用[M]. 张旦华、肖盛怡,译. 北京:中国计量出版社,1992.
[39](日)森村正直、山崎弘郎. 传感器技术[M]. 黄香泉,译. 北京:科学出版社,1990.
[40]吴雄. 激光二极管的发展及其应用前景[J]. 电子与自动化,1998,1.
[42]吴夏萌. BSWK-3 啤酒杀菌机温度自控装置[J]. 自动化仪表,1998, 2.
[44]朱民. 神经网络控制的应用和发展[J]. 自动化仪表,1998,2.
[45]方佩敏. 新型水位自动控制电路[J]. 电子制作,1997, 10.
[46]黄新平. 半导体磁敏电阻和传感器[J]. 传感器世界,1998, 2.
[47]尹福炎. 半导体应变计与传感器[J]. 传感世界,1996(2), 12.
[48]周喜章. 热释电传感器原理与应用[J]. 传感世界,1996(2), 7.
[49]Harold Joseph, Bob Swofford ,Stephen Terry. MEMS 在医疗领域中的应用[J]. Sensors, 1997,4.
[50]ZCY-1 综合传感器实验仪用户手册[Z],杭州新亚仪表器仪厂.
[51]GSY-4302、GSY-4303 光纤传感器实验仪产品说明书[Z],杭州新亚仪表器材厂.
[52]电子式温度指示调节仪说明书[Z],福建省机械研究院,仪器仪表研究所电仪厂.
[53]范崇阳. 生物传感器的发展和应用[J]. 传感器技术,1995, 2.
[54]李全. 恒压供水自动控制系统[J]. 电气自动化,1998, 4.
[55]《半导体光电技术》编辑部,《电子天府》杂志社. 光电技术实用电路精选[M]. 成都:成都科技大学出版社,1996.